普通高等教育"十一五"规划教材

PKPM 工程设计系统应用实例教程

主　编　韩　雪

副主编　王　剑　赵　建　楚景记

黄河水利出版社

·郑　州·

内 容 提 要

中国建筑科学研究院 PKPM CAD 工程部研究开发的建筑、结构、设备工程应用设计软件，是非常实用的工程设计工具软件，在建筑设计领域应用普遍，熟练应用该软件是高等院校土木工程专业学生应该掌握的专业技能之一。本书力求通过贯穿建筑、结构、设备工程的工程实例，讲解应用该软件的主要功能模块进行建筑、结构及设备工程设计的过程，使学生掌握应用该软件进行工程设计的基本方法。

本书可作为高等学校土木工程专业的教材，也可供从事土建类建筑设计及相关行业人员阅读参考。

图书在版编目(CIP)数据

PKPM 工程设计系统应用实例教程/韩雪主编. —郑州：黄河水利出版社，2008.12

ISBN 978-7-80734-554-1

Ⅰ.P… Ⅱ.韩… Ⅲ.建筑结构-计算机辅助设计-应用软件，PKPM-教材 Ⅳ.TU311.41

中国版本图书馆 CIP 数据核字(2008)第 196833 号

策划组稿：马广州　电话：13849108008　E-mail：magz@yahoo.cn

出 版 社：黄河水利出版社

地址：河南省郑州市金水路 11 号　　邮政编码：450003

发行单位：黄河水利出版社

发行部电话：0371-66026940、66020550、66028024、66022620(传真)

E-mail：hhslcbs@126.com

承印单位：黄河水利委员会印刷厂

开本：787 mm×1 092 mm　1/16

印张：16.25

字数：373 千字　　印数：1—3 100

版次：2008 年 12 月第 1 版　　印次：2008 年 12 月第 1 次印刷

定价：32.00 元

前　言

随着现代科学技术的发展，土木工程专业学生除了要学习传统的专业理论知识，熟练掌握计算机辅助设计技术也是必须具备的素质之一。中国建筑科学研究院研发的 PKPM 工程设计系统正符合这一需要，在建筑设计领域应用非常广泛。本书即是从培养学生能力与素质的目标出发而精心编写的，以贯穿始终的工程实例为载体，介绍了应用 PKPM 工程设计系统进行建筑、结构、设备工程设计的方法，目的在于培养学生综合应用基础理论知识和辅助设计系统解决专业设计问题的能力。

全书分五篇共九章。第 1 篇为 PKPM 工程设计系统简介，系统介绍 PKPM 工程设计系统的功能、模块及安装等内容；第 2 篇为建筑设计，主要讲解 APM 模块应用；第 3 篇为建筑结构设计，主要讲解 PMCAD、PK、LTCAD、JCCAD 等模块的应用；第 4 篇为建筑设备设计，主要讲解 HPM 和 WPM 模块应用；第 5 篇为图形编辑及打印，主要讲解该工程设计系统的图形处理功能。本教材以贯穿始终的工程实例为载体，阐述利用计算机进行建筑、结构及设备工程设计的基本方法，使学生学习起来简单易懂。通过对本书的学习，使学生能够掌握应用 PKPM 工程设计系统进行工程设计的基本方法。由于 PKPM 工程设计系统功能强大、模块众多，本书只编写了最常用的模块应用，读者可以通过对本书的学习，掌握该工程设计系统应用的基本原理，这对于本书未涉及模块的后续学习也是有益的。

本书是编者在多年应用 PKPM 工程设计系统基础上编写完成的，在该系统的应用过程中，编者对其与专业理论知识的融合、工程设计的便捷、系统的专业性等深有体会，编写本书的目的是希望更多的工程设计人员更好地应用本系统，更便捷高效地进行工程建设。

本书各章编写人员及分工如下：第 1 章由韩雪（黑龙江科技学院）、楚景记（郑州黄河工程有限公司）编写；第 2 章由赵建（黑龙江科技学院）、郭光明（黄河建工集团有限公司）编写；第 3 章、第 4 章由韩雪编写；第 5 章、第 6 章由楚景记编写；第 7 章、第 8 章由王剑（黑龙江科技学院）编写；第 9 章由郭光明编写。全书由韩雪主编，并负责统稿、定稿。

由于编者水平有限，书中难免有疏漏、错误等不足之处，敬请读者批评指正。

编　者

2008 年 10 月

目　录

第 4 篇 建筑设备设计

第 5 篇 图形编辑及打印

第 1 篇　PKPM 工程设计系统简介

第 1 章　绪　论

1.1　系统简介与特点

PKPM 系列建筑工程 CAD 系统是由中国建筑科学研究院 PKPM CAD 工程部开发研制的,目前国内建筑工程界应用最广、用户最多的一套建筑工程计算机辅助设计系统。

国内率先推出集概预算、建筑、结构、设备设计于一体的集成化 CAD 系统。从建筑方案设计开始,建立建筑物整体的公用数据库,平面布置、柱网轴线等全部数据都可用于结构设计,可自动为上部结构及各种基础提供数据文件;可为设备软件自动生成设备条件图,并做到各专业数据共享,协调一致。

1.1.1　建筑设计

本系统的三维建筑设计软件 APM 可完成建筑平面、立面、剖面的设计和施工。采用独立开发的三维造型图形环境,以更快捷、更方便的手段和更丰富的色彩光影完成建筑方案造型、渲染、动画制作,备有常用图库及纹理材料库,成图适用性强,有较高的自动化程度,并可从不同高度和角度进行透视及建筑内漫游观察。

1.1.2　结构设计

结构类型包括框排架、框剪、砖混及底框上砖房等工业与民用、多层与高层建筑,以及钢结构。

高层建筑 TAT 软件成熟实用,配有国内外精度最高的高层建筑空间有限元分析软件 SATWE。

基础 CAD 模块包含弹性地基梁与筏板、桩基与桩筏、箱基、独基与条基等各种基础形式,以及各类楼梯、螺旋楼梯、悬挑楼梯等。

1.1.3　设备设计

设备 CAD 软件(包括给排水、电气、采暖、通风空调 CAD 软件)实现设计与绘图一体化。负荷计算与建筑模型自动接口,计算与设备布置自动接口,管道与设备的规格由程序计算选出,布置自动化。软件自动完成方案设计,绘制平面图、系统图和详图,统计材料表。

1.1.4　人机交互化

PKPM 系列中概预算、建筑、结构、设备所有软件都在同样的 CFG 支撑系统下工作,操作方法一致,只要会使用该系列中的一个软件,其他软件就很容易掌握。

本系列软件有详细的中文菜单,全中文对话操作,提供了丰富的图形输入功能,有效

帮助输入。设计人员容易掌握,比传统的输入方法提高效率十几倍,用户可随时干预修改,使用方便灵活

1.2 系统各模块名称及软件

PKPM 系列建筑工程 CAD 系统各模块名称及软件见表 1-2-1。

表 1-2-1 PKPM 系列建筑工程 CAD 系统各模块名称及软件

专业	模块名	各模块中包含软件
结构	S－1	PK 钢筋混凝土框排架及连续梁结构计算与施工图绘制 PM 结构平面计算机辅助设计 TAT(＜8 层)多层建筑结构三维分析程序 SATWE(＜8 层)多层建筑结构空间有限元分析软件
	S－2	TAT(高层)建筑结构三维分析程序 TAT－D 高层建筑结构动力时程分析 FEQ 高精度平面有限元框支剪力墙计算及配筋
	S－3	SATWE(高层)建筑结构空间有限元分析软件 TAT－D 高层建筑结构动力时程分析 FEQ 高精度平面有限元框支剪力墙计算及配筋
	S－4	LT 楼梯计算机辅助设计 JLQ 剪力墙结构计算机辅助设计 GJ 钢筋混凝土基本构件设计计算
	S－5	JC. EF. ZJ 基础 CAD(独基、条基、桩基、筏基)
	BOX	箱形基础计算机辅助设计
	STS	钢结构 CAD 软件
	PREC	预应力混凝土结构设计软件
	QIK	混凝土小型空心砌块 CAD 软件
建筑	APM	三维建筑设计软件
设备	WPM	建筑给排水设计软件
	HPM	建筑采暖设计软件
	EPM	建筑电气设计软件
	CPM	建筑通风空调设计软件
概预算	STAT	建筑工程工程量统计及概预算报表软件
	WSTAT	建筑给排水工程量统计及概预算报表软件
	HSTAT	建筑采暖工程量统计及概预算报表软件
	ESTAT	建筑电气工程量统计及概预算报表软件
	CSTAT	建筑通风空调工程量统计及概预算报表软件

注:每个模块一个加密锁。

1.3 软件安装和启动

1.3.1 PKPM 软件安装

PKPM Windows 版采用光盘全自动安装(或手动运行 SETUP),放入光盘即自动运行安装程序,见图 1-3-1。

图 1-3-1

进入安装程序后,首先确定软件的安装,见图 1-3-2。

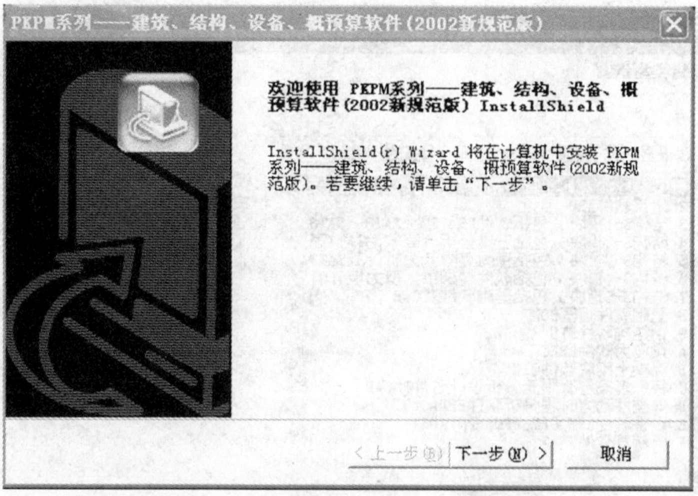

图 1-3-2

点击"下一步"按钮后,点击下一界面中的"是"按钮可出现版本选择对话框,见图 1-3-3。

选择单机版后出现软件安装的文件夹,见图 1-3-4。

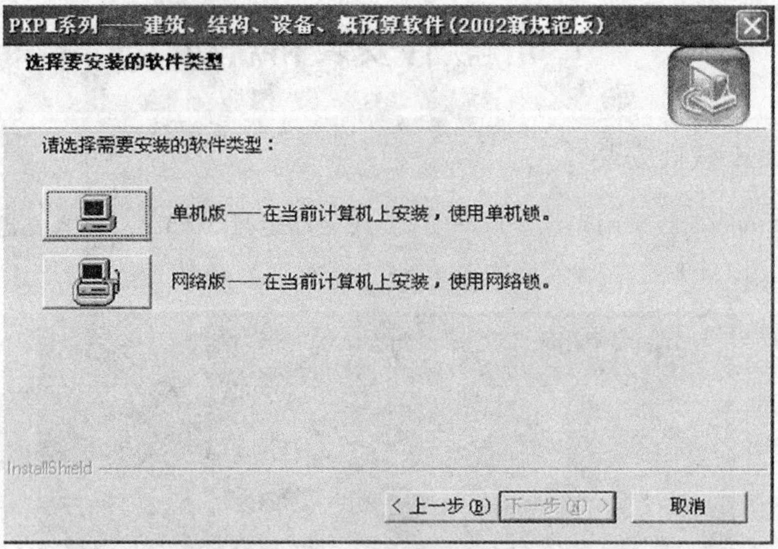

图 1-3-3

图 1-3-4

此文件夹为一级文件夹，此后的各应用软件均在该文件夹下建立各自的独立文件夹，而后选择需要安装的软件，见图 1-3-5。

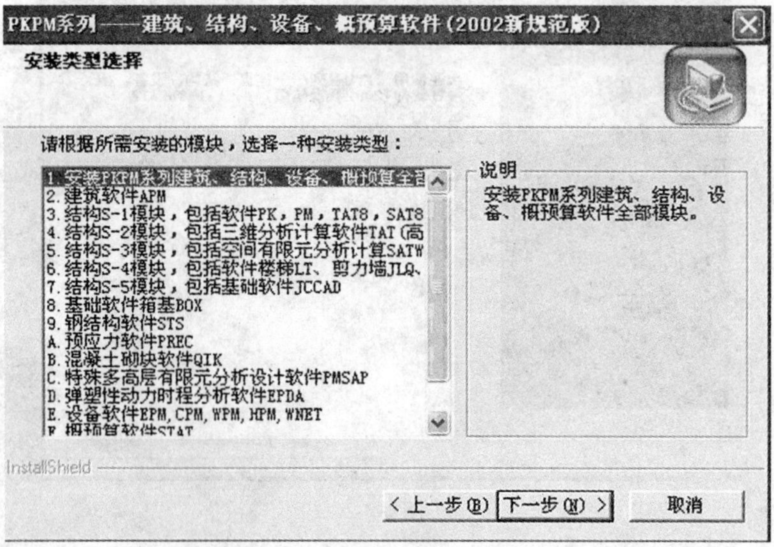

图 1-3-5

无论安装何种应用软件，都必须安装 CFG(图形支持环境)，程序默认安装，CFG 是 PKPM 的图形支撑软件、图形编辑修改软件和打印机、绘图仪驱动软件等。

Windows 版的 SBDT 软件不需独立安装,在选择安装任一个设备软件(包括 CPM、EPM、HPM、WPM、WNET)时,程序自动安装 SBDT。

安装完成之后,程序自动在桌面建立快捷方式,用户不需要在路径及环境变量中加入任何信息即可直接启动 PKPM 的主控菜单并正常运行。

1.3.2　软件启动

双击 Windows 桌面上的 PKPM 特殊标记,见图 1-3-6。或点击“开始”菜单里的 PKPM 特殊标记,见图 1-3-7。即可启动PKPM各模块主控菜单。

图 1-3-6

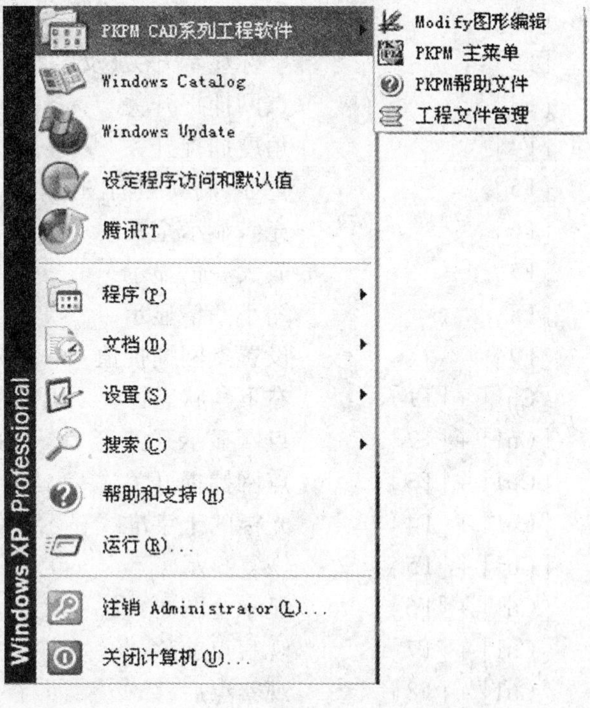

图 1-3-7

(1)主控菜单左上为专业控制按钮,分别为结构、建筑、设备和概预算,不同专业分别启动对应的专业控制按钮。

(2)启动专业控制按钮后,主控菜单左侧为该专业的软件名菜单,如设备专业有 CPM、EPM、HPM、WPM、WNET。

(3)屏幕右侧主页部分为各软件的主菜单,点取左侧的软件名,右侧即显示相应的主菜单,在右侧某项菜单处双击,即启动该项菜单。

(4)主控菜单下方为工作子目录的设置区域,该区域显示当前的工作子目录,其右侧有改变工作子目录设置按钮。用户使用软件时,应在自己的工作目录中操作,对于不同的使用者或不同的工程都应在各自的工作目录中操作,以免数据混乱。

1.4　基本定义和工作方式

1.4.1　功能键定义

鼠标左键 = 键盘[Enter],用于确认、输入等。

鼠标中键 = 键盘[Tab],用于功能转换,在绘图时为输入参考点。

鼠标右键 = 键盘[Esc],用于否定、放弃、返回菜单等。

以下是 PKPM 软件中的热键清单:

[F1]	必要时提供帮助的热键
[F2]	坐标显示开关(交替显示开与关)
[F3]	点网捕捉开关
[F4]	角度捕捉开关
[F5]	重显、刷新当前图面
[F6]	充满显示全图
[F7]	放大一倍显示
[F8]	缩小一倍显示
[F9]	设置点网捕捉值
[Ctrl] + [F1]	右下角状态区显示开关
[Ctrl] + [F2]	点网显示开关
[Ctrl] + [F3]	点网捕捉开关
[Ctrl] + [F4]	光标的十字准线显示开关
[Ctrl] + [F5]	恢复显示
[Ctrl] + [F6]	显示全图
[Ctrl] + [F7]	观察点前移
[Ctrl] + [F8]	观察点后移
[Ctrl] + [F9]	修改常用角度和距离数据
[1]	切换到第一窗口
[2]	切换到第二窗口
[3]	切换到第三窗口
[4]	切换到第四窗口
[5]	切换到第五窗口
[`]	依次切换各窗口
[Alt] + [1]	移动当前窗口
[Alt] + [2]	割取当前窗口范围
[Alt] + [3]	各窗口恢复初始值
[Alt] + [4]	当前窗口充满显示区
[Ctrl] + [↑]	上移图形

[Ctrl]+[↓]	下移图形
[Ctrl]+[→]	右移图形
[Ctrl]+[←]	左移图形
[Scroll Lock]打开,[Num Lock]关闭状态下:	
右侧小键盘[8]	上移图形
右侧小键盘[2]	下移图形
左侧小键盘[4]	左移图形
右侧小键盘[6]	右移图形
[Ctrl]+[W]	窗口放大
[Ctrl]+[P]	打印图形
[Ctrl]+[R]	各窗口重新刷新
[Ctrl]+[M]	平移显示
[Ctrl]+[F]	使图形区充满整个 Windows 窗口
[Ctrl]+[9]	修改捕捉靶大小
[Ctrl]+[0]	修改圆弧精度
[S]	绘图过程中,改变捕捉方式
[O]	令当前光标位置为网点转动基点
[U]	后退一步操作
[Page Up]	增加键盘移动光标时的步长
[Page Down]	减少键盘移动光标时的步长
[Ins]	绘图时键入光标 X、Y、Z 坐标值
[Home]	由键盘输入光标在 X、Y、Z 方向距离
[End]	由键盘输入光标的偏移方向和距离
[Del]	Windows 版中只用于删除当前字符,不再与鼠标右键等效
[Esc]	与 DOS 版中[Del]相同,现与鼠标右键等效,退出执行命令
[Tab]	功能切换,当 Windows 安装了三键鼠标功能后与鼠标中键等效

1.4.2 界面环境和工作方式

1.4.2.1 Windows 版系统环境

用户的操作界面为 Windows 的窗口界面,在这里用户可以随意改变窗口的大小、位置和形状,并可在软件运行过程中运行 Windows 桌面上的其他程序,从而实现了多进程工作方式。

在图形编辑窗口内;软件提供了工具条、滚动条、进度条和多级下拉菜单等功能。

工具条上提供了多个用图形表示的功能菜单,用户一目了然,只要将光标放到每个图标上,立即会有中文说明显示在旁边,以便用户理解它的功能,使用时也方便到只需用光标点一下图标就可激活。工具条中的程序提供了用户经常用到的各种功能。

下拉菜单提供了界面开关、坐标系、字体和图层管理等功能,并对许多功能进行了归类,开设有二级下拉菜单,在不同功能区之间增加了分隔线,使用户更易查找。

点取下拉菜单第一列中的界面开关,可打开或关闭窗口内的小键盘、滚动条、工具条或提示区,用户可根据自己的需要改变界面状态。当用户点取滚动条项将其激活后,窗口左侧和下方将分别出现一个滚动条,点取滚动条两端的小箭头可以上下、左右平移视图,点右侧滚动条中间的方块可放大视图,点下方滚动条中间的方块可缩小视图。

窗口下方的提示区可存储多行提示,用户可随意拉大或缩小提示区,也可点提示区右侧的滚动条上下滚行,查看以前的提示或数据。当程序需要读写文件或长时间计算时,窗口下方的状态区中会有一进度条表示已完成的工作量,处理大图时往往时间较长,进度条可使用户了解工作状态。

1.4.2.2　**界面环境**

程序将屏幕划分为右侧的菜单区、中部的图形显示区和下侧的命令提示区三个区域,见图 1-4-1。

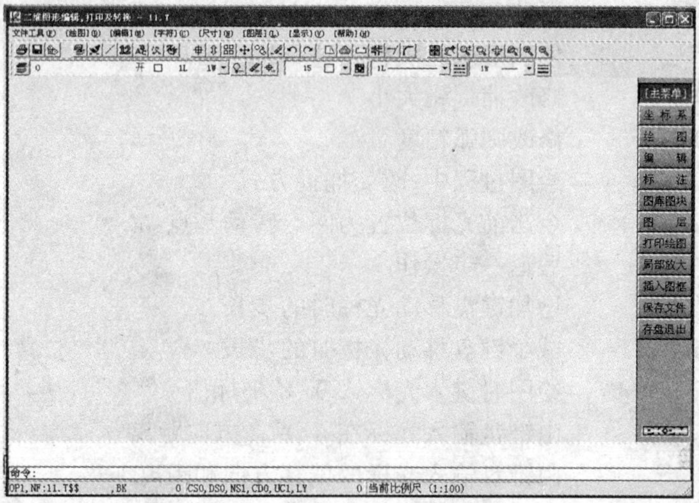

图 1-4-1

在图形显示区中还隐藏着下拉菜单区。在下侧的命令提示区右侧是状态显示区。

(1)右侧菜单区。右侧菜单区位于屏幕的右侧,当提示区显示"请选择菜单项"时,将箭头光标移到指定菜单上[Enter]后,程序将执行该菜单。

(2)图形区。中间最大面积的区域是图形显示区,根据配置情况又可划分为 1 ~ 6 个窗口,一般我们将其配置为 1 个窗口。它们分别是第一窗口平面图、第二窗口透视图、第三窗口立面图、第四窗口侧面图。每个窗口都可以独立地缩放甚至改变观察角度。每个窗口的左上角都有几个方块和数字,它们可以用鼠标点取,功能等同于[Alt] + [1]、[Alt] + [2]、[Alt] + [3]和[Alt] + [4]这四个窗口操作键。若用鼠标点取了非当前窗口的这些方块,则当前窗口切换到所点取的窗口。当前窗口的边框是加亮的。

(3)下拉菜单区。在图形显示区隐藏的下拉菜单可以在程序等待命令或菜单输入时按[Tab]键,或用鼠标在图形区点取来激活。下拉菜单中有文件、显示和工作状态管理及图素编辑工具。

(4)命令提示区。在屏幕下侧是命令提示区,一些数据、选择和命令由键盘在此键入,如果用户熟悉命令名,可以在“输入命令”的提示下直接键入一个命令而不必使用菜单。例如,当用户程序运行时没有菜单显示,可键入“Quit”退出程序。当然也可以完全依靠键入命令方式完成全部工作,所有菜单内容均有与之对应的命令名。

如果显示键盘的开关打开,会在屏幕上弹出一个小的字母键盘或数字键盘,这个键盘的功用是提醒用户现在处于命令提示区控制,应该用键盘输入内容,在屏幕上显示的小键盘可以用鼠标直接点取,如果它挡住了用户希望看到的东西,可以点左上角移开它。命令方式按[Tab]键可激活。

需要提醒的是,程序的工作方式是唯一的,如果用户处于菜单方式,不按[Tab]键切换到命令方式是不能直接键入命令的。由于命令方式要记忆较多的命令名,因此我们推荐用户使用菜单方式。菜单方式和命令方式可以通过按[Tab]键或[Esc]键交替进行转换。

(5)状态显示区。在命令提示区右侧是状态显示区,一些功能键或开关状态及光标的 X、Y、Z 坐标,角度和长度等都在此区域显示,为了不影响命令提示的显示,一般应按[Ctrl]+[F1]使其关闭,关闭后上述提示内容只在必要的时候显示一下。

(6)光标。如果程序运行中无光标出现,表示计算机正在计算中,将不处理任何键入;当光标出现时表示计算机正在等待交互输入。光标有三种形态:①箭头:表示程序等待输入数据、命令或点取菜单。这时应通过键盘输入所需的内容或移动光标至所点菜单处点取菜单。②十字叉:为坐标定点状态,这时应移动光标至所需位置,按[Enter]后即输入了一个坐标点。③方框:为靶区捕捉状态,用于捕捉一个图素或一个目标,这时应移动光标(靶)至所需位置,按[Enter]后即输入了一个捕捉点。

[O]、[U]、[Ins]、[Home]和[End]热键,只有在后两种形态的光标出现时才能使用。

1.5　绘图方式和工具

1.5.1　绘制前的准备

运行程序后,屏幕上会出现4个窗口(当 SDSR.CFG 配置了其他窗口数时,可能不同)。用[`]键可以在不同窗口间切换,切换到哪个窗口时,哪个窗口加亮,此时用户的操作就可以在该窗口进行。

一般操作时应将被加亮的窗口扩大到整个图形显示区,可按[Alt]+[4]或用鼠标点取该窗口左上角处的窗口号码实现。如果用户想返回多窗口划分,可以按[Alt]+[3]或者用鼠标点取当前加亮窗口左上角第三个方块实现。

注:[`]键在[Tab]键上方、数字[1]键的左侧,不要误用顿号、小数点等键。

1.5.2　绘图方式

程序缺省的绘图方式是用鼠标或键盘的方向键控制十字光标在屏幕上直接绘制。

在缺省方式下,十字光标有一个方框形捕捉靶。一旦用[Enter]键输入一个点(或用[Tab]键输入了一个参考点),此捕捉靶将自动搜索被套在其中的一个节点,搜索到节点后光标便移向这个节点,这个点即被输入了。如果捕捉靶未套住有意义的点,则光标当时所在处的坐标即被输入。

当然,用户也可以根据需要选择不同的输入方式和定位工具,程序提供了多种工具供用户使用。

由于工具较多,用户初学时可能一时难以充分掌握,我们建议首先使用单一方式分别练习,熟练后再组合使用,便可以使输入效率大大提高。

1.5.2.1 纯键盘坐标输入方式

该方式是在十字光标出现后,按[Insert]、[Home]或[End]热键,便可以在提示区直接输入绝对坐标、相对坐标或极坐标值。一旦采用了一种方式,例如按[Insert]键进入绝对坐标输入方式,该方式将自动锁定,以后的所有点输入都要键入绝对坐标值,按[Esc]键可以解除当前方式,回到程序的缺省方式。

例如,输入一条直线,第一点由绝对坐标(100,200)确定,在"输入第一点"的提示下按[Insert]键,然后在提示区键入100,200,[Enter](注:提示区提示的 *Z* 坐标可以忽略),即完成第一点输入。第二点坐标用相对极坐标输入,该点位于第一点30°方向,距离第一点1 000。这时屏幕上出现的是要求输入第二点的绝对坐标,我们按[Esc]键退出绝对坐标方式,再按[End]键进入相对极坐标方式,这时键入1 000,30,[Enter](注:提示区提示的 *Dxy* 是指相对于 *X* - *Y* 平面的空间角度,可以忽略),即完成第二点输入。

特点:适合无鼠标的用户。输入误差小,但击键次数多,速度慢。

使用键:[F2]——坐标显示开关,在屏幕右下方显示坐标或角度、距离;

[Insert]——键盘输入绝对坐标,使光标移向指定坐标点;

[Home]——键盘输入相对坐标,使光标在 *X*、*Y* 方向偏移(相对直角坐标);

[End]——键盘输入角度和偏移距离,使光标沿指定角度偏移指定距离(相对极坐标);

[Enter]——确定输入的点或坐标;

[Tab]——当前输入的点作为参考点;

[Esc]——放弃输入的点或坐标及输入方式。

说明:使用[Tab]的结果只是使光标进行一次移动,因此当不能一次到位时,可以连续使用,直到再单独输入一个[Enter]后才真正确认当前光标点。

1.5.2.2 纯键盘光标输入方式

该方式是在光标已出现于屏幕时,用键盘的上下、左右方向键移动光标到指定位置。移动过程中通过观察屏幕上显示的坐标进行粗略的定位,当使用了下面提到的捕捉工具时,可以做到精确定位。

特点:适合无鼠标的用户。击键少,如果不使用捕捉工具,则输入误差大。

使用键:[F2]——坐标显示开关;

[↑]——使光标上移一步;

[↓]——使光标下移一步;

[←]——使光标左移一步;

[→]——使光标右移一步;

[Page Up]——增大光标移动步长;

[Page Down]——减少光标移动步长；

[Enter]——确定输入的点；

[Tab]——当前输入的点作为参考点；

[Esc]——放弃输入的点。

说明：[Page Up]和[Page Down]是改变光标在屏幕上一次移动的像素数，因此在同一步长下可以通过缩放图形获得不同数值的实际步长。

1.5.2.3　纯鼠标光标输入方式

该方式是通过移动鼠标，控制光标的位置。移动过程中通过观察屏幕上显示的坐标值进行粗略的定位，当使用了下面提及的捕捉工具时，可以做到精确定位。

特点：适合有鼠标的用户。速度快，击键很少，如果不使用捕捉工具，则输入误差大。

使用键：[F2]——坐标显示开关；

[鼠标左键]=[Enter]——确定输入点；

[鼠标中键]=[Tab]——当前点作为参考点；

[鼠标右键]=[Esc]——放弃输入点。

说明：鼠标键的延时时间为0.35 s，用户应在按下后立即松手，否则会造成连续输入的误操作。

以上三种方式中，后两种是程序的缺省方式，一般在使用中还应配合捕捉工具，可以达到高效、迅速、精确的目的。第一种方式由于直接输入坐标，因此不需要打开各种捕捉工具，相对容易理解和掌握，但输入速度较慢。

各种输入方式所用键见图1-5-1。

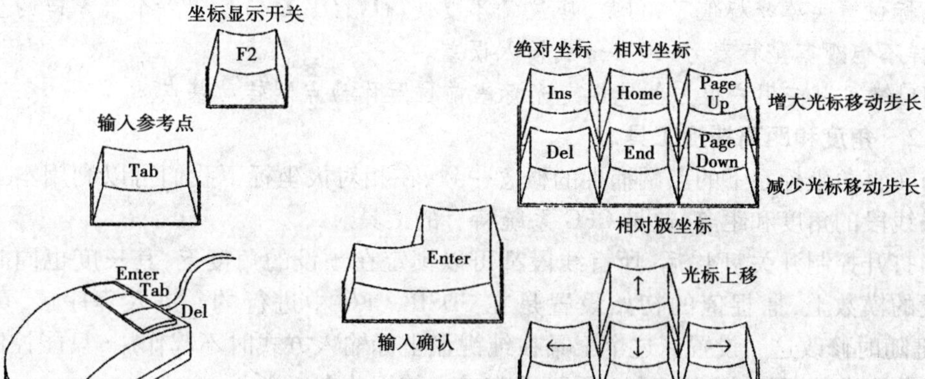

图1-5-1

1.5.3　捕捉工具

1.5.3.1　点网捕捉工具

所谓点网是一些点沿X、Y、Z方向按一定间距排列形成的阵列，它与我们通过轴线生成的网格和节点(简称网格或网点)完全不是一个概念。这个点网可以是可见的，也可以是不可见的，由[Ctrl]+[F2](点网显示开关)控制其可见或不可见。如果用户打开了

[F3](点网捕捉开关),光标将总是停留在这些点上,而不会停留在两点之间。

程序对于这个点网阵列的初始设置是在 SDSR. CFG 中进行的,当进入程序后可以用[F9]键随时修改这一设置。

这个工具在纯键盘坐标输入方式时不起作用。

特点:配合纯键盘光标、纯鼠标光标输入方式,适合正交的、有固定模数的图形以及可以由正交进行适当编辑转换的图形。

使用键:[F3]——是否捕捉的开关;

[Ctrl]+[F2]——是否显示点网的开关;

[F9]——设置捕捉值;

[O]——置当前光标点为捕捉基点,并输入点网绕该点转动的角度。

说明:由[F9]设置的捕捉值有七个参数 *SX*、*SY*、*SZ*,*OX*、*OY*、*OZ* 和 *dg*。

SX、*SY*、*SZ* 是点网转动以前在 *X*、*Y*、*Z* 方向的间距。

OX、*OY*、*OZ* 是点网的基点坐标。

dg 是点网绕基点转动的角度,当 $dg>0$ 时为逆时针转动。转动是按当前窗口进行的,如果当前窗口是平面图,则转动在 $Z-Y$ 平面内进行;如果当前窗口是正立面图,则转动在 $X-Z$ 平面内进行;如果是侧面图,转动在 $Y-Z$ 平面内进行。打开点网显示开关[Ctrl]+[F2],可以很直观地观察到这些参数的含义,但是如果当前窗口是透视图窗口或者某一视图被设置成轴测图时,点网将不会被显示。此外,如果用户在打开点网显示的情况下一再地缩小视图,点网在一定时刻会停留在某个间距上,不再变密,而 *SX*、*SY*、*SZ* 将成倍增加。有了这一工具,在使用纯键盘光标、纯鼠标光标输入方式时,再也不必费心地调整光标位置去凑坐标值了,但是,应注意不要使(*OX*,*OY*,*OZ*)处于一个很零碎的坐标点上,那样不但观察坐标费力,还会造成输入误差。

[O]键可以使用户很方便地规定光标当前位置作为点网转动基点。

1.5.3.2 角度和距离捕捉工具

与在直角坐标系下的点网捕捉的概念一致,在相对极坐标下我们可以利用本工具控制一条线段的角度和距离,这是 CFG 系统特有的工具。

当打开控制开关[F4]后,所有线段都可以锁定在预设的角度上,其长度也同时锁定在预设的模数上,捕捉值的初始设置是在 SDSR. CFG 中进行的。进入程序后,可以用[F9]键随时修改这一设置。这个工具在纯键盘坐标输入方式时不起作用,只能控制 $X-Y$ 平面内的线段,因此用户只有在平面图窗口中使用才有意义。

特点:配合纯键盘光标、纯鼠标光标输入方式,适合任意图形。

使用键:[F4]——是否捕捉的开关;

[F9]——设置捕捉值。

说明:由[F9]设置的捕捉值为:

要捕捉的角度个数(*n*)——不大于 10 个;

要捕捉的各个角度值(*d*1,*d*2,…,*d*10)——每个角度的有效值为 0°~360°,但注意凡相差 180°和 360°的角度是同一个角度,不要输重复了;

要捕捉的距离(*d*)——若 *d* 为 0,表示任意长度都可以,非 0 则表示捕捉的模数,如

300 表示画出的线段只能是 0、300、600、900、…长度。d 不要输入负值。

在作图过程中,凡具有连带关系的两点都可以显示并控制其方向和长度,如绘制一个三角形平面,边长模数为 300 mm,可以设定 6 个控制角度:0°、30°、60°、90°、120°、150°,距离控制为 300 mm,在角度捕捉开关打开后可以很方便地绘制该图形。

应在画图以前把图形可能出现的角度都设好,如果设置 $n=0$,在[F4]打开的情况下,只能画一点,而画不了任何一个方向的线段;如果设置 $n=2$, $d1=0°$, $d2=90°$, $d=300$,那么可以画出与 (X,Y) 坐标平行的长度为 300mm 模数的线段,这与在点网捕捉中设置 $SX=300$、$SY=300$, $OX=0$、$OY=0$ 的作用是相似的。

在提供的程序中,预先设定 8 个控制角度 0°、±30°、±45°、±60°、±90°,这相当于绘图板上有一套标准的三角尺,可以准确地画出这些角度的线段。

点网捕捉、角度和距离捕捉工具表示见图 1-5-2。

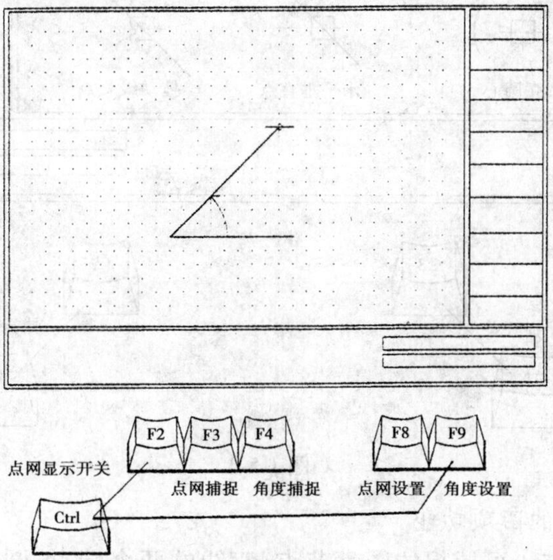

图 1-5-2

1.5.3.3 节点捕捉工具(捕捉靶方框)

节点捕捉工具是一个非常有用的工具。

在缺省方式下有一方框靶随光标移动,当用户输入了一个点后,此方框可以捕捉到在靶范围内的一些有意义的点,如线段的端点、交点等,从而可以根据已有图素绘出准确图形。

当图中内容很多时,由于捕捉靶要搜索较多可能的节点,反应会慢些,此时可以用[Ctrl]+[F3]关掉捕捉靶。

捕捉靶的大小是在 SDSR. CFG 中设置的,可以用[Ctrl]+[F9]修改靶的尺寸。

特点:配合所有输入方式,任意图形,特别适合从已有图上作出衔接准确的图形。

使用键:鼠标中键=[Tab]——如果节点捕捉开关为关,按此键可暂时转换到定点工具中;

[Ctrl]+[F3]——捕捉靶开关;

[Ctrl]+[F9]——设置捕捉靶的大小。

说明:如果图中已经有了一些图素,我们想从它们的端点或交点上再延伸一些线段,就必须使用节点捕捉工具。

节点捕捉工具(捕捉靶方框)表示见图 1-5-3。

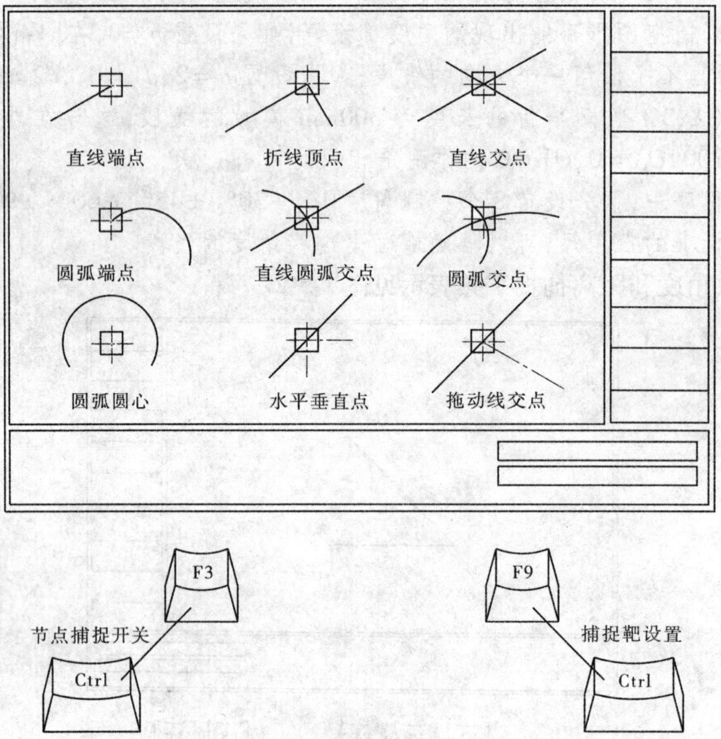

图 1-5-3

1)节点捕捉工具的四项功能

(1)捕捉图素节点。可捕捉的图素节点:直线的两个端点,圆弧的两个端点,折线或多边形的顶点,圆或圆弧的圆心,直线与直线、直线与圆弧、圆弧与圆弧之间的交点以及线段或弧的中点,垂足和圆弧的切点。

图素被捕捉入靶套中后首先判断是否靠近这些节点,如果选中,光标便置于该点之上。

(2)捕捉拖动线与图素的交点。如果图素的节点未能找到,该工具便试图找到拖动线与这个图素的交点,所谓拖动线就是在捕捉中从上一点到当前光标的连线。由于上一点已成为历史,不可移动,而当前光标正为用户所操纵,因此用户可以任意控制这条线的角度,如打开[F4]进行角度捕捉等,这样用户可以在任意图形上画出不出头的准确图形。

(3)捕捉光标点到一条直线的水平或垂直投影点。如果当前光标作为第一点输入而没有拖动线,光标靶套住了一条直线而且远离直线的两个端点,光标将沿水平或垂直方向移向其在直线上的投影点,这对于画线段的第一点或画节点十分有用。

(4)定向定距移动光标(找参考点)。如果用户发现纯键盘坐标输入方式中的[Home]键和[End]键很有用,那么在此用户可以实现同样的功能:按下[Tab]键,光标进行一次捕捉,但这次捕捉到的点并未真正输入,只是将光标移到了捕捉到的节点。我们可以有意识地控制拖动线的方向和距离,打开 F4 开关,F4 打开后虽然光标靶不一定与拖动线的端点重合,但最终确认时即按[Enter]后光标会自动跳动到用户所捕捉的拖动线的端点。[Tab]键可以连续使用。

2)节点捕捉方式

可采用“自动”方式,亦可选择单项捕捉。

程序隐含的节点捕捉方式是按“自动”方式实现捕捉,即从端点、交点、垂足……依次搜索捕捉目标,以最先找到时为准。

在操作捕捉时(即当屏幕有捕捉靶方框出现时),也可由用户选择当前的目标单项捕捉方式,按一下[S]字母键,屏幕上将出现窗口选项:“取消”、“关闭”、“自动”、“端点”、“交点”、“垂足”、“延伸点”、“中点”、“近点”、“圆心”、“切点”、“基点”。用户可用光标选择上列的任一项捕捉方式。如点取“端点”、“交点”、“切点”……之一,即可实现此单项的捕捉方式。这样,可避免当不同的节点项目很接近时,以“自动”方式捕捉的节点可能不是用户所需节点的现象发生。

另外,点“关闭”项则关闭捕捉靶;点“取消”项则不改变当前捕捉方式,退出;点空白方框可将窗口移开,避免挡住图形;捕捉圆心时,可点取圆弧部分。

若用户设置了一项捕捉方式,在捕捉一次后,程序又恢复为“自动”方式。

1.6 工程图纸中的标题栏和会签栏

PKPM 软件 Windows 版使用图形文件 BTL.T 作为标题栏插入施工图,软件首先会查找当前目录下的 BTL.T 文件,若不存在,则查找 CFG 目录下的 BTL.T 文件。

BTL.T 文件的制作,可在“图形编辑、打印及转换”中按 1:1比例画出。

会签栏可与标题栏一起制作。

第2篇　建筑设计

第2章 APM模块应用

建筑设计软件APM是一个集成了建筑方案设计、建筑平面、立面、剖面、透视施工图和总平面图设计的CAD软件,是PKPM系列CAD系统中的建筑软件,也是此系统的核心部分。

建筑设计的全部数据均可传给结构设计、设备设计及概预算,可大大简化数据的输入。首先,建筑的柱网、轴线及墙、柱、梁、门窗等布置可形成结构布置的各层构架;其次,建筑设计提供的材料、做法、填充墙等信息又可生成结构分析所需的荷载信息。建筑设计的数据还可传给设备设计,用于生成条件图和进行各种设备的计算。概预算工程量统计的数据也可由APM软件中读取。这一点特别方便了设计单位中各个专业的密切配合。

APM可智能完成建筑平面、立面、剖面和大样施工图,提供丰富的图形库和菜单自动标注与画图,并便于用户修改字型字库和标注方向,该程序还特别运用于平面反复修改的情况,实现布置修改后其相关标注的自动修改和建筑模型的同步修改。

2.1 三维建筑模型输入

三维建筑模型输入是APM软件的核心,其主要功能是建立整个建筑物的数据模型。由于三维CFG图形系统使建立数据的过程立体化,用户可以像搭积木一样在三维空间任意拼装、修改、删除构件。多视图窗口更加方便用户查看建筑模型,可以任意选择线框方式、填充方式或阴影方式来观察模型,最大限度地实现了形象化操作。

三维建筑模型输入通常有如下过程:轴线网格→本层布置→楼层布置→全楼组装。此过程与APM程序的主菜单基本一致:

(1)轴线网格,建立定位轴线网格。

(2)绘墙线,直接绘制墙。

(3)本层布置,建立各建筑标准层,布置墙、门窗等构件。

(4)楼层布置,将各标准层数据组合为一幢建筑物。

(5)全楼组装,根据1~4步操作结果,生成全楼造型图。

(6)保存文件,随时保存输入结果。

(7)退出程序。

在输入一个新工程时一般应按顺序进行,但也可以根据需要任意进行。如保存文件可以随时进行,而在建模过程中如有部分需要修改可以进行其中任意一步。下面以一实际工程为例对此部分进行介绍。

打开PKPM程序,进入主界面,如图2-1-1所示,点击选择"建筑"标题栏,出现APM的主界面,可以看到APM中包含的全部子系统。单击"改变目录"按钮,弹出如图2-1-2所示的对话框。

在对话框中按自己的需要,给定工作目录并单击"确定"按钮。图示输入的工作目录是"E:\AAA",在不重新改变目录的情况下,以后的所有操作都在该目录下进行。

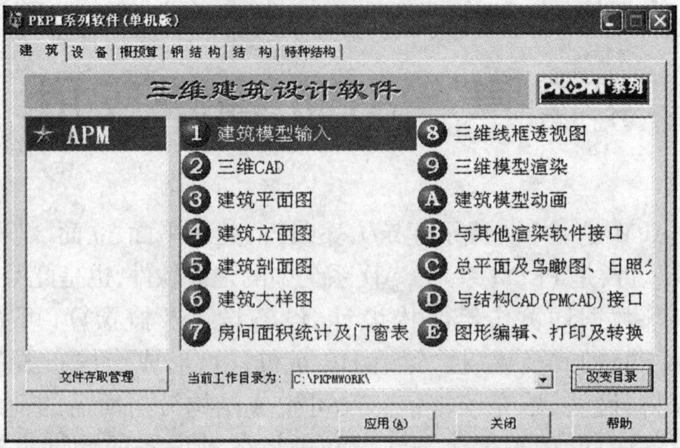

图 2-1-1

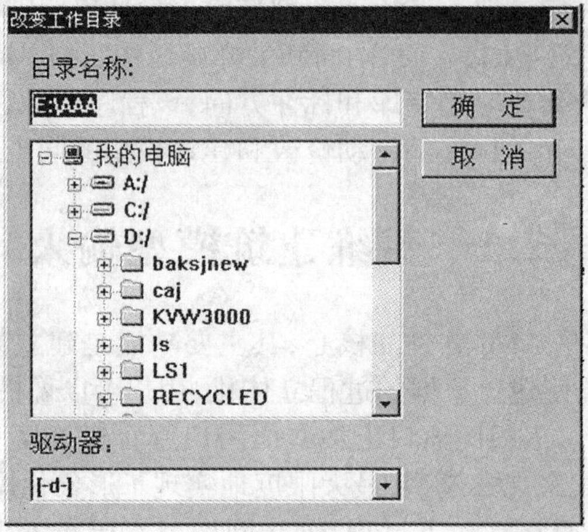

图 2-1-2

确定工作目录后,在图 2-1-1 对话框中依次单击“1 建筑模型输入”、“应用”按钮,弹出如图 2-1-3 所示对话框,在对话框下部命令提示区内输入建筑模型文件名:“BGL”。

图 2-1-3

注:该文件名可随意选取,但应注意不要与其他文件重名或选取非法文件名,在此“BGL”是“办公楼”的拼音字头。

输入“BGL”后单击鼠标左键或回车键，出现新旧文件命令提示，如图 2-1-4 所示，如果是首次操作应输入“0”表示新文件，如果继续以前的操作应输入“1”表示旧文件，不输入数字则程序默认为“1”，输入后点击回车键，进入 APM 建模的主窗口，如图 2-1-5 所示。

图 2-1-4

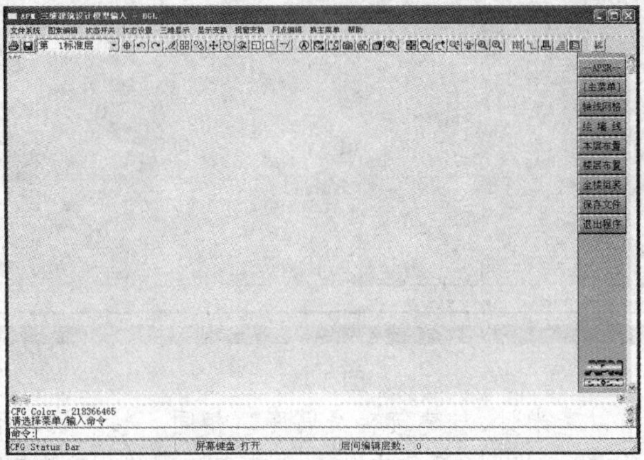

图 2-1-5

2.1.1　建筑轴线网格的建立及命名

2.1.1.1　轴线网格建立

轴线网格是建筑模型的定位基础，在图 2-1-5 对话框右侧主菜单中，单击“轴线网格”按钮进入“轴线网格”子菜单。

注：按个体工程及个人习惯采用不同的轴线输入方式，有时几种不同的方式均可以达到同一种使用效果。本工程都是平行直线网格，所以较多地应用“平行直线”按钮可有效提高工作效率。

单击“轴线网格”→“平行直线”按钮，如图 2-1-6 所示。

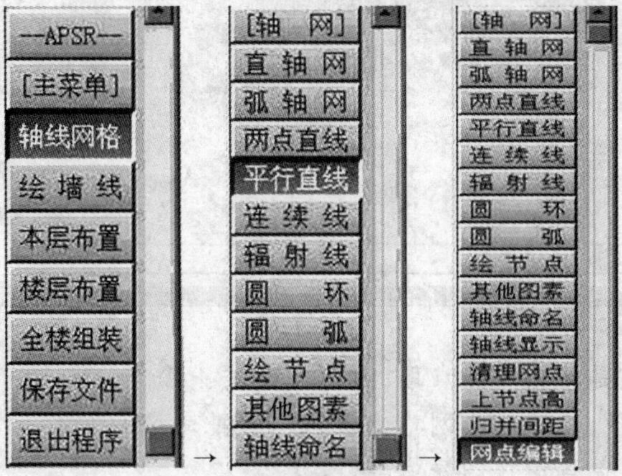

图 2-1-6

在屏幕中间视图区绘制垂直线并给定复制间距,同样绘制水平线并给定复制间距,如图 2-1-7 所示。

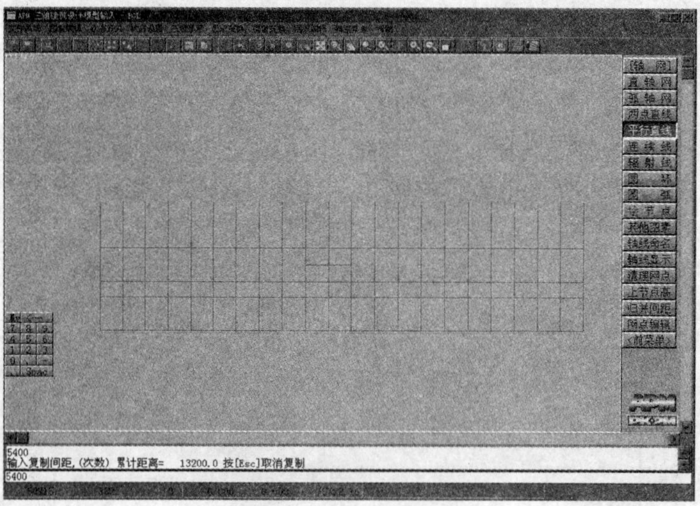

图 2-1-7

注:复制间距数值以毫米计,与建筑轴线间距离相同。轴线绘制不是必须采用复制的方式,也可以采用其他方法,将图 2-1-7 中的多余节点和网格用“网点编辑”删除,“网点编辑”按钮见图 2-1-6 右侧。

2.1.1.2　轴线命名

点击图 2-1-7 窗口右侧菜单中“轴线命名”按钮,出现如图 2-1-8 所示界面,在命令提示区中可选择命名方式。

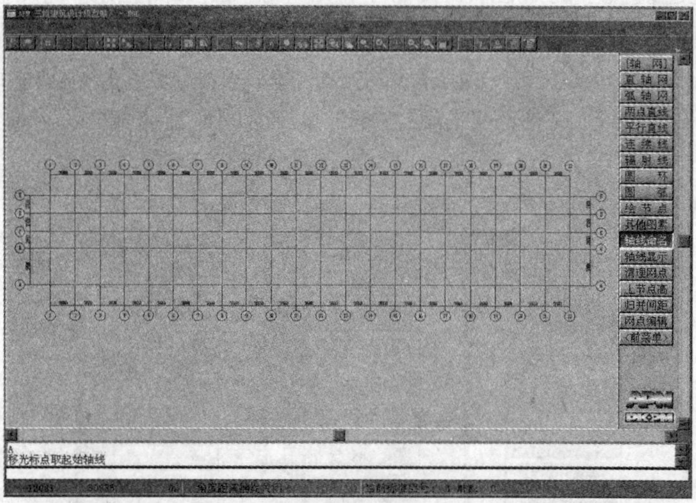

图 2-1-8

注:命名方式可以是单根轴线点取,也可以是成批命名,按照左下角提示,按[Tab]键可进行命名方式的切换,新建轴线网格大多采用成批命名的方式,此方式特点是给定第一根轴线名称,其他轴线便自动按顺序命名。

成批命名方式选定后,用鼠标分别点击横轴的第一及最后一条轴线,则所有垂直轴线被选取,在底部命令提示区内输入第一条轴线名,则程序对选定批次内其他轴线依次自动命名,一般第一条轴线名称输入“1”。纵向轴线的命名,第一条轴线的名称一般输入“A”。单击“轴线显示”按钮,可以使轴线标号打开或关闭,见图 2-1-9。

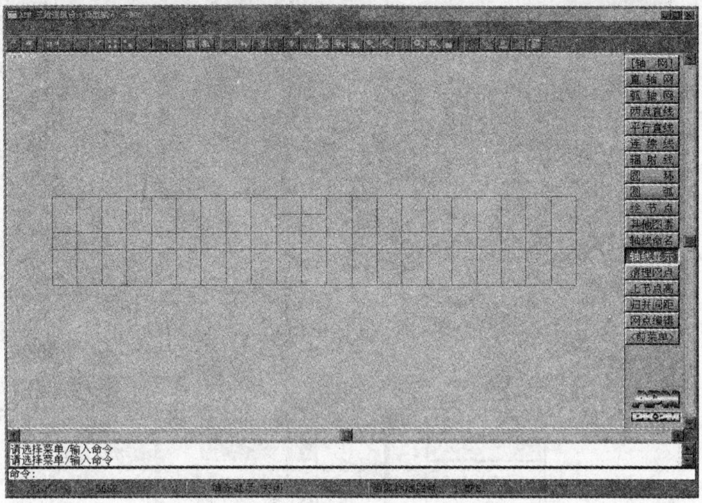

图 2-1-9

注:在“平行直线”的输入操作中,为确保轴线的输入绝对水平或垂直,可以单击下拉菜单“状态开关” →“角度捕捉”按钮,将其设置为打开状态,见图 2-1-10。

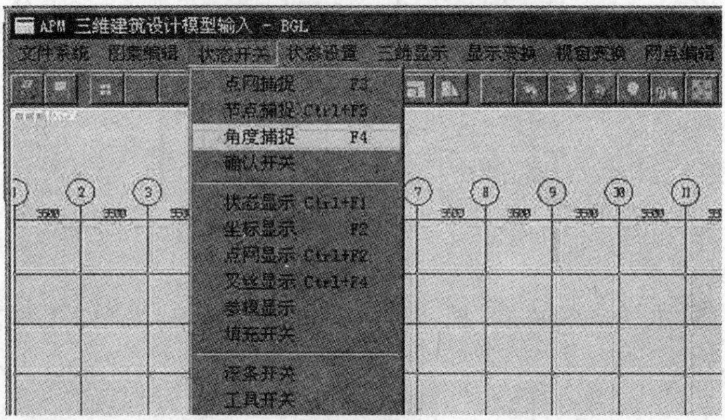

图 2-1-10

命令提示区内显示“角度距离捕捉打开”,见图 2-1-11。

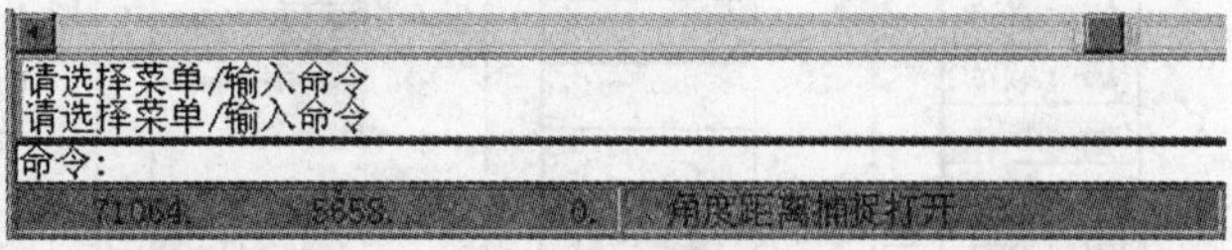

图 2-1-11

注:视图的大小可以单击下拉菜单的“显示变换” →“放大一倍”或“缩小一半”按钮来控制,见图 2-1-12。这些操作也可通过工具行或相应快捷键来完成。

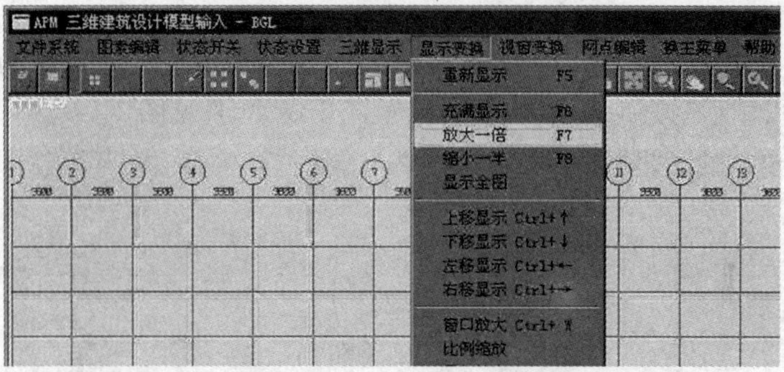

图 2-1-12

2.1.2　本层布置

如图 2-1-13 所示，单击“本层布置”按钮，进行建筑模型标准层定义，可以定义墙、楼梯、门窗等。

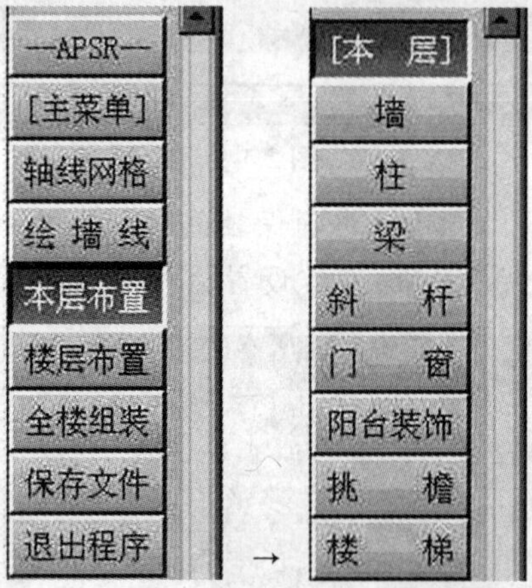

图 2-1-13

2.1.2.1　墙定义

单击图 2-1-13[本层]中的“墙”按钮进入墙体操作菜单，见图 2-1-14，单击“墙定义”按钮进入墙定义列表。

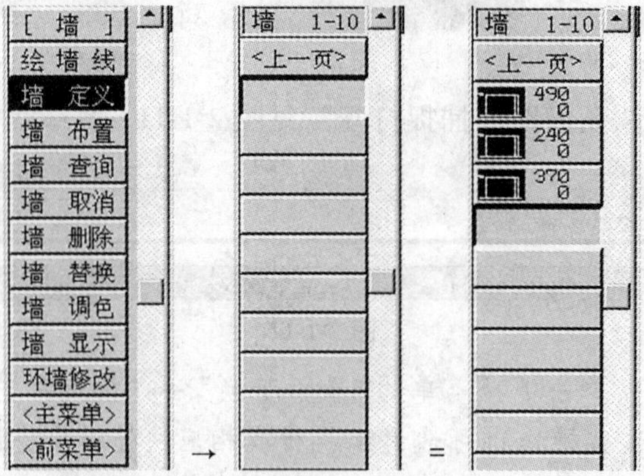

图 2-1-14

单击任一空白列表弹出墙体类型选择对话框，在图 2-1-15 窗口中点击“截面类型”，出现墙体类型选择对话框，可根据需要选择墙体种类，然后返回“墙定义”对话框。

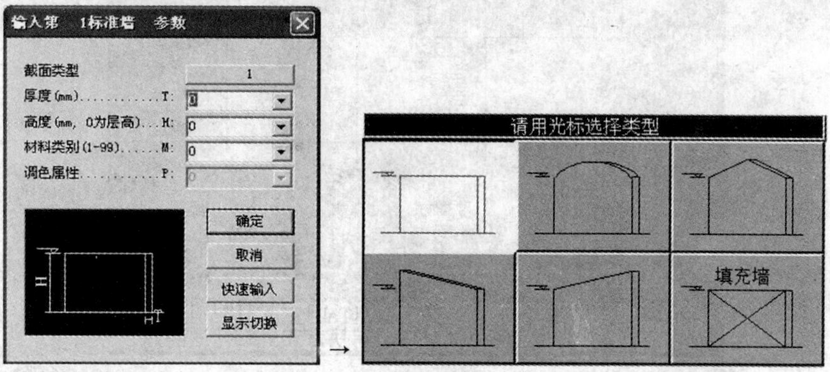

图 2-1-15

在对话框中输入参数后单击“确定”按钮，则一种墙体定义完成。根据需要再单击空白列表可进行另一种墙体定义。每次所定义的墙体均进入墙定义列表，见图 2-1-14。

注：墙体高度输入“0”则墙体高度为默认建筑层高。

2.1.2.2　墙布置

墙定义完成后，单击鼠标右键或[Esc]键返回墙体操作菜单，见图 2-1-16，单击“墙布置”按钮，进入墙体列表，在列表中选择“490”墙进行外墙布置。

在弹出的对话框内输入布置参数，见图 2-1-17。

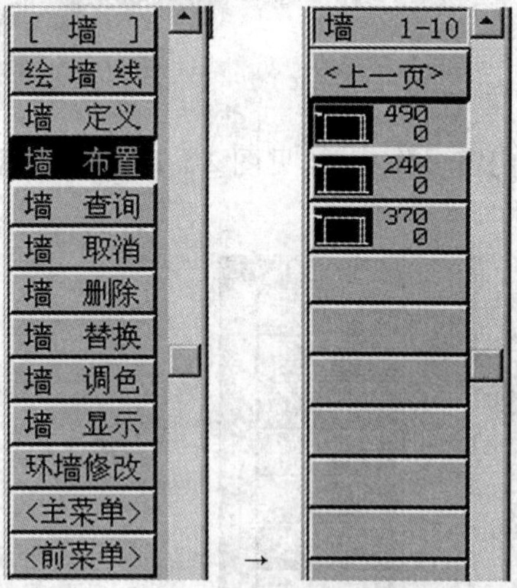

图 2-1-16

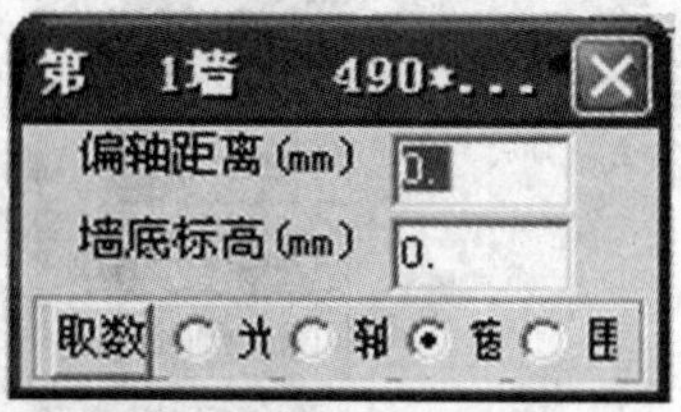

图 2-1-17

注：墙体布置的偏轴距离及标高均根据需要而定，偏轴距离相对于墙体所在轴线，标高相对于本层地面，光、轴、窗、围分别为四种选择方式。

参数输入完毕关闭对话框进行墙体布置，如图 2-1-18 所示，可以通过[Tab]键选择不同的布置方式，此处采用单段轴网布置方式。

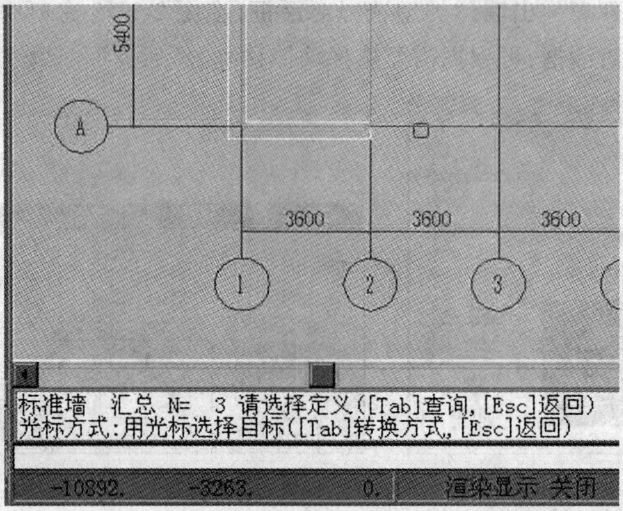

图 2-1-18

用同样方法进行内墙等其他墙体布置,见图 2-1-19。

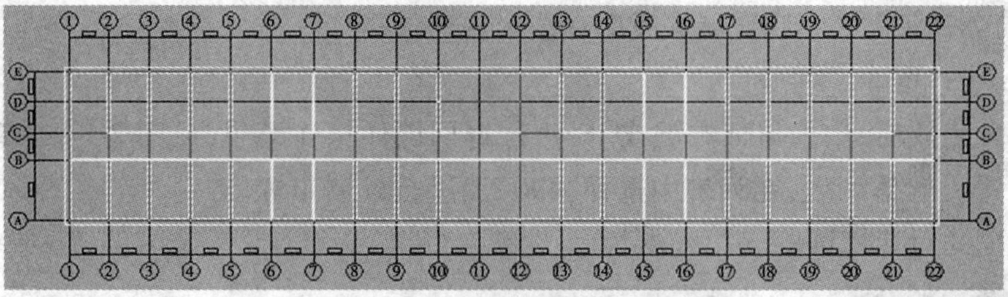

图 2-1-19

2.1.2.3　门窗定义

单击图 2-1-13[本层]中的"门窗"按钮进入门窗操作菜单,见图 2-1-20,单击"门窗定义"按钮进入门窗定义列表。

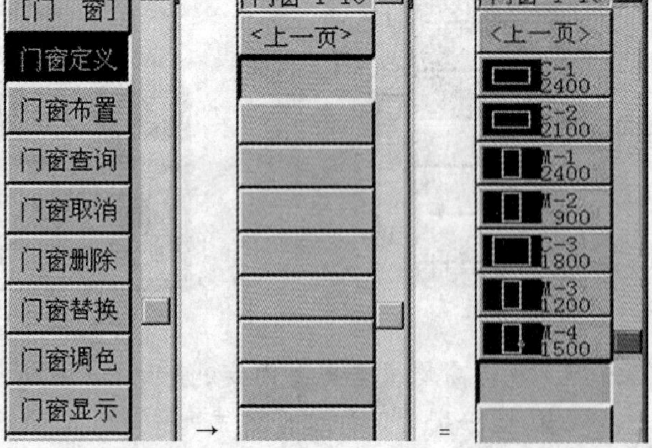

图 2-1-20

单击任一空白列表弹出门窗类型选择框，根据需要选择门窗种类后，弹出门窗定义对话框，如图 2-1-21 所示。

在图 2-1-21 中单击"截面类型"后，弹出如图 2-1-22 所示门窗类型对话框。选择所需门窗形式后返回到图 2-1-21 门窗定义对话框。

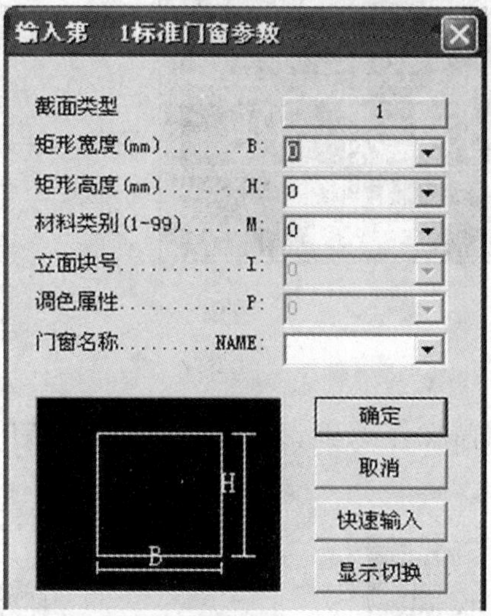

图 2-1-21

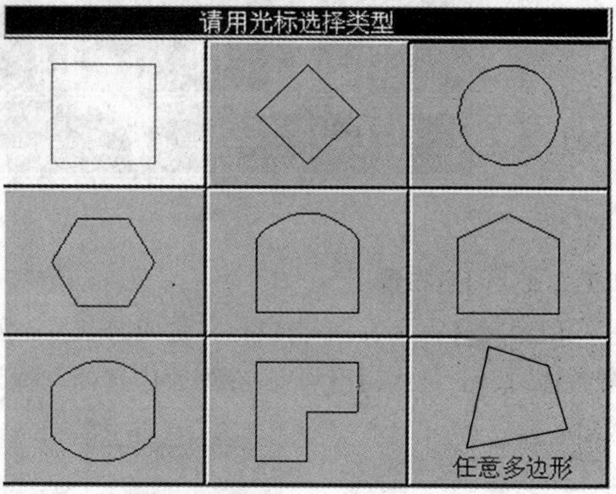

图 2-1-22

输入参数后单击"确定"按钮，则弹出如图 2-1-23 所示门窗平面、立面图库选择框。

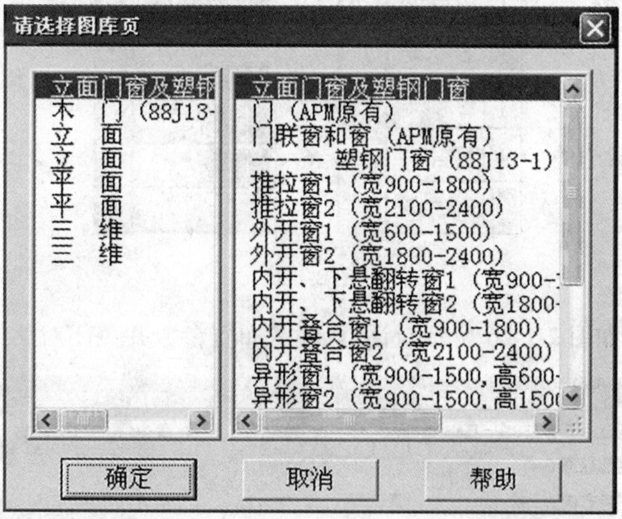

图 2-1-23

在图 2-1-23 窗口选择所需要的图库编号，单击"确定"按钮进入图 2-1-24 窗口。

在窗口中选择所需要的门窗，即完成一种门窗的定义。根据需要再单击图 2-1-20 中空白列表可进行另一种门窗定义，每次所定义的门窗均进入门窗定义列表。

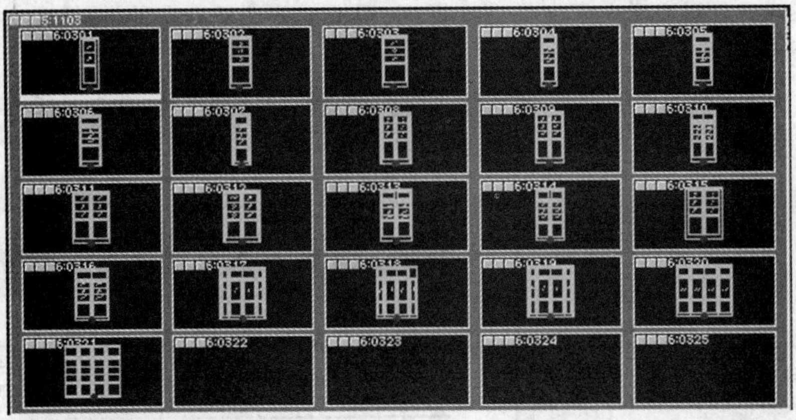

图 2-1-24

2.1.2.4　门窗布置

门窗定义完成后,单击鼠标右键或[Esc]键返回门窗操作菜单,见图 2-1-25,单击“门窗布置”按钮,进入门窗列表,在列表中选择一种门窗。

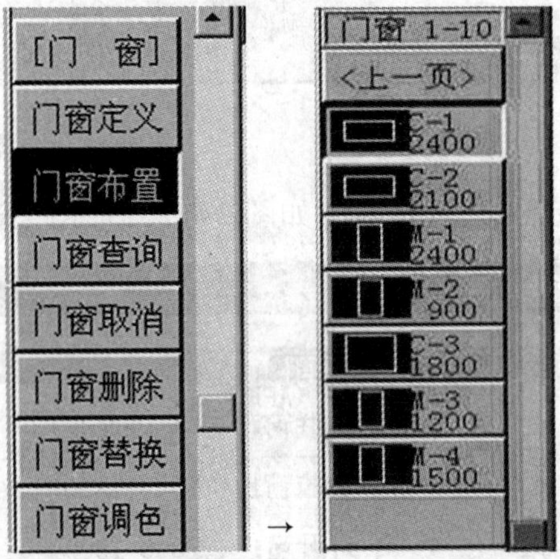

图 2-1-25

在视图区弹出如图 2-1-26 所示对话框,输入布置参数并关闭对话框。

图 2-1-26

注:对话框中门窗标高相对于本层地面,可根据设计需要而定。

参数定义完毕关闭对话框进行门窗布置，如图 2-1-27 所示，可以通过[Tab]键选择不同的布置方式，本图为单段轴网布置方式。

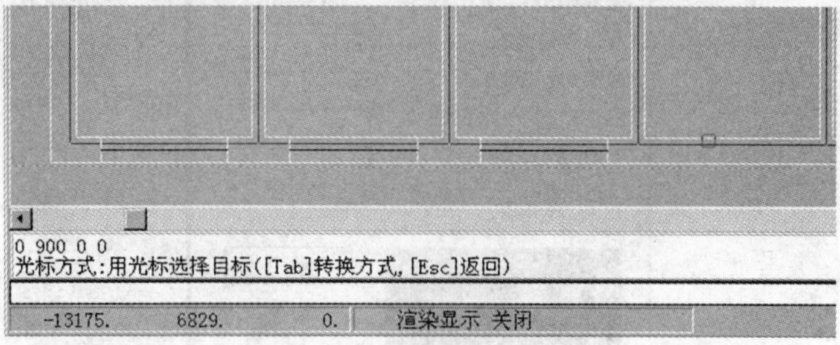

图 2-1-27

用同样方法按建筑要求进行其他门窗布置，见图 2-1-28。

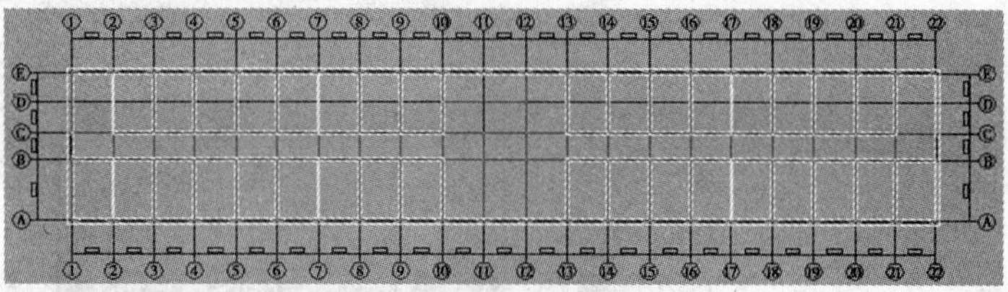

图 2-1-28

2.1.2.5　柱定义

在图 2-1-29 菜单中，单击"柱" →"柱定义"按钮进入柱定义列表。

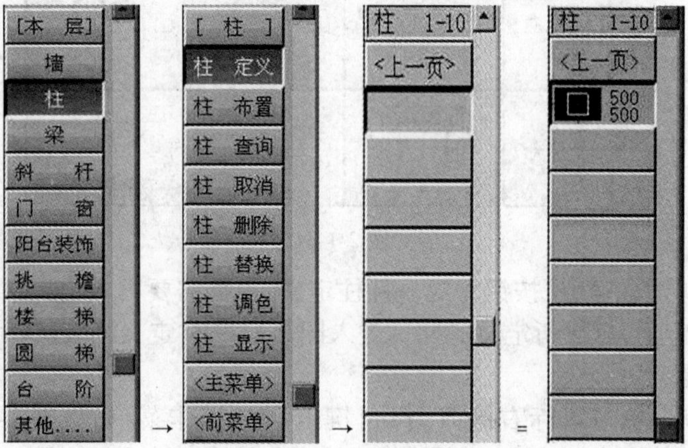

图 2-1-29

单击任一空白列表，弹出柱截面类型选择框，根据需要选择柱截面类型，如图 2-1-30 所示。

在图 2-1-30 中单击"截面类型"按钮后，弹出图 2-1-31，选择柱截面类型后返回图 2-1-30 对话框。

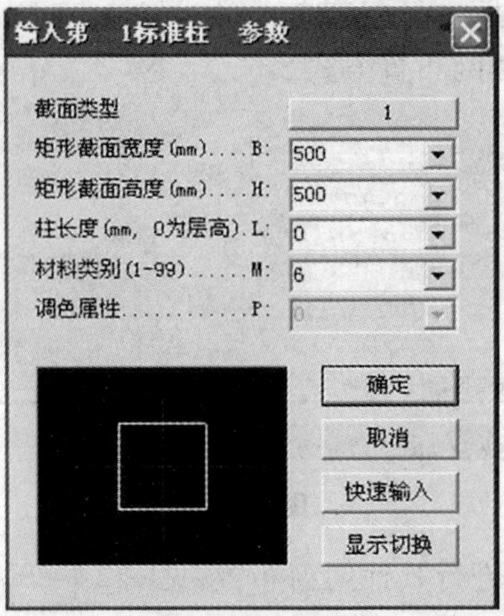

图 2-1-30

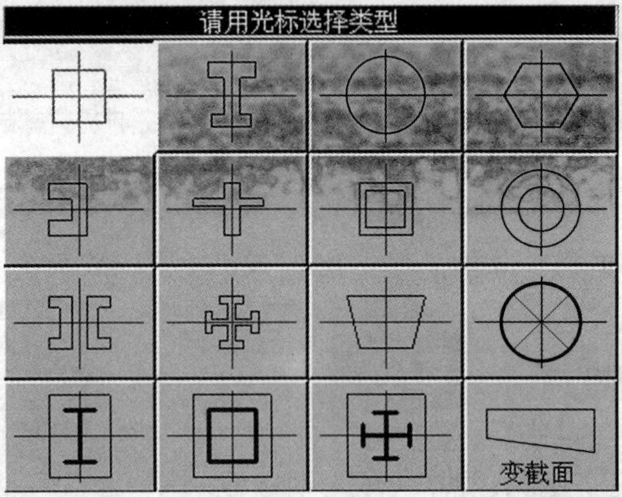

图 2-1-31

输入参数后单击“确定”按钮完成一种柱定义，根据需要再单击图 2-1-29 中空白列表可进行另一种柱定义，每次所定义的柱均进入图 2-1-29 柱定义列表。

2.1.2.6　柱布置

柱定义完成后，单击鼠标右键或[Esc]键返回柱操作菜单，见图 2-1-32，单击“柱布置”按钮，进入柱列表，在列表中选择柱类型后进行柱布置，下面以截面尺寸“500 × 500”的柱为例说明操作方法。

单击柱类型列表中“500 × 500”的柱，弹出如图 2-1-33 所示对话框，在对话框中输入布置参数。

注：柱布置“沿轴偏心”值相对于水平轴，输入“0”则柱无偏心。如图 2-1-33 所示参数为其中一个角柱布置参数。

参数定义完毕关闭对话框，光标进入柱布置状态，见图 2-1-34，可以通过[Tab]键选择不同的布置方式，本图为单节点布置方式。

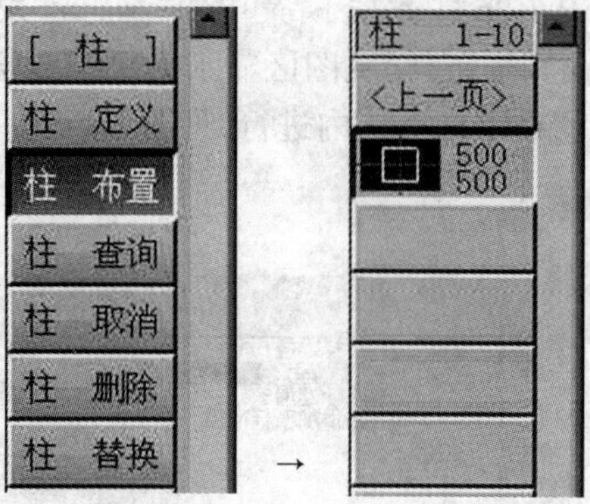

图 2-1-32

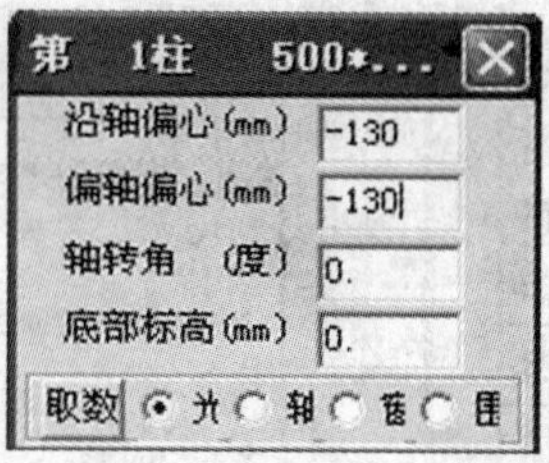

图 2-1-33

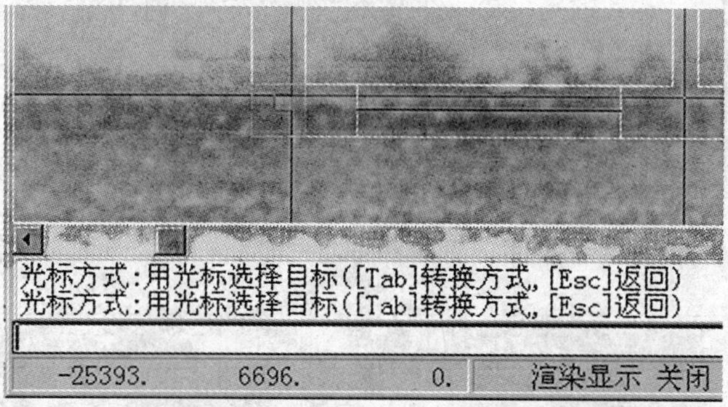

图 2-1-34

用同样方法进行其他节点处柱布置，见图 2-1-35。

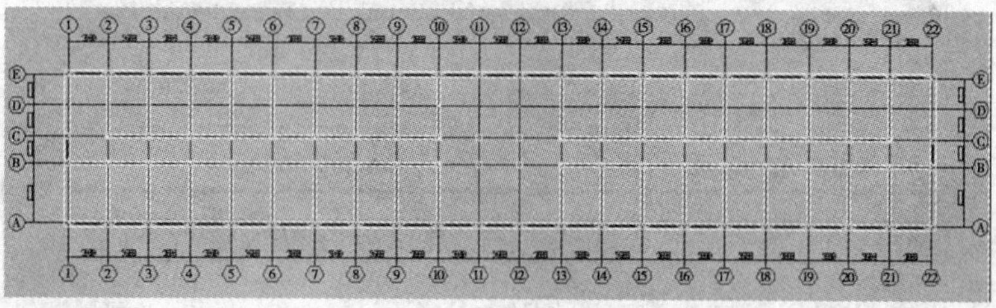

图 2-1-35

2.1.3　建筑标准层

平面布置完全相同的楼层叫一个建筑标准层，根据建筑方案的具体情况，不同的建筑平面需要建立不同的建筑标准层，一般有几种平面就需要建立几个建筑标准层。

2.1.3.1　添加标准层

在如图 2-1-36 所示"本层"菜单中单击"换标准层"按钮，弹出标准层操作对话框。

在对话框中选"添加新标准层"，并选定复制参数后单击"确定"按钮，完成新标准层的建立。有两个以上标准层后，在进行"本层布置"菜单的操作以前需要选定工作标准层。

下面以对第二标准层的操作为例，单击图 2-1-36“[本层]”菜单的“换标准层”按钮，在图 2-1-37 窗口中选定“标准层 2”并单击“确定”按钮，则视图区显示第二标准层作为当前操作层，在下一次换标准层之前的所有操作均在本标准层内进行，见图 2-1-38。

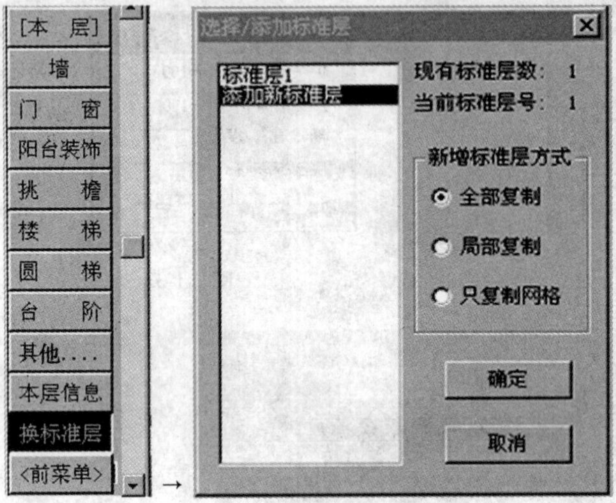

图 2-1-36

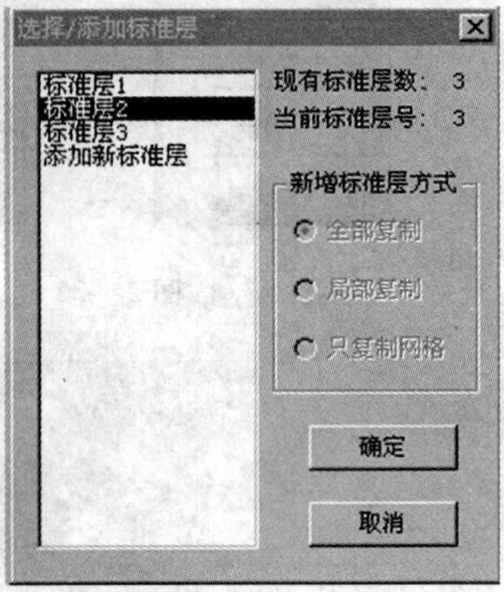

图 2-1-37

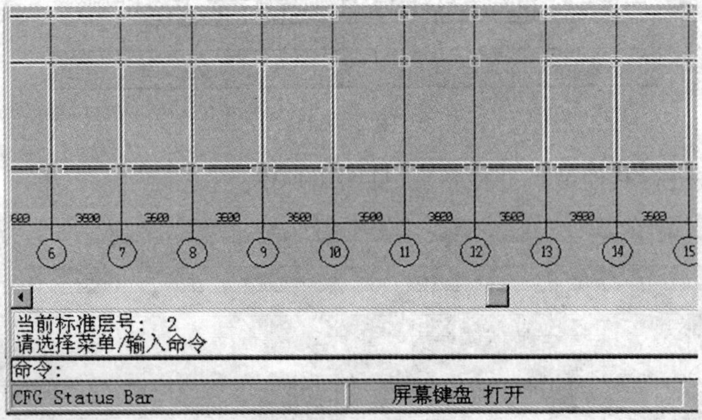

图 2-1-38

2.1.3.2　对新标准层的操作

由于第二标准层是复制第一标准层所得，所以对建筑方案中第二标准层不同于第一标准层的地方应进行修改，下面以中间门厅部分的修改为例进行介绍。

由于第一标准层门厅部分为大空间，第二标准层应改为小办公室，要进行墙体布置，见图 2-1-39，单击“墙”→“墙布置”按钮，点选“240”墙进入墙体布置状态。

在图 2-1-40 对话框中给定布置参数后，移动光标点击要布置墙的网格。

完成第二标准层增加墙体的布置后，在图 2-1-41 方框内进行新增墙体门的布置。

在图 2-1-42 菜单内单击“门窗布置”，选择门窗列表中的“M－2”，在图 2-1-43 对话框中输入布置参数，单击鼠标左键进入布置状态。

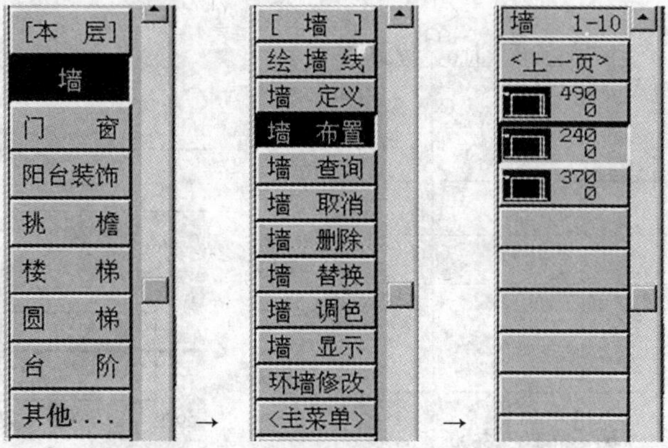

图 2-1-39

图 2-1-40

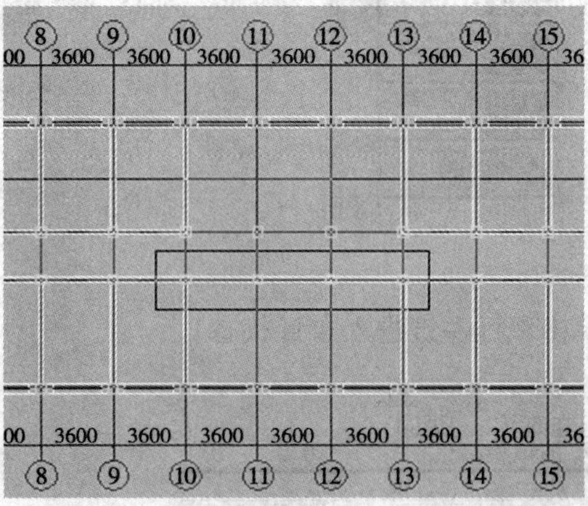

图 2-1-41

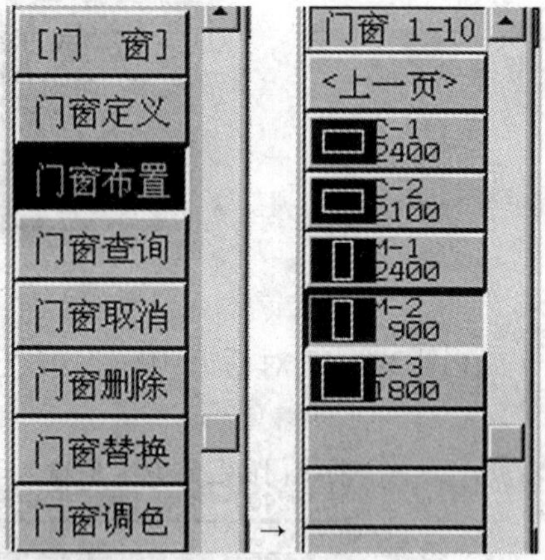

图 2-1-42

图 2-1-43

点选门窗所在的网格完成布置,见图 2-1-44。

将图 2-1-45 中方框内复制第一标准层的门替换为窗。

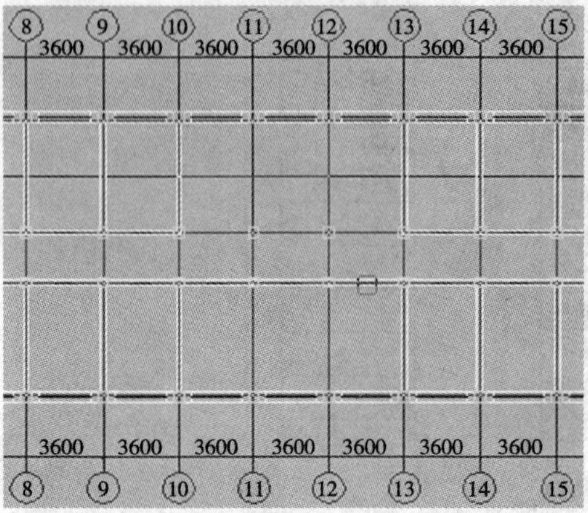

图 2-1-44

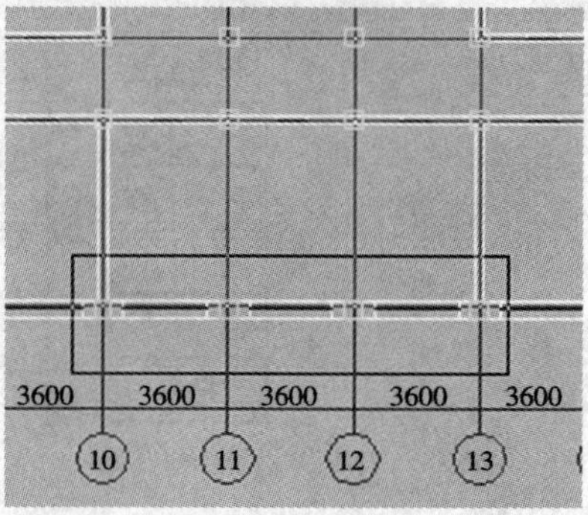

图 2-1-45

在图 2-1-46 菜单中单击“门窗布置”,点选“C－1”。

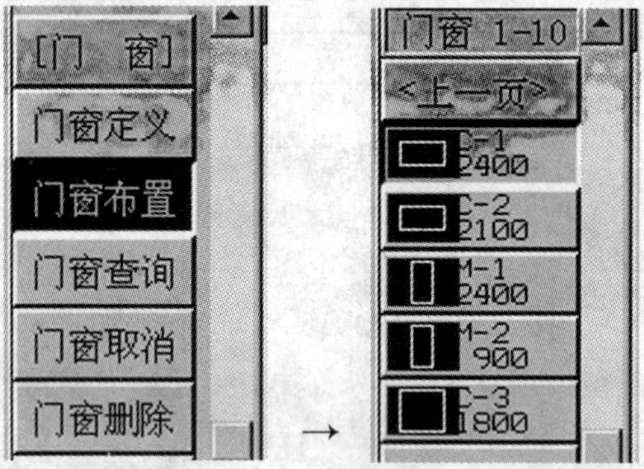

图 2-1-46

在图 2-1-47 对话框中输入布置参数后,单击鼠标左键进入布置状态。

图 2-1-47

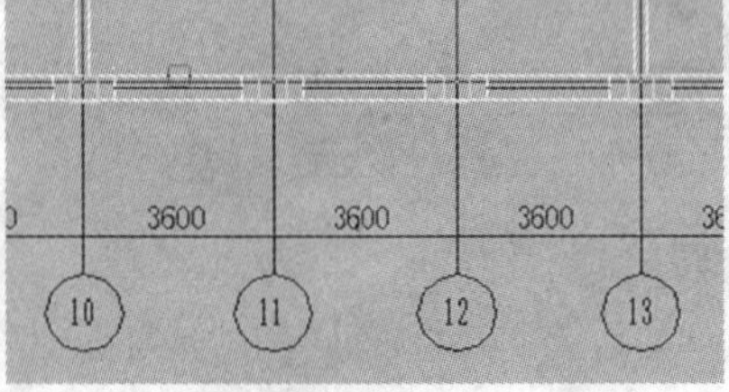

图 2-1-48

单击图 2-1-48 光标所在的网格,则网格上原有的门颜色发生变化。

如图 2-1-49 所示,下部命令提示区提示键入回车或单击鼠标左键,则门被替换为“C－1”。

按同样方法完成其他门的替换。

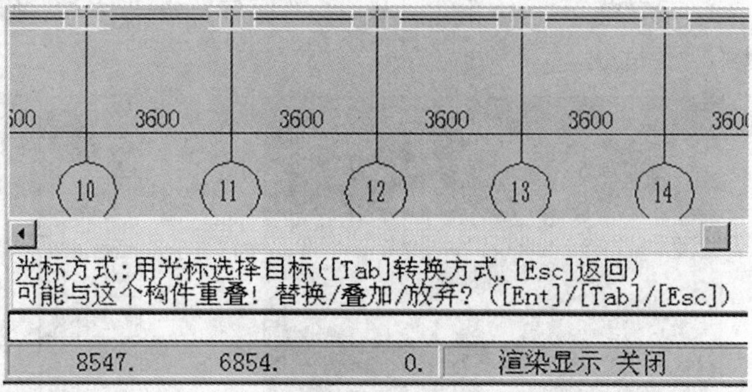

图 2-1-49

完成对第二标准层的布置后,可换到第三标准层,并进行该标准层的类似布置,第三标准层局部改为大空间会议室后如图 2-1-50 所示。

2.1.3.3　本层信息

将第一标准层设置为当前层,在图 2-1-51 所示主菜单中单击“本层布置”→“本层信息”按钮,弹出如图 2-1-52 所示菜单。

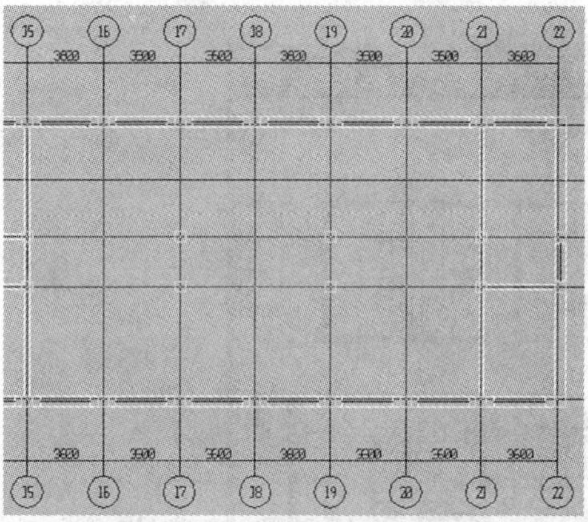

图 2-1-50

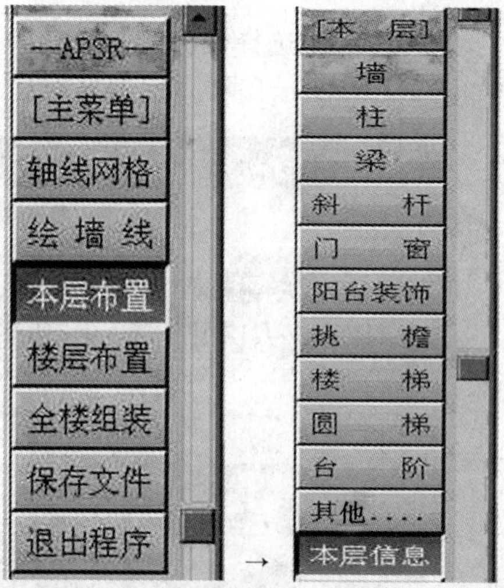

图 2-1-51

单击“本层层高”,在信息框中输入第一标准层层高后,单击“确定”按钮完成对第一标准层的层高定义,该标准层层高定义为 3 900 mm。

按同样的方法完成对第二和第三标准层的层高定义,第二和第三标准层层高分别定义为 3 600mm 和 3 900mm。

2.1.4　楼梯间布置

前面完成对各标准层的基本定义后,现在对各标准层进行楼梯操作。

楼梯的布置根据情况可以采用“梯间布置”或“单跑布置”两种方式,采用“梯间布置”的方式往往比较快捷。

在如图 2-1-53 所示菜单中单击“楼梯”→“梯间布置”按钮，视窗左下角出现如图 2-1-54 所示的对话框。

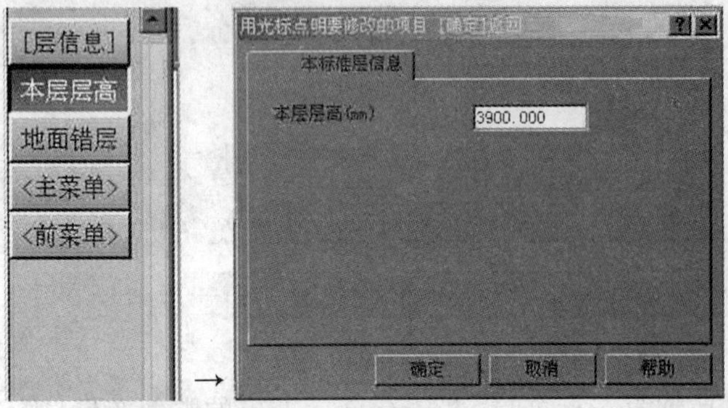

图 2-1-52

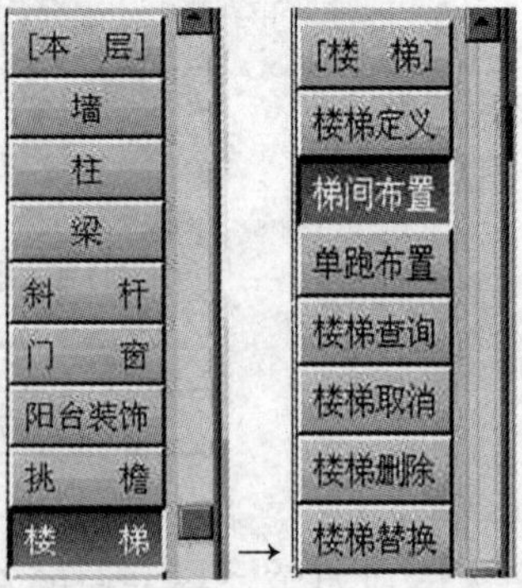

图 2-1-53

图 2-1-54

此时按顺序选择楼梯间各个角节点，依次选择完成后点击鼠标右键或按[Esc]键，弹出如图 2-1-55所示楼梯类型选择对话框。

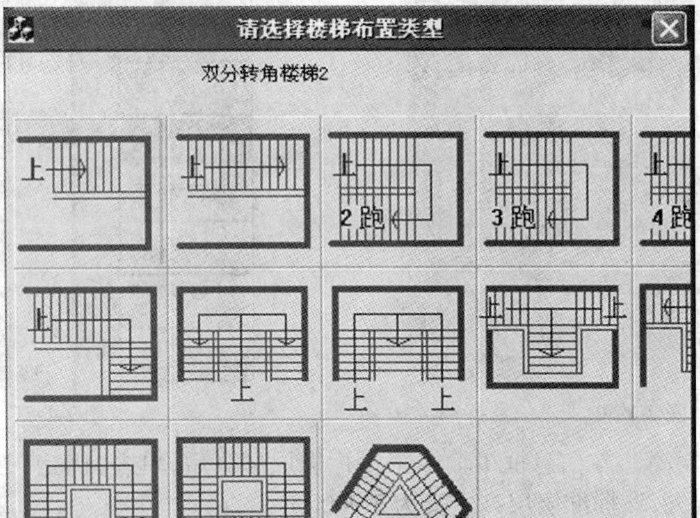

图 2-1-55

用光标点选第三种“平行两跑楼梯”，弹出如图 2-1-56 所示楼梯智能设计对话框。

在相对应的楼梯参数框中输入所设计楼梯的各项数据，点击“确定”按钮，楼梯的梯跑部分已布置完成，如图 2-1-57 所示。

根据剖面设计要求来设置每梯段的上下休息平台。如图 2-1-58 所示点击“楼梯定义”，点选楼梯类型一，出现如图 2-1-59 所示楼梯参数定义对话框。

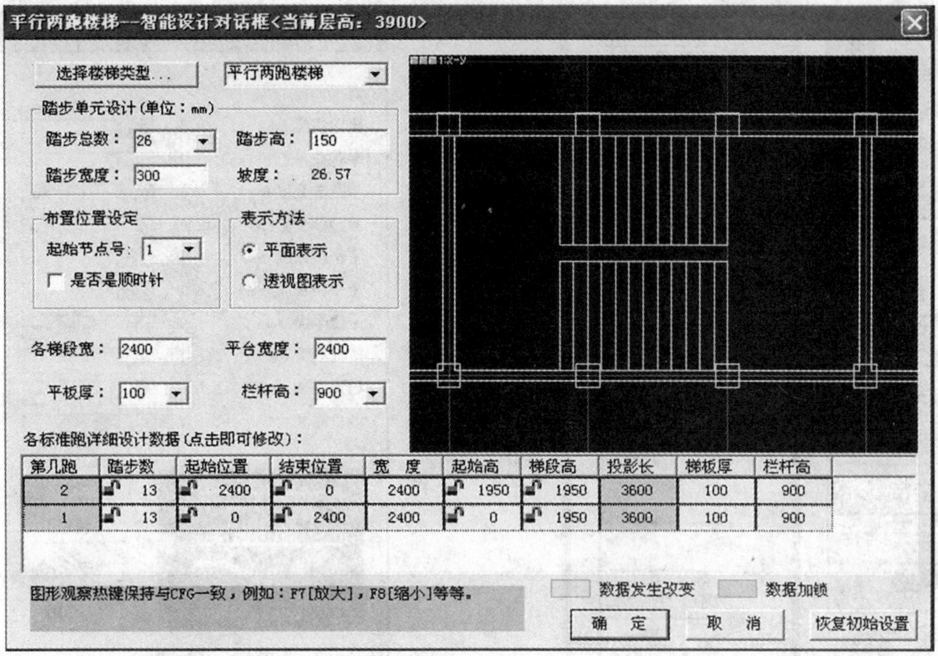

图 2-1-56

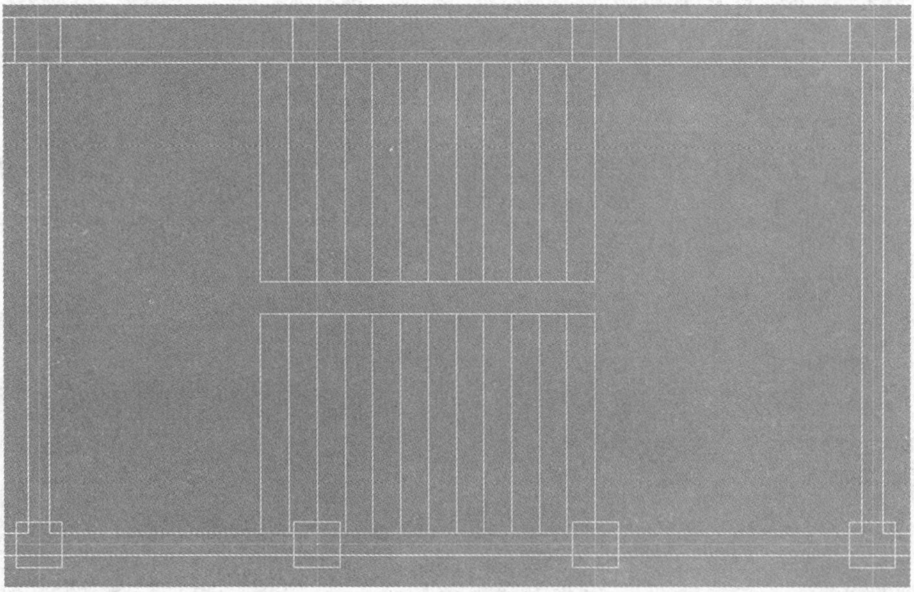

图 2-1-57

如图 2-1-59 所示，对楼梯的参数进行修改，将上、下平板长度改为设计需要值，点击“确定”按钮。楼梯形式变为如图 2-1-60 所示，此时楼梯休息平台与设计不一致。

点击楼梯定义中一空的定义条，视窗左下角出现如图 2-1-61 所示的对话框。

点击右键“复制已有类型”，此时点选楼梯类型一，出现菜单如图 2-1-62 所示。

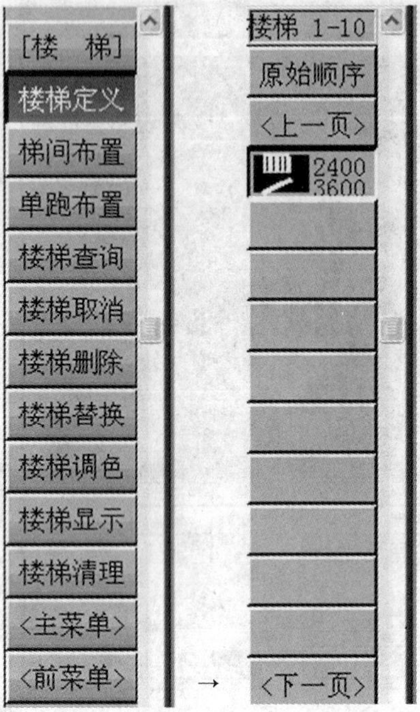

图 2-1-58

图 2-1-59

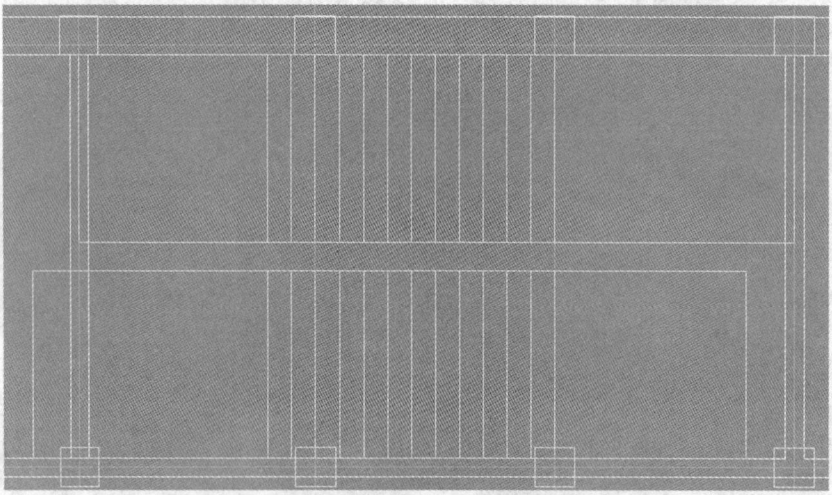

图 2-1-60

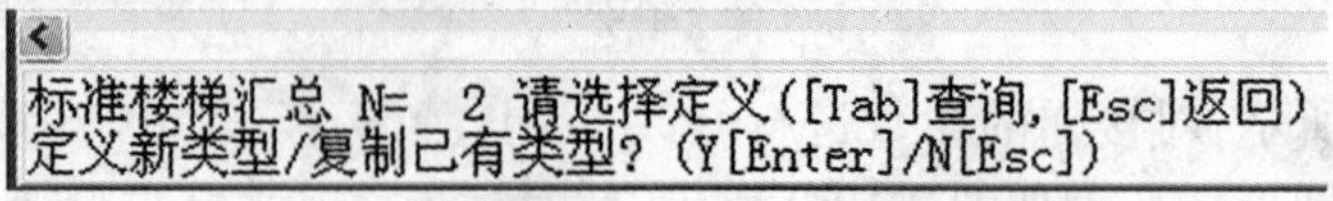

图 2-1-61

点选楼梯类型二，弹出如图 2-1-63 所示对话框。

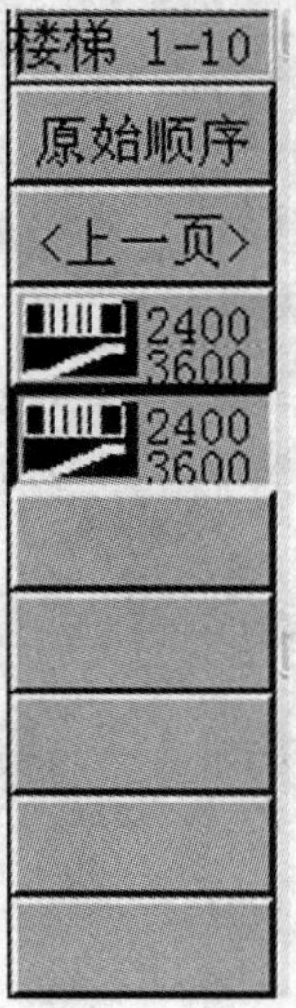

图 2-1-62

图 2-1-63

将原有与楼梯类型一相同的上、下平板长度数据交换，如图 2-1-63 所示。点击“确定”按钮，返回到前菜单，点击楼梯查询，选择第二跑楼梯，点击“确定”按钮，弹出如图 2-1-64 所示对话框。

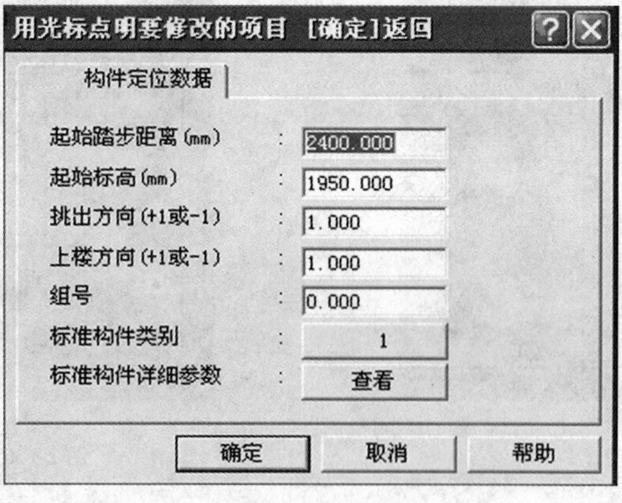

图 2-1-64

点击“标准构件类别”按钮后回到视窗，选择楼梯类型二，返回构件定位数据对话框，构件号变为“2”，此时点击“确定”按钮，完成此楼梯间的布置，如图 2-1-65 所示。

用同样的方法完成对本标准层其他楼梯间的布置，见图 2-1-66 和图 2-1-67。

完成第一标准层的楼梯布置，点击“换标准层”按钮，同理完成其他标准层楼梯的布置，此处从略。

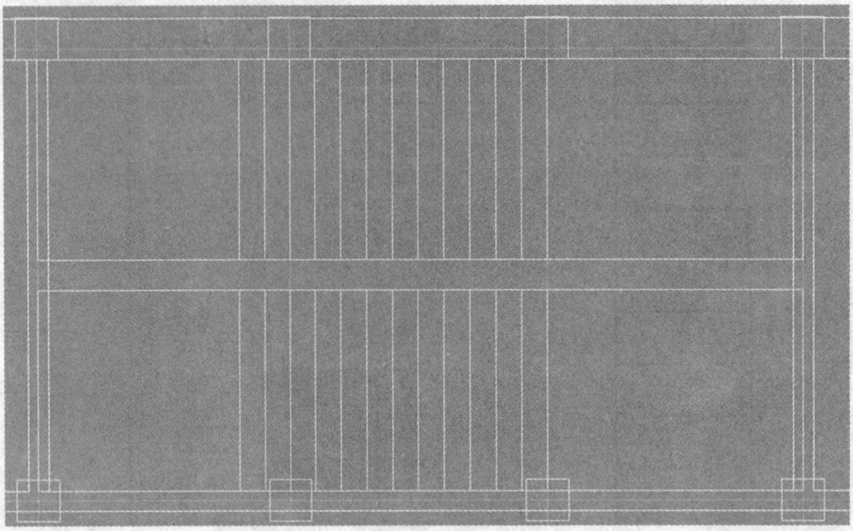

图 2-1-65

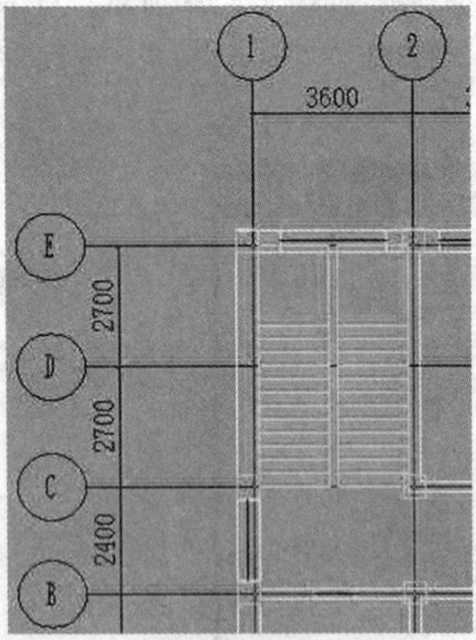

图 2-1-66

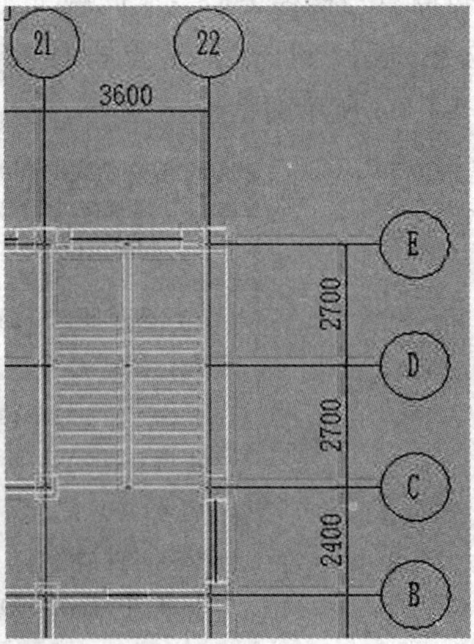

图 2-1-67

2.1.5 台阶、雨篷、楼板定义和布置

2.1.5.1 台阶定义

在图 2-1-68 的菜单中单击“台阶”→“台阶定义”按钮，在空白列表中单击任意空条后，示图区出现如图 2-1-69 所示对话框。

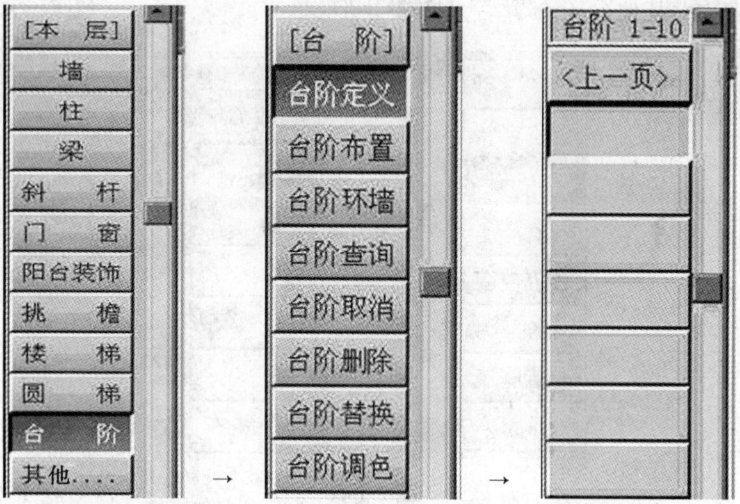

图 2-1-68

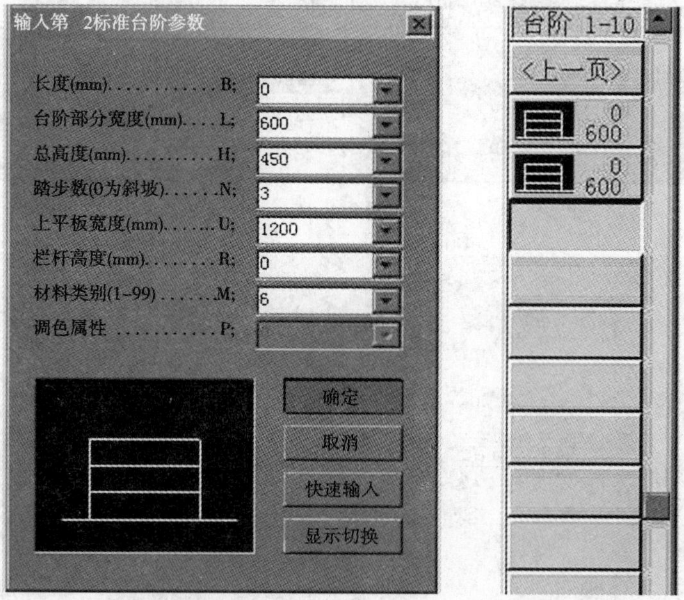

图 2-1-69

在对话框中输入定义参数,单击“确定”按钮即完成一种台阶定义,所定义的台阶进入图 2-1-69 右侧所示台阶列表。

2.1.5.2 台阶布置

完成台阶定义后进行台阶布置,在如图 2-1-70 所示菜单中单击“台阶布置”按钮,选择列表中的台阶类型。弹出如图 2-1-71 所示对话框。

在对话框中输入布置参数并关闭对话框,光标进入台阶布置状态。

在图 2-1-72 所示位置,用光标点击台阶所在网格,将台阶布置在网格上,同样方法完成其他台阶的布置,其他台阶布置后见图 2-1-73。

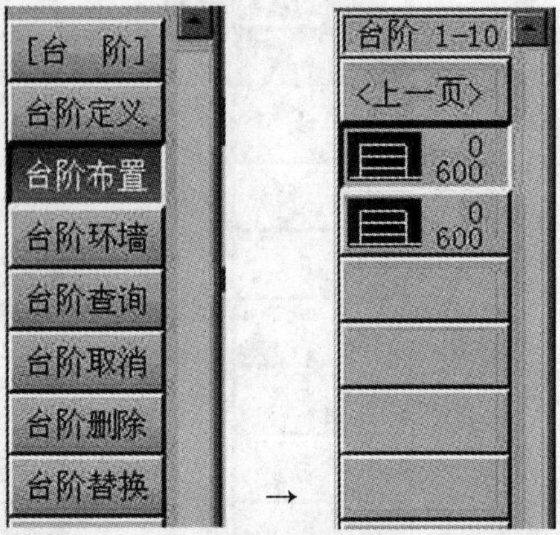

图 2-1-70

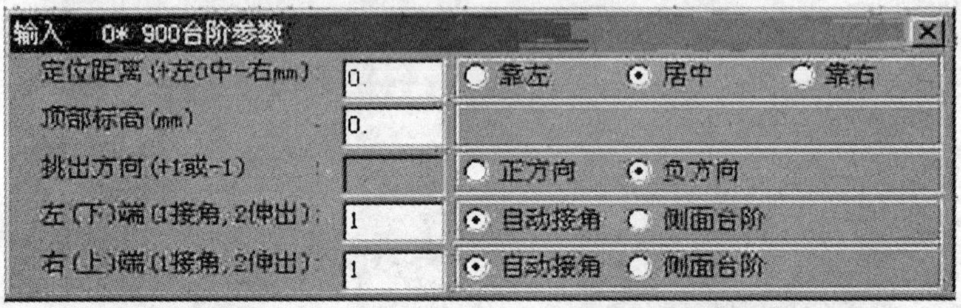

图 2-1-71

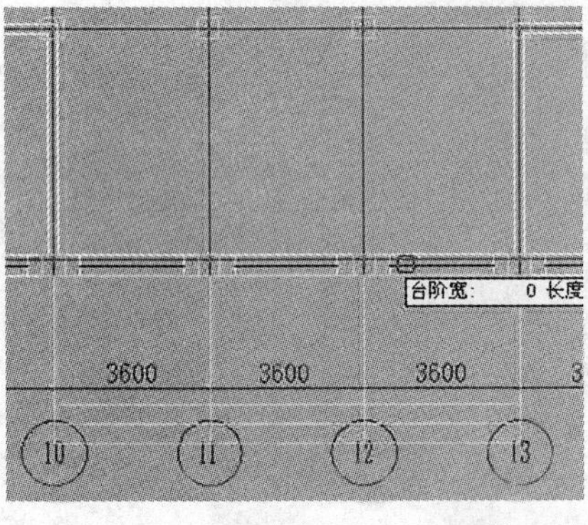

图 2-1-72

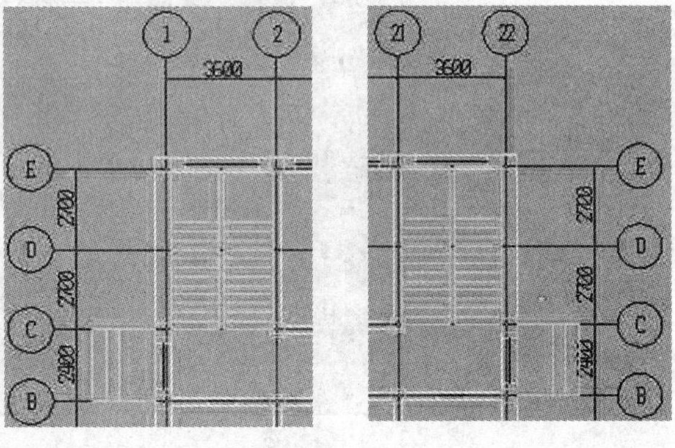

图 2-1-73

2.1.5.3　雨篷定义

在图 2-1-74 的菜单中单击“挑檐”→“挑檐定义”按钮,在空白列表中单击任意空白条。示图区弹出如图 2-1-75 所示参数定义对话框。

在图 2-1-75 选择框中点击“截面类型”按钮后,弹出如图 2-1-76 所示对话框,选择所需类型后返回参数定义对话框。

在对话框中输入定义参数,单击“确定”按钮即完成一种挑檐定义,定义好的挑檐进入图 2-1-75 右侧所示列表。

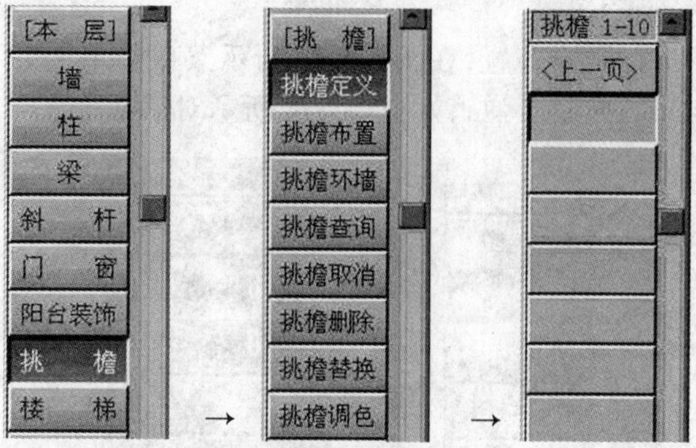

图 2-1-74

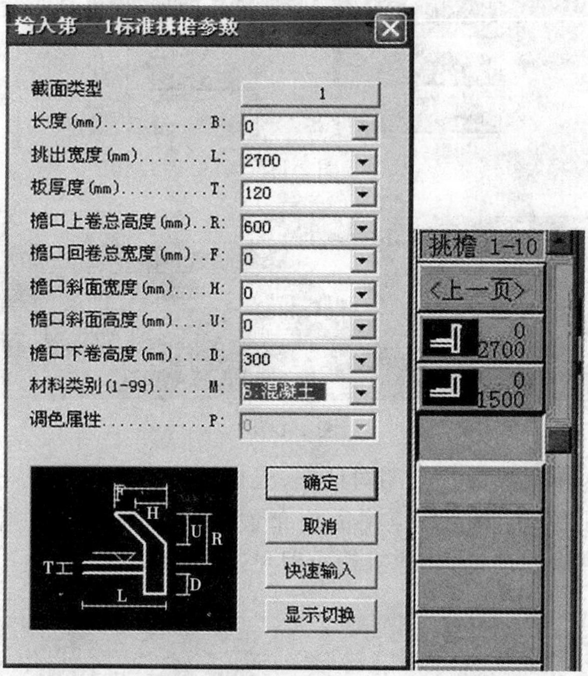

图 2-1-75

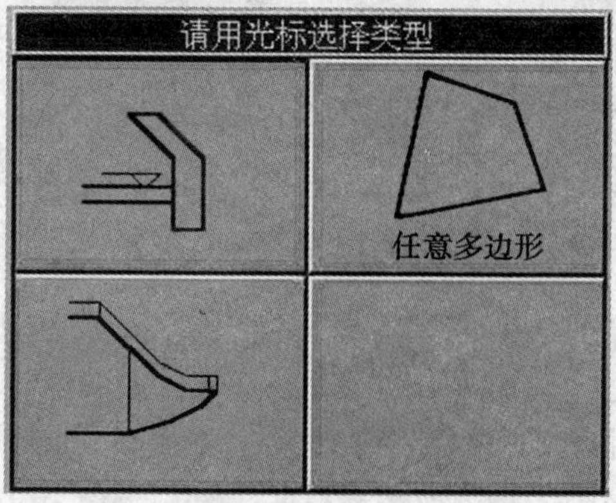

图 2-1-76

2.1.5.4　挑檐布置

完成挑檐定义后进行挑檐布置，在图 2-1-77 所示菜单中单击“挑檐布置”按钮，在挑檐列表中选择刚刚定义的挑檐。弹出如图 2-1-78 所示对话框。

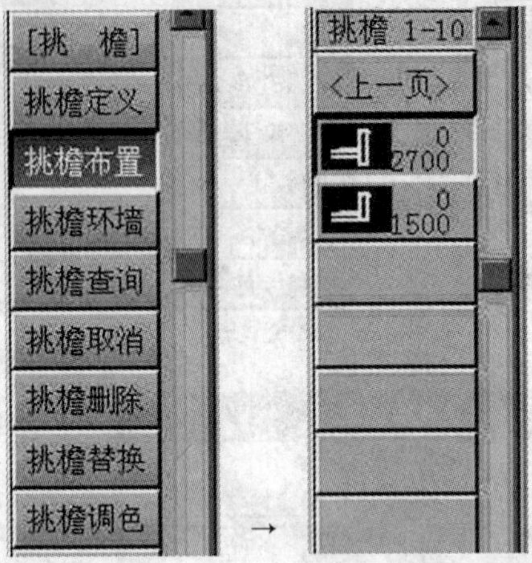

图 2-1-77

图 2-1-78

在对话框中输入布置参数并关闭对话框，光标进入挑檐布置状态。

在图 2-1-79 所示位置，用光标点击需要布置挑檐的网格，将挑檐布置在网格上。用同样方法完成其他挑檐的布置，其他挑檐布置见图 2-1-80。

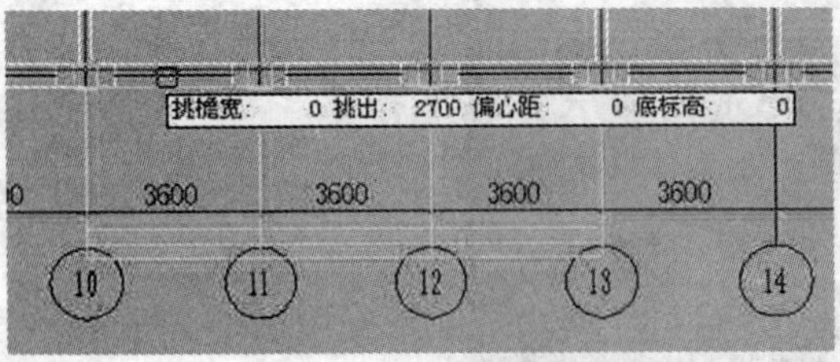

图 2-1-79

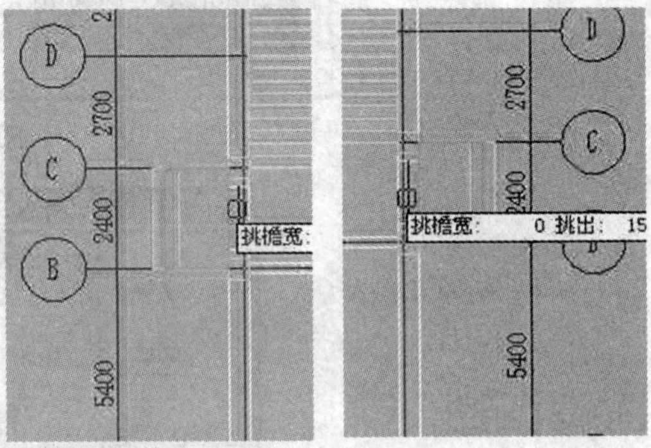

图 2-1-80

2.1.5.5　楼板定义

在图 2-1-81 的菜单中单击“其他”→“楼板”→“楼板定义”按钮，在空白列表中单击任意空白条。示图区弹出图 2-1-82 所示对话框。

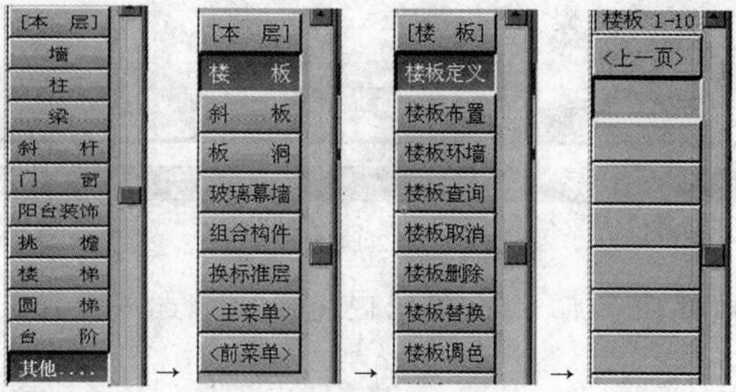

图 2-1-81

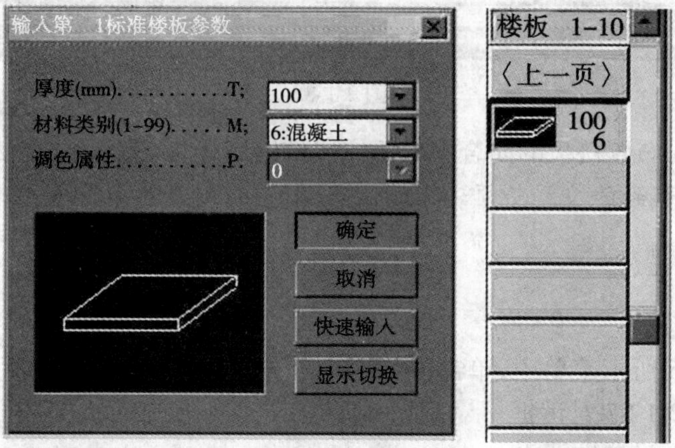

图 2-1-82

在对话框中输入定义参数，单击“确定”按钮即完成一种楼板定义，定义好的楼板进入图 2-1-82 右侧所示列表。

2.1.5.6　楼板布置

完成楼板定义后进行楼板布置，在图 2-1-83 所示菜单中单击“楼板布置”按钮，选择列表中的楼板类型。

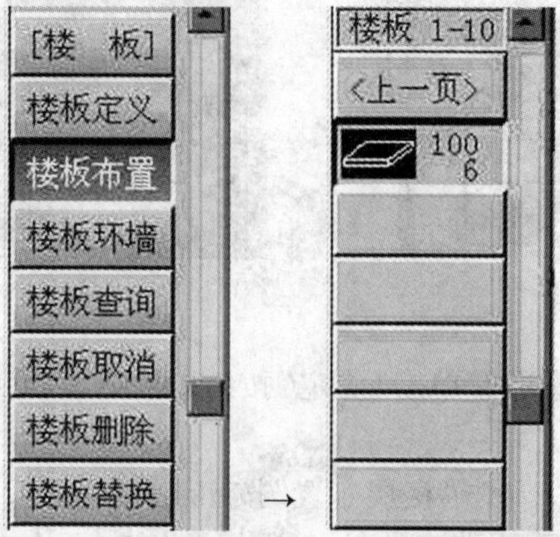

图 2-1-83

在如图 2-1-84 所示命令提示区提示输入布置参数。

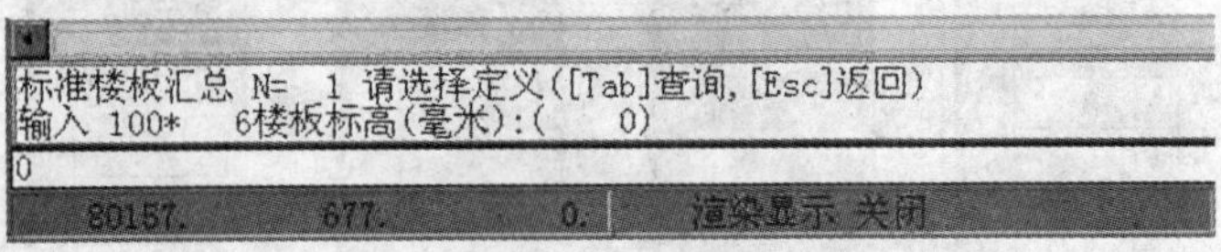

图 2-1-84

输入布置参数并回车后，命令提示区提示逐个点击布置区域角点或网格，见图 2-1-85。

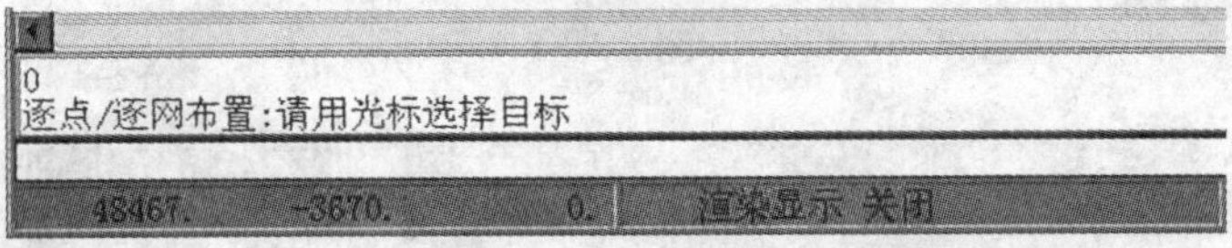

图 2-1-85

用光标点击要布置楼板的闭合区域后完成该区域楼板布置。

注：剖面图剖切到的位置必须进行楼板布置，不绘制剖面的区域可不进行布置。

2.1.6　楼层布置

2.1.6.1　首层标高

在如图 2-1-86 所示菜单中，单击“楼层布置”按钮进入楼层布置菜单，单击“首层标高”按钮，弹出图 2-1-87 对话框。

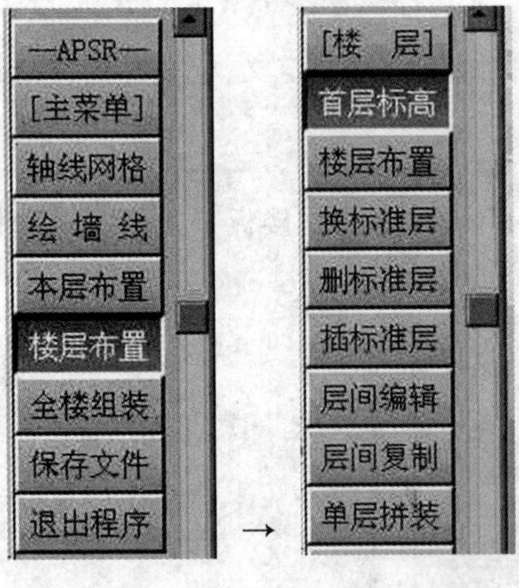

图 2-1-86

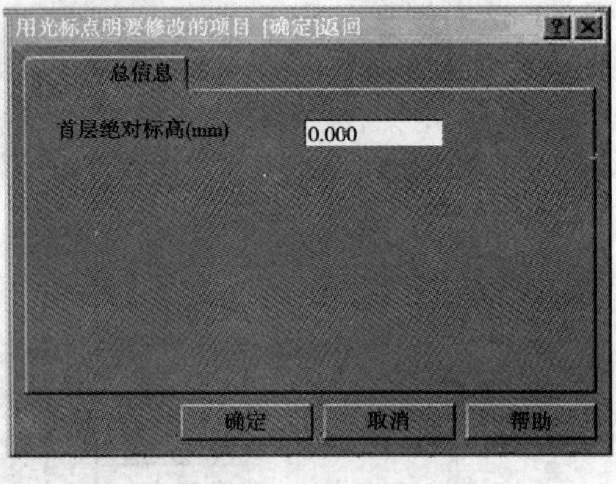

图 2-1-87

在对话框中输入标高参数并单击“确定”按钮。

2.1.6.2　楼层布置

在图 2-1-86 楼层菜单中单击“楼层布置”按钮，弹出如图 2-1-88 所示对话框。

在对话框中选择标准层及层高并单击“添加”按钮，可在对话框右侧窗口添加楼层。

本楼一层为第 1 标准层,层高 3 900mm;二到六层为第 2 标准层,层高 3 600mm,七层为第 3 标准层,层高 3 900mm。

参数定义完毕单击“确定”按钮,完成楼层定义。

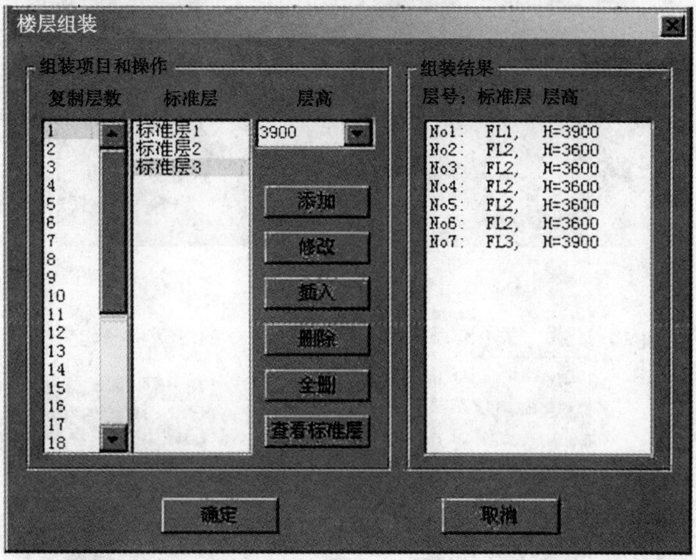

图 2-1-88

2.1.7　全楼组装

在图 2-1-89 所示菜单中单击“全楼组装”→“室外地坪”按钮。

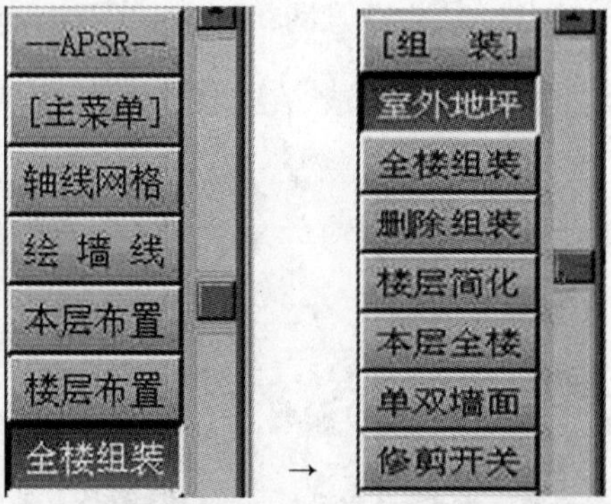

图 2-1-89

弹出如图 2-1-90 所示对话框,在对话框中输入参数并单击“确定”按钮。

在如图 2-1-91 所示菜单中单击“全楼组装”按钮进入“[组装]”菜单,单击“[组装]”菜单中的“全楼组装”按钮,弹出图 2-1-92 所示对话框。

首次组装可以选择“不简化组装”或“交互组装”,此处选择“不简化组装”,单击“确定”按钮完成全楼组装。

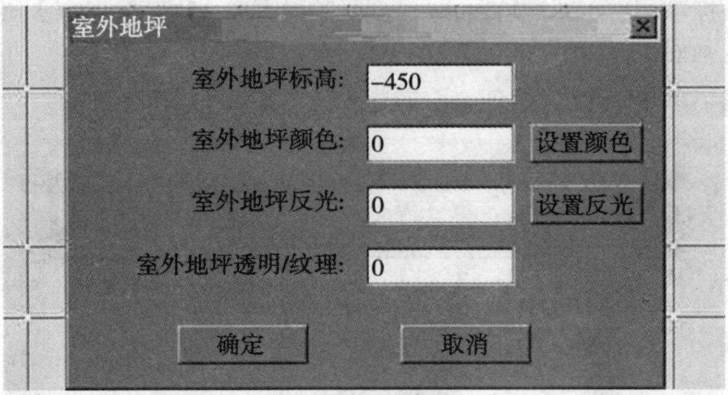

图 2-1-90

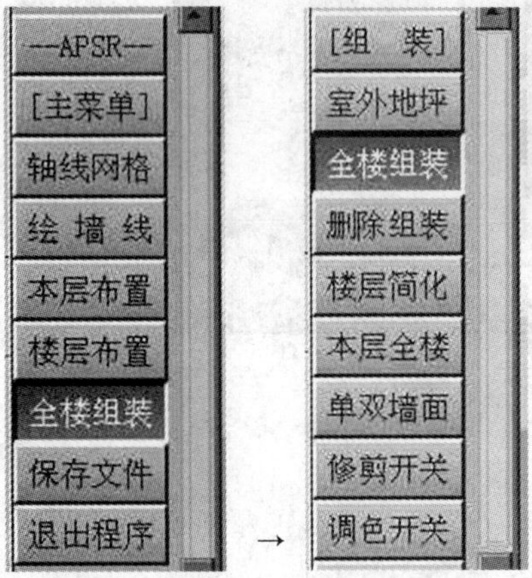

图 2-1-91

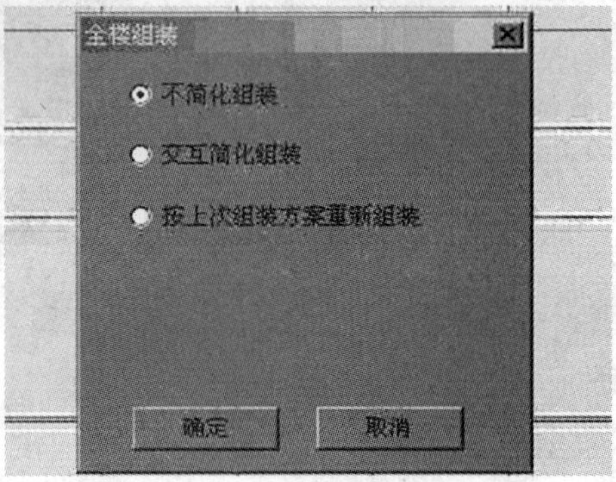

图 2-1-92

2.1.8　保存文件并结束建模

经过上述操作,建筑模型的建立基本完成,在如图 2-1-93 所示菜单中单击“保存文件”→“退出程序”按钮。

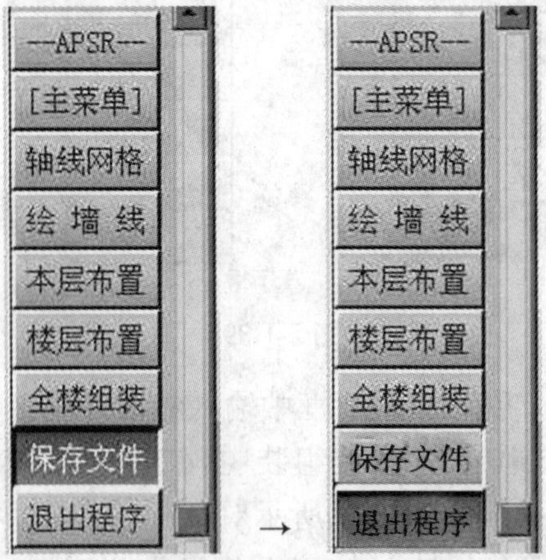

图 2-1-93

注:在前述的操作过程中,为避免意外断电造成数据丢失,应经常保存文件。

2.2　绘制建筑平面施工图

完成三维建筑方案设计之后，在三维模型输入编辑界面点取“绘平面图”菜单命令或在 PKPM 程序菜单“建筑模型输入”项目中选择“建筑平面图”，即可进行建筑平面施工图的设计。

整栋建筑物的平面施工图，将根据建筑物所包含的标准层数，依次生成相应的各标准层平面图，程序将自动定义各平面图为 AP＊. T，例如 AP2. T 为第 2 标准层平面图。

在此项设计中，可完成绘制轴线、标注尺寸、标注名称、标注文字、细部构件插入、门窗变换、标注符号、补充绘图等操作，并可利用“定义绘制参数”及“图层管理”等功能生成其他各种专业条件图。

APM 提供了在平面施工图的绘制过程中修改方案的功能，随着用户对构件的修改，相关尺寸可相应自动改变，修改结果可同时反映到三维模型中。

如果在完成某层平面图后，建筑方案又进行了局部修改，可通过“构件更新”功能来修改平面中已经完成绘制的构件，而保留其他已绘制但不需修改的尺寸、文字、符号等。

在如图 2-2-1 所示窗口中双击“建筑平面图”按钮，进入建筑平面施工图设计对话框，见图 2-2-2。当第一次进入绘制建筑平面图时，会弹出如图 2-2-3 所示对话框，提示输入平面图的绘制比例，默认比例为常用的 1∶100。

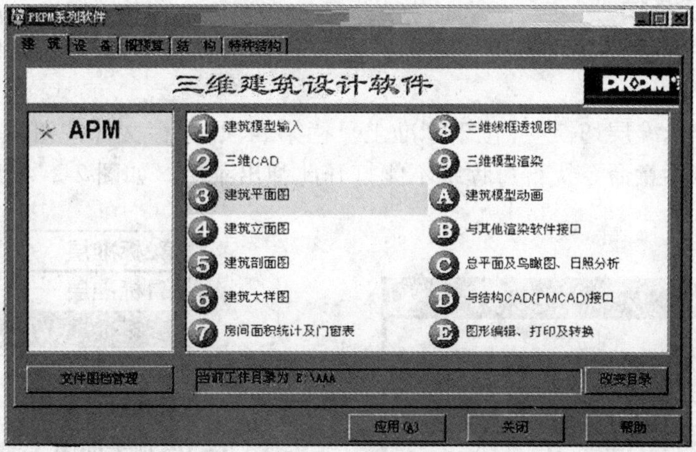

图 2-2-1

注：在进入“建筑平面图”绘图之前，可以在当前工作目录下，制作图纸标题栏。

2.2.1　平面图视窗主要功能分区

2.2.1.1　主菜单

APM 施工图部分的主菜单各项内容基本相同，主菜单作为辅助绘图工具，可在自动成图之外，由用户方便地进行编辑、修改和绘图操作。平面施工图中菜单项目包括文件工具、绘图、编辑、字符、尺寸、图层、显示、帮助。

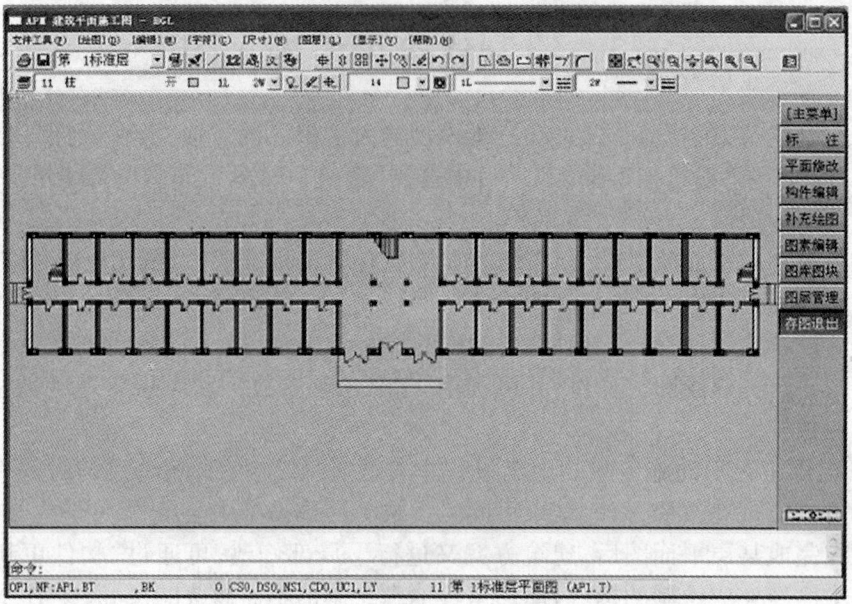

图 2-2-2

注：这些项目在平面图的主菜单中也有显示，两个位置均可操作。

2.2.1.2　标准工具栏

标准工具栏包括常用工具和标准层切换下拉列表，通过工具栏的使用可以大大提高绘图效率。

可以借助此标准层切换栏（位于标准工具栏第四项，保存文件按钮右侧）来完成标准层的切换工作。注意命令执行过程中不能打开此弹出菜单。如图 2-2-4 所示。

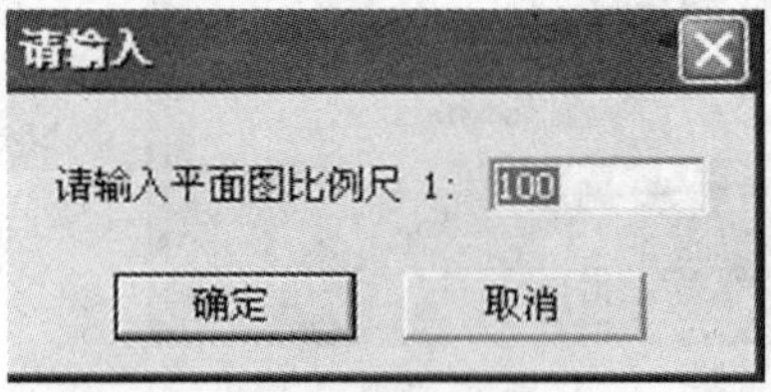

图 2-2-3

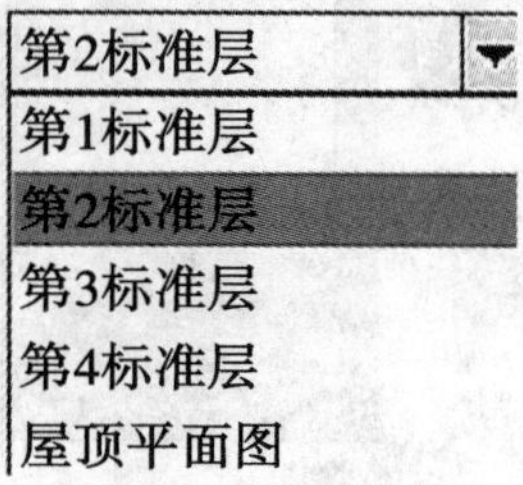

图 2-2-4

各个施工图编辑部分的标准工具栏都是一致的。从左到右命令按钮依次为打印绘图、保存文件、标准层切换栏、改为现层、图层匹配、连续直线、标注数字、标注字符、标注中文、点取修改、选择、图素拖动、阵列、移动、复制、删除、放弃、重做、端点拖动、偏移、打断、修剪、延伸、圆角、充满显示、实时平移、实时缩放、窗口放大、局部放大、恢复显示、放大 1 倍、缩小一半和返回模型输入退出。如图 2-2-5 所示。

图 2-2-5

2.2.2　标注

2.2.2.1　标注轴线

方法一：

在如图 2-2-6 所示菜单中单击“标注”→“轴线”→“自动标注”按钮。

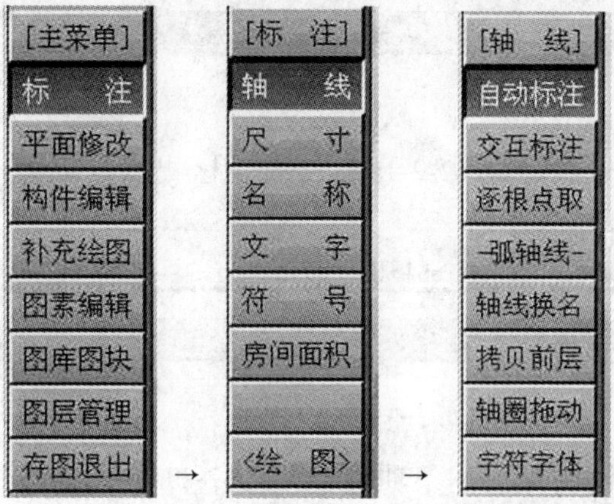

图 2-2-6

在图 2-2-7 建筑平面中自动标上轴线，标注轴线后情况如图 2-2-8 所示。

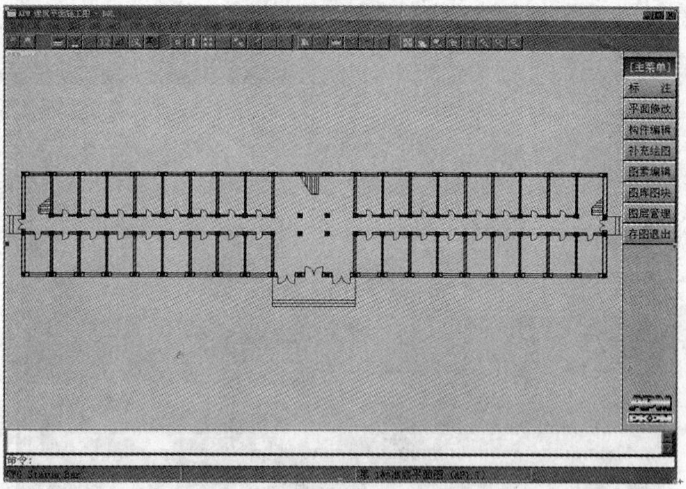

图 2-2-7

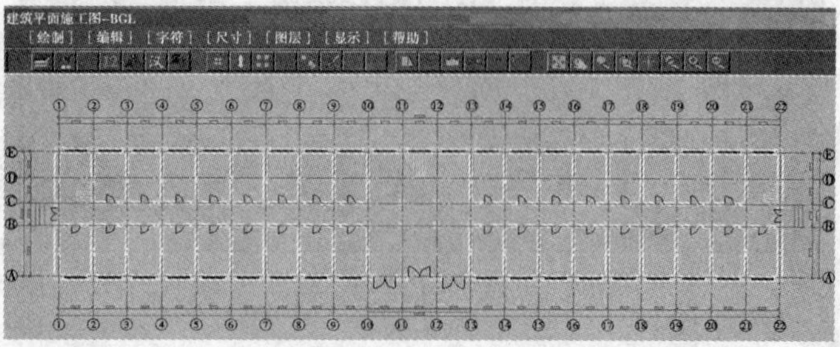

图 2-2-8

方法二：

在图 2-2-6 菜单中单击“标注”→“轴线”→“交互标注”按钮，图 2-2-9 命令提示区提示点取起始轴线。

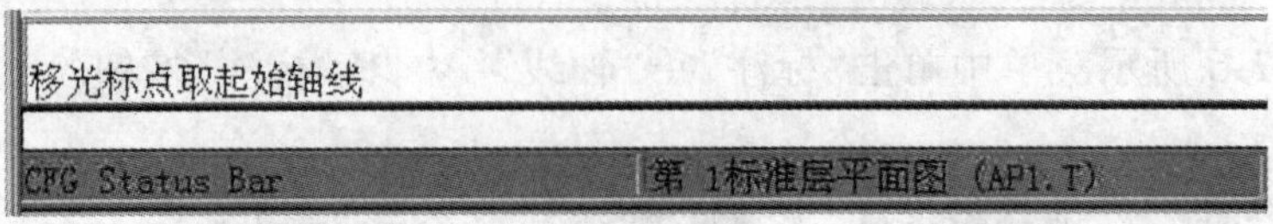

图 2-2-9

用光标单击第一条轴线后，图 2-2-10 命令提示区提示点取终止轴线。

图 2-2-10

用光标单击所要标注的最后一条轴线后，图 2-2-11 所示命令提示区提示去掉不标的轴线。

图 2-2-11

如没有不需标注的轴线，单击鼠标右键或回车，弹出图 2-2-12 对话框。

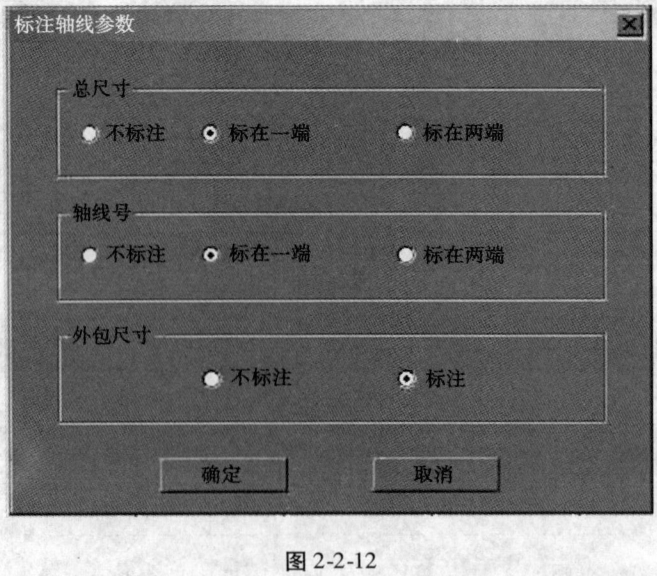

图 2-2-12

在对话框中选取标注参数后单击“确定”按钮,图 2-2-13 命令提示区提示指定起始画位置和尺寸线位置,指定位置如图 2-2-14 所示。

按图 2-2-13 所示的提示进行操作。

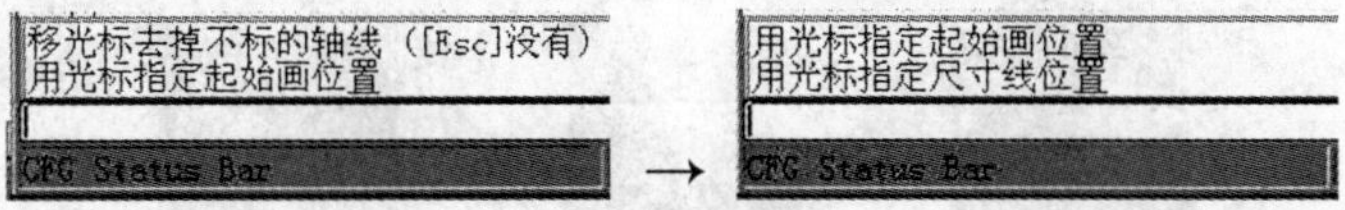

图 2-2-13

所标注轴线如图 2-2-15 所示。

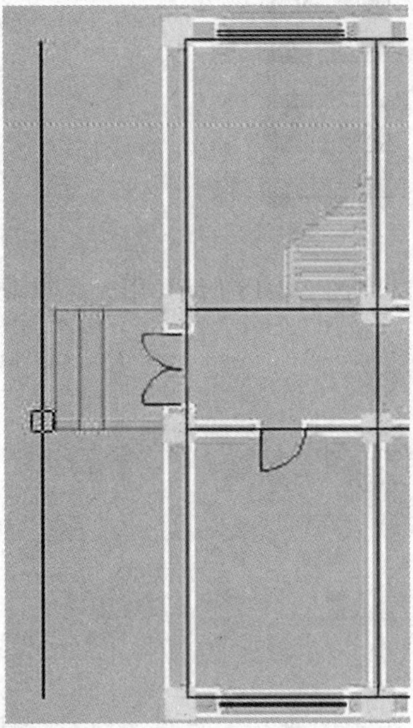

图 2-2-14

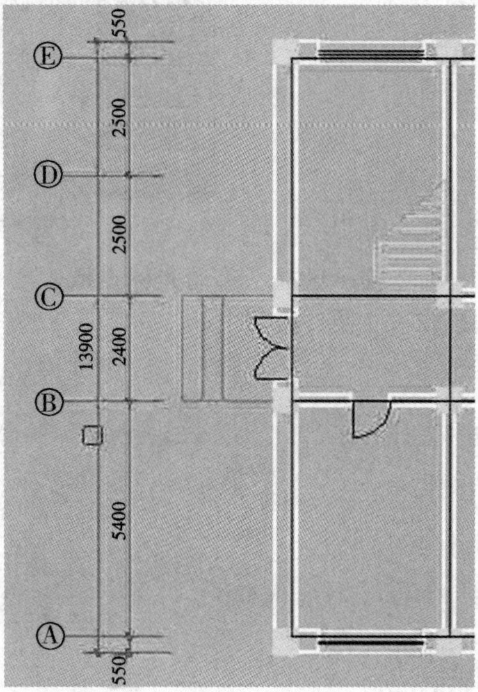

图 2-2-15

同样应用上述方法可进行其他轴线的标注。

方法三:

在图 2-2-6 菜单中单击“标注”→“轴线”→“逐根点取”按钮,图 2-2-16 命令提示区提示点取要画的轴线。

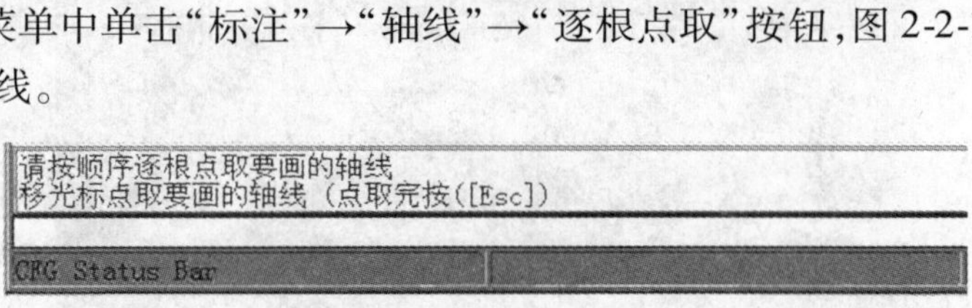

图 2-2-16

用光标点取的轴线颜色会发生改变,点选完成后按［Esc］键或鼠标右键,出现如图 2-2-12所示对话框,在对话框中选取标注参数后,单击“确定”按钮,其余操作与方法二相同。

注:三种方法的操作都可以进行轴线标注,可以根据实际情况选择不同的方法,方法选择得当既能达到目的又能提高工作效率。

2.2.2.2　标注尺寸

1) 柱尺寸

在如图 2-2-17 所示菜单中单击“标注”→“尺寸”→“柱尺寸”按钮。

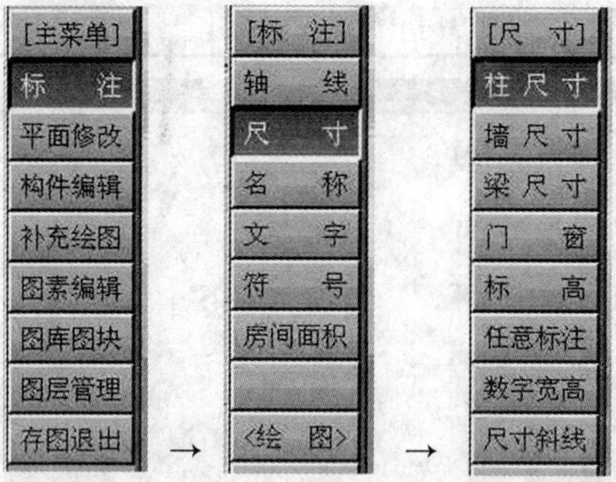

图 2-2-17

命令提示区提示移动光标点取需要标注尺寸的柱，如图 2-2-18 所示，用光标点取柱则该柱尺寸便自动标注。

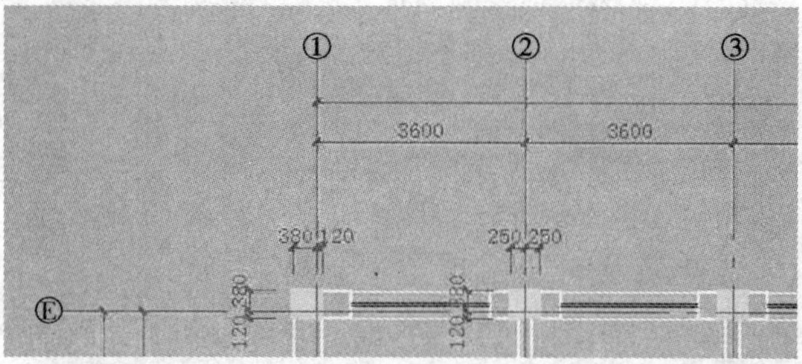

图 2-2-18

2) 墙尺寸

在如图 2-2-17 所示菜单中单击“标注”→“尺寸”→“墙尺寸”按钮，单击墙体所在轴线可完成墙体尺寸标注，见图 2-2-19。

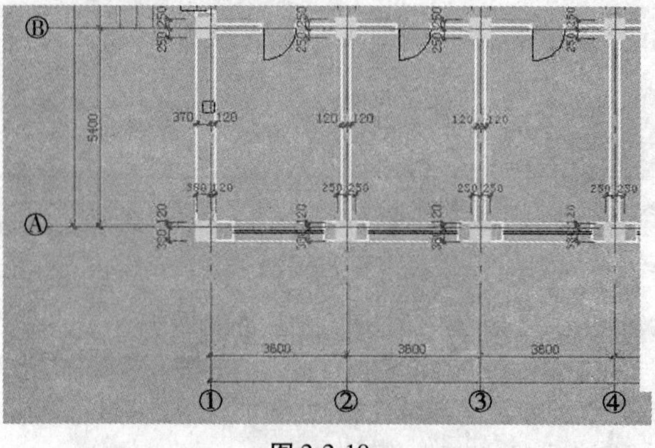

图 2-2-19

3)门窗尺寸

在如图 2-2-17 所示菜单中单击“标注”→“尺寸”→“门窗”按钮,如图 2-2-20 所示,命令提示区提示请指定门窗所在的墙。

图 2-2-20

点选墙体可以采取单段网格的形式,也可以采取轴线的方式,在此我们以单段方式为例。

用光标单击需要标注门窗尺寸的墙体,点选结束后单击鼠标右键,命令提示区提示用光标指定尺寸线位置,见图 2-2-21。

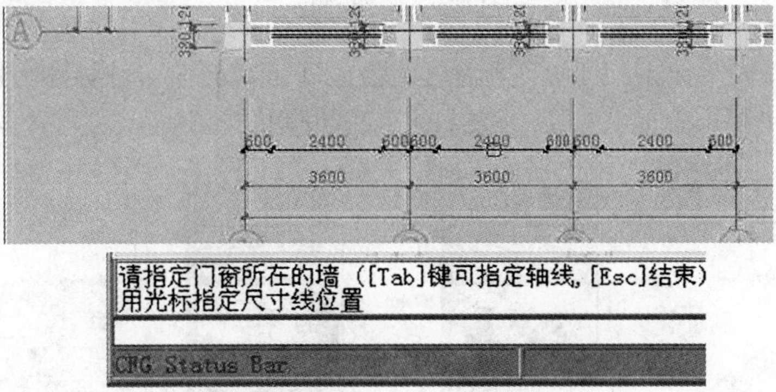

图 2-2-21

在标注位置单击鼠标左键指定尺寸线位置后,命令提示区提示用光标指定线尾位置,见图 2-2-22,指定线尾位置后完成所选门窗的尺寸标注。

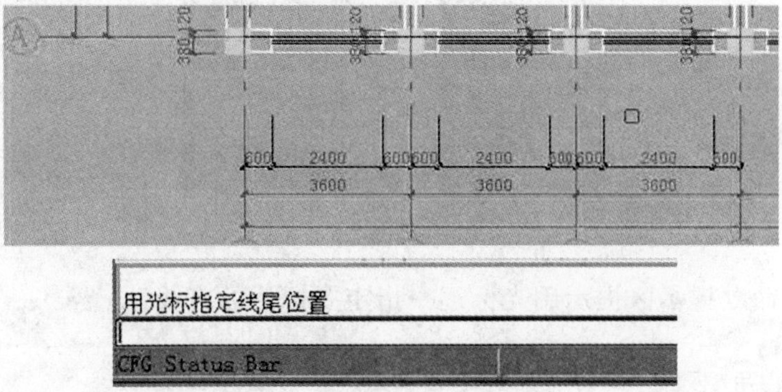

图 2-2-22

用同样的方法可完成其他门窗尺寸的标注。

2.2.2.3　标注标高

在如图 2-2-17 所示菜单中单击“标注”→“尺寸”→“标高”按钮,如图 2-2-23 所示命令提示区提示请指示标高在图面上的标注位置，在标注位置处单击鼠标左键可完成一次标高标注。

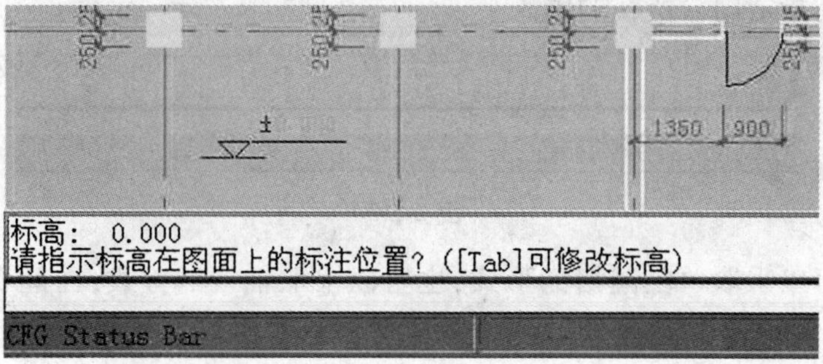

图 2-2-23

注：在标高标注时，程序默认图 2-1-87 对话框中输入的标高值，如有修改可按提示操作。

如果有特殊尺寸标注，可用“任意标注”菜单，下面以台阶尺寸标注为例说明问题。

在图 2-2-24 菜单中单击“任意标注”→“线线间距”按钮。

图 2-2-24

图 2-2-25 命令提示区提示用光标逐一指定要标注的直线。

图 2-2-25

在图 2-2-26 视图区点选要标注的直线，点选结束按[Esc]键或单击鼠标右键进行尺寸标注。尺寸标注后如图 2-2-27 所示。

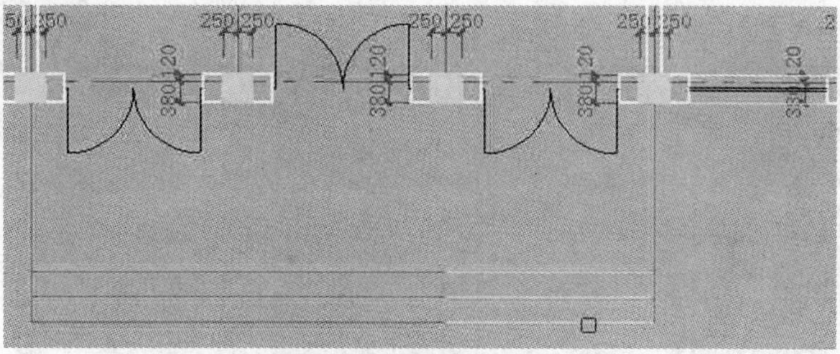

图 2-2-26

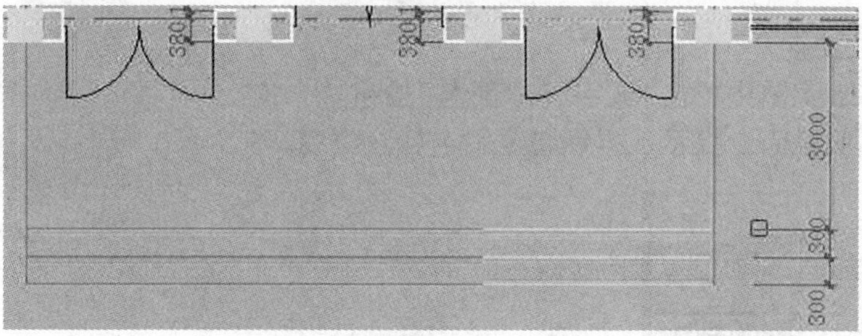

图 2-2-27

2.2.2.4　标注名称

在图 2-2-28 菜单中单击“名称”→“门窗”按钮。

弹出图 2-2-29 对话框，根据情况可以选取不同的标注方式。

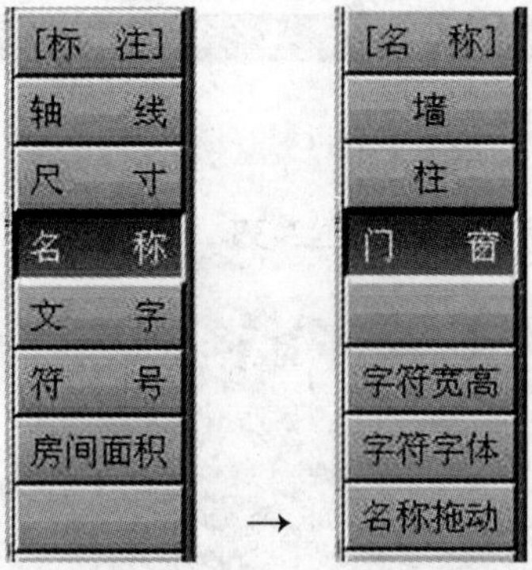

图 2-2-28

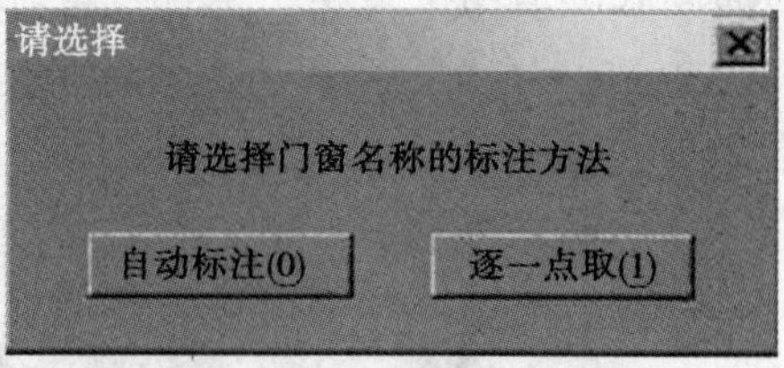

图 2-2-29

此处在对话框中单击“自动标注”按钮，图中所有门窗自动标注上名称，此处默认在门窗定义时输入的名称，见图 2-2-30。

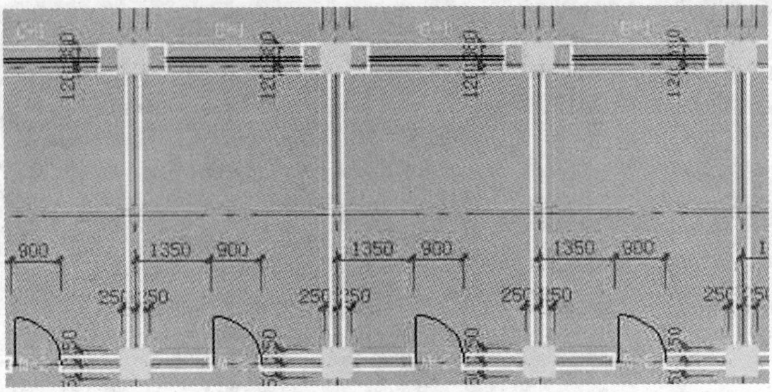

图 2-2-30

2.2.2.5　**标注文字**

在图 2-2-31 菜单中单击“文字”→“图名”按钮。

图 2-2-32 所示命令提示区提示指定图名标注位置。

图 2-2-31

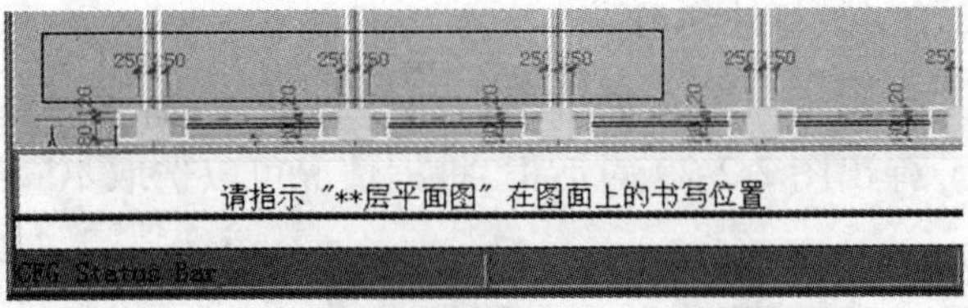

图 2-2-32

在平面图底部适当位置单击鼠标左键，图名标注完成，见图 2-2-33。

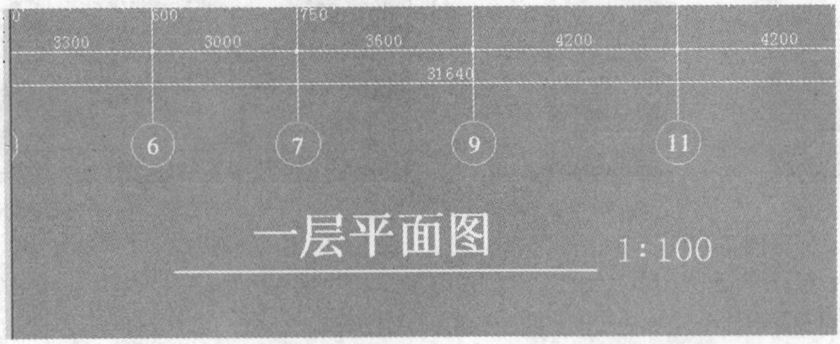

图 2-2-33

2.2.2.6　标注符号

1)楼梯走向

在图 2-2-34 菜单中单击“符号”→“楼梯走向”按钮。

图 2-2-34

图 2-2-35 所示命令提示区提示指定楼梯走向起始点位置。

图 2-2-35

在图 2-2-36 楼梯位置单击鼠标左键,移动光标拉出方向线,依次单击鼠标左键和右键,弹出图 2-2-37 对话框。

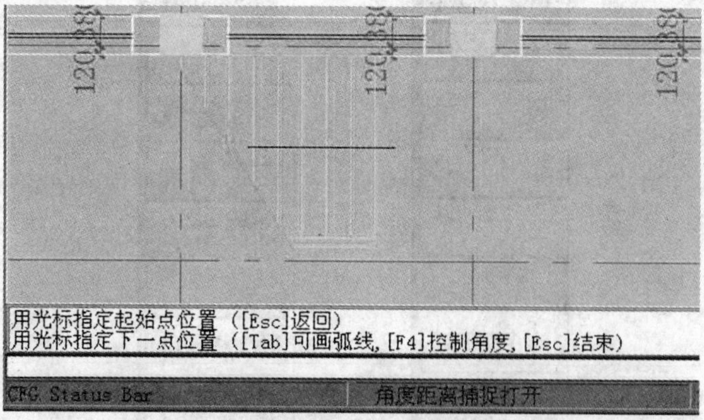

图 2-2-36

在对话框中单击“标注‘上’(U)”按钮。将表示方向的文字标注到如图 2-2-38 所示位置。

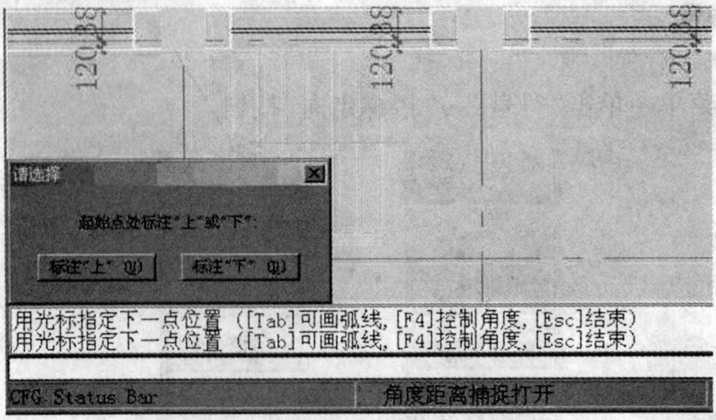

图 2-2-37

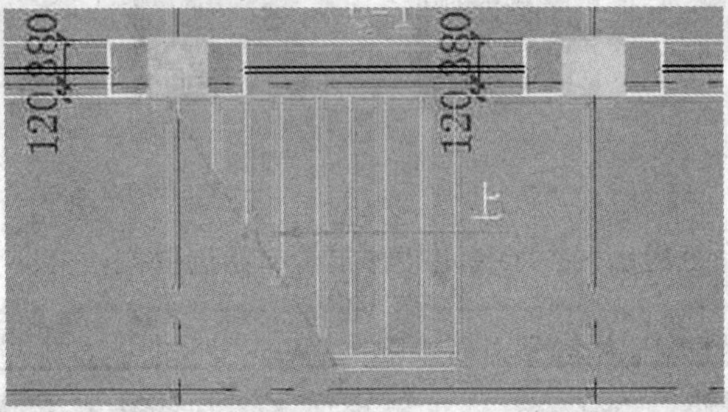

图 2-2-38

2) 扶手连接

在图 2-2-39 菜单中单击“符号”→“扶手连接”按钮。

图 2-2-39

按如图 2-2-40 所示命令提示区提示点取楼梯扶手转角起点和终点，点取后单击鼠标右键，在适当位置单击左键完成连接。

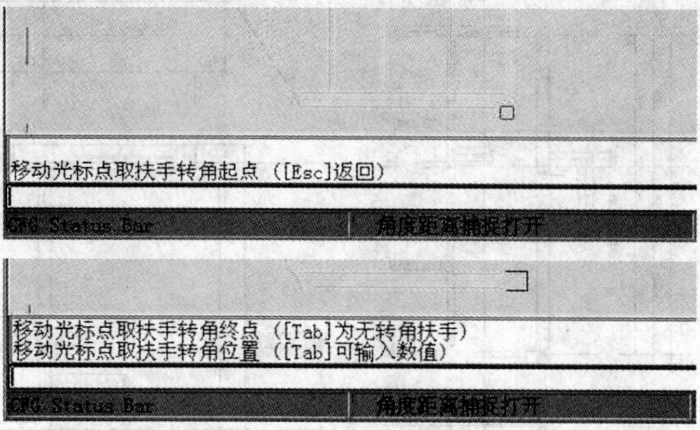

图 2-2-40

3) 剖面符号

在图 2-2-41 菜单中单击“符号”→“剖面符号”按钮。

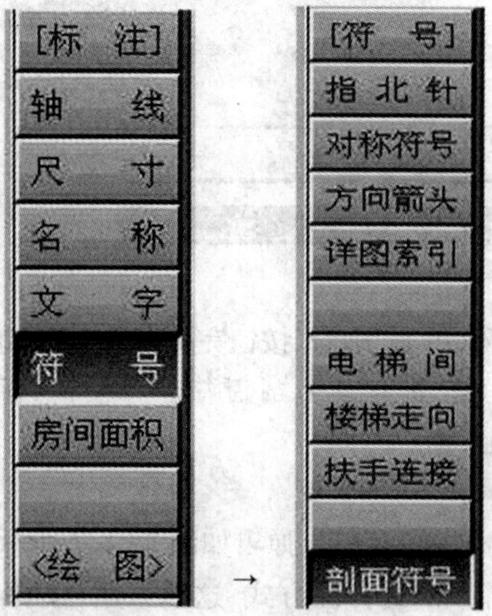

图 2-2-41

图 2-2-42 所示命令提示区提示指定剖切起始点位置。

图 2-2-42

在图 2-2-43 中选择剖切起点，单击鼠标左键后，拖动光标拉出剖切线，并在终点位置单击鼠标左键。

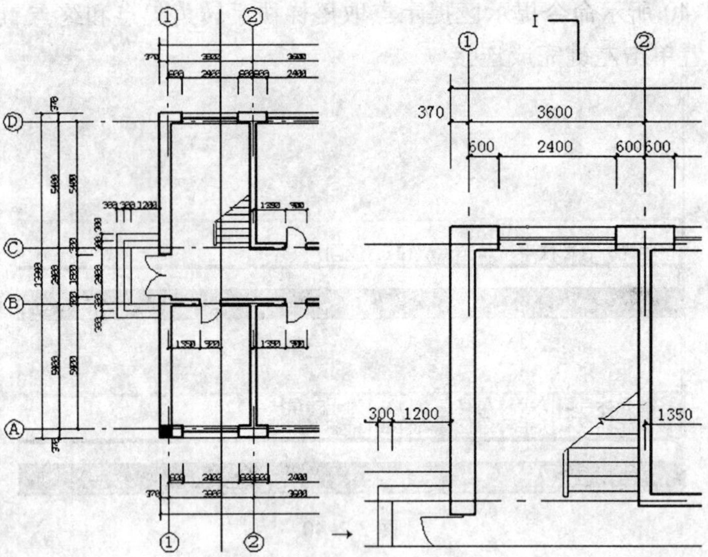

图 2-2-43

如图 2-2-44 所示命令提示区提示指出视向位置，指定视向后弹出如图 2-2-45 所示剖面名称对话框。

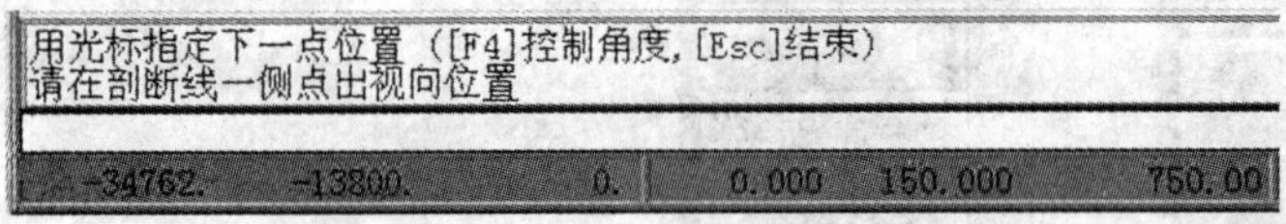

图 2-2-44

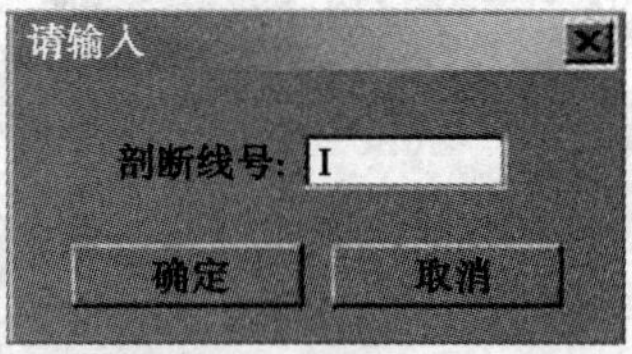

图 2-2-45

在对话框中输入剖面名称，单击“确定”按钮完成一个剖面标注，标注后见图2-2-43 右侧。

注：可根据需要用同样方法进行其他剖面符号标注，平面图中必须进行剖面符号标注，以便绘制剖面图时生成图形。

2.2.2.7　标注面积

在图 2-2-46 菜单中单击“房间面积”，弹出如图 2-2-47 所示对话框，在对话框中输入参数，单击“确定”按钮。可以选择不同的标注方式，这里采用自动标注的方式。

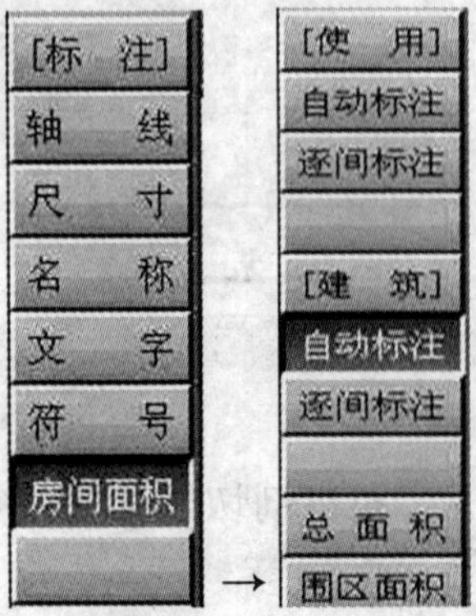

图 2-2-46

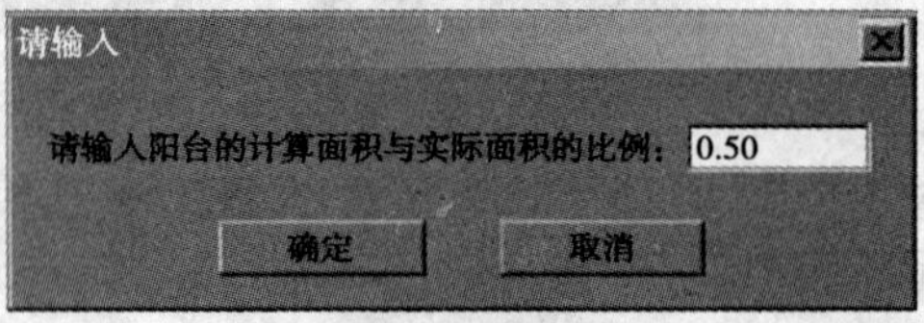

图 2-2-47

在图 2-2-46 右侧菜单中单击建筑面的“自动标注”按钮，则如图 2-2-48 所示各房间面积自动标注于图中。

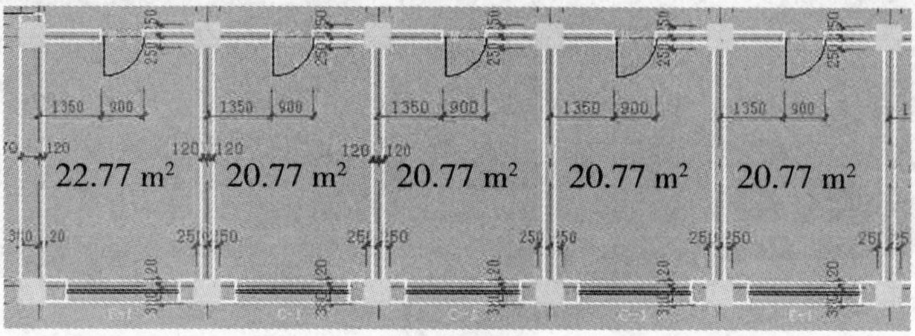

图 2-2-48

2.2.3　平面修改及构件编辑

2.2.3.1　平面修改

在图 2-2-49 菜单中单击“平面修改”→“移动门窗”按钮。

图 2-2-50 所示命令提示区提示指定要修改的门窗。

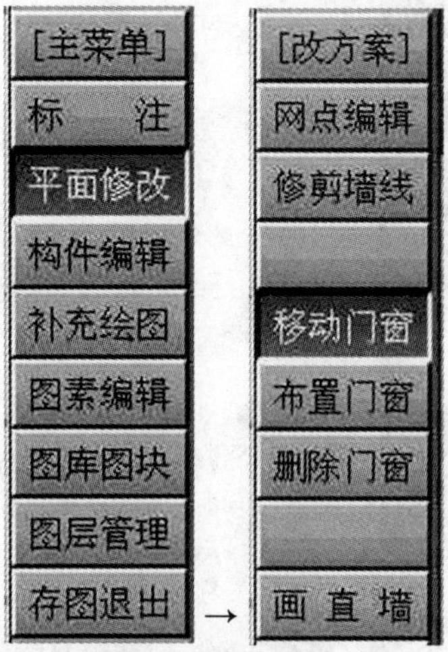

图 2-2-49

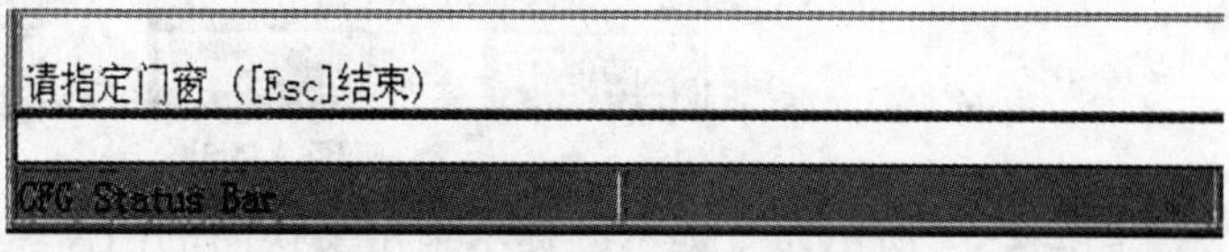

图 2-2-50

单击要修改的门窗后，命令提示区提示按[Tab]键可以进行定位等参数修改，见图 2-2-51。

按[Tab]键后弹出图 2-2-52 对话框，在对话框中输入参数，单击“确定”按钮。

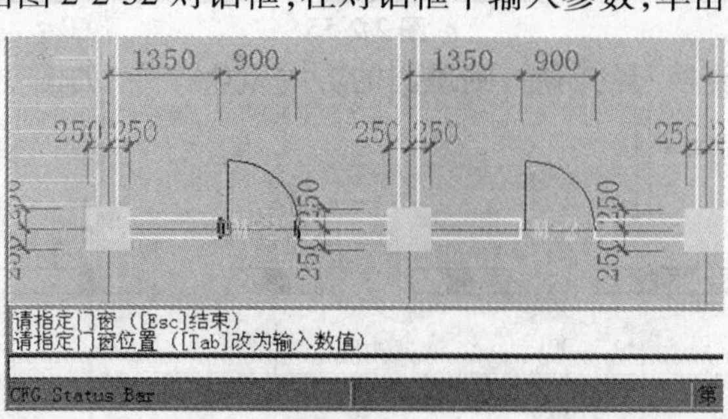

图 2-2-51

门窗修改后的位置及标注参数见图 2-2-53。

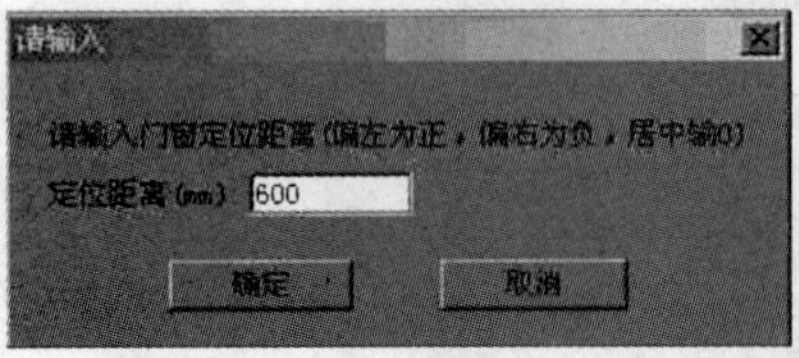

图 2-2-52

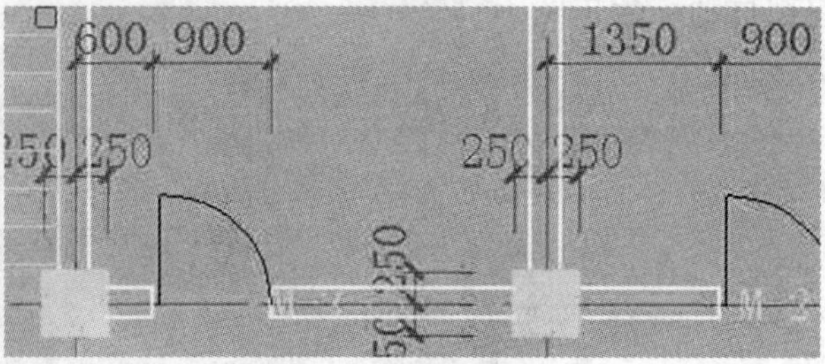

图 2-2-53

用同样的方法可以进行“布置门窗”等其他平面修改操作,此处从略。

注:“平面修改”菜单中执行操作后,建筑模型的参数随之修改。

2.2.3.2 **构件编辑**

1)门窗编辑

在图 2-2-54 菜单中单击“构件编辑”→“门窗变换”→“门窗换向”按钮。

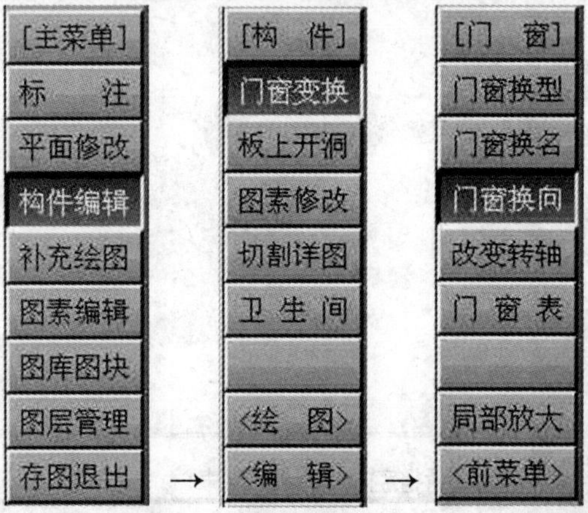

图 2-2-54

图 2-2-55 所示命令提示区提示指定要换向的门窗。

图 2-2-55

按命令提示单击要换向的门后,则该门的方向发生改变,如图 2-2-56 所示。

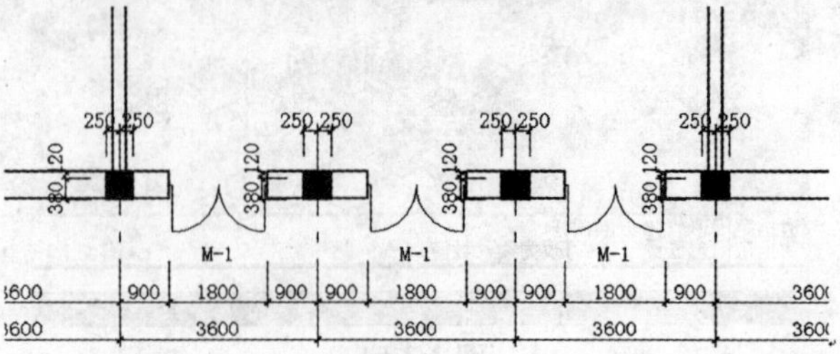

图 2-2-56

2) 卫生洁具编辑

a. 洁具布置

在图 2-2-57 菜单中单击“构件编辑”→“卫生间”→“布置洁具”按钮。

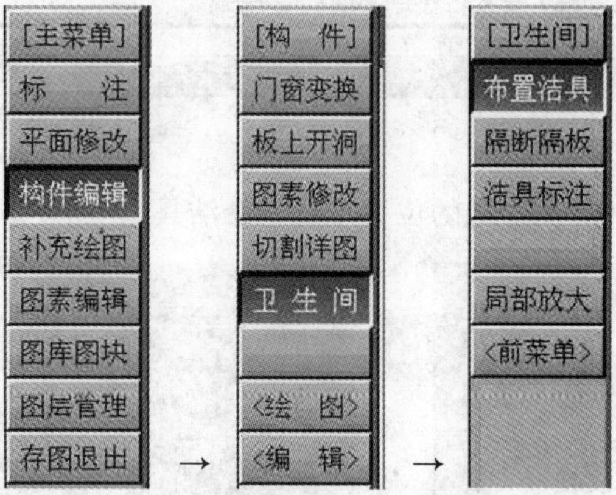

图 2-2-57

弹出如图 2-2-58 所示对话框，在对话框中选定图示参数后单击“确定”按钮。

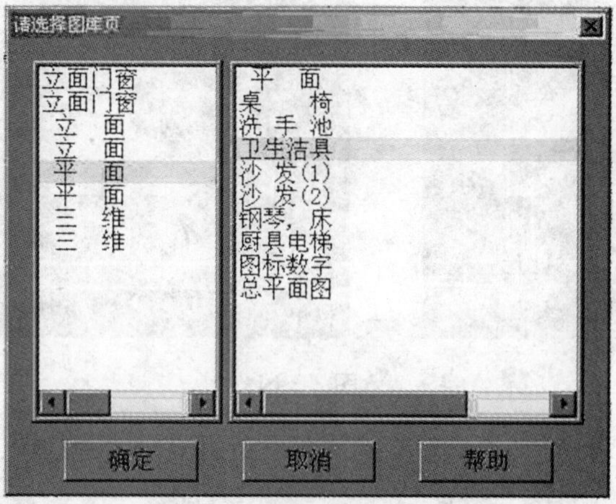

图 2-2-58

弹出如图 2-2-59 所示洁具类型选择框。

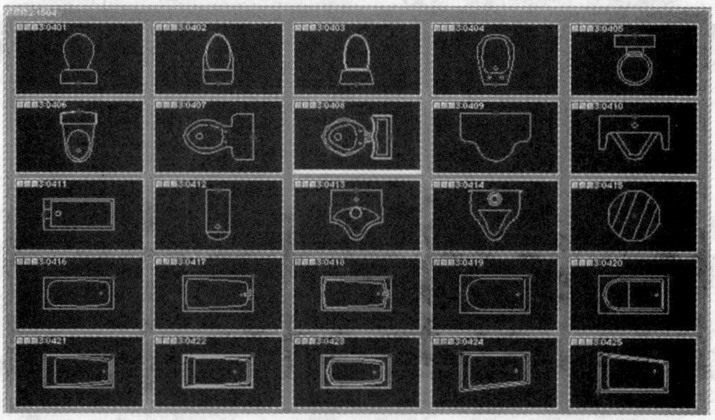

图 2-2-59

在选择框中选择一种洁具类型后，命令提示区提示点取插入洁具的参考墙，如图 2-2-60 所示。

图 2-2-60

点选墙体并移动光标，在合适的位置布置一个洁具，见图 2-2-61 左图。

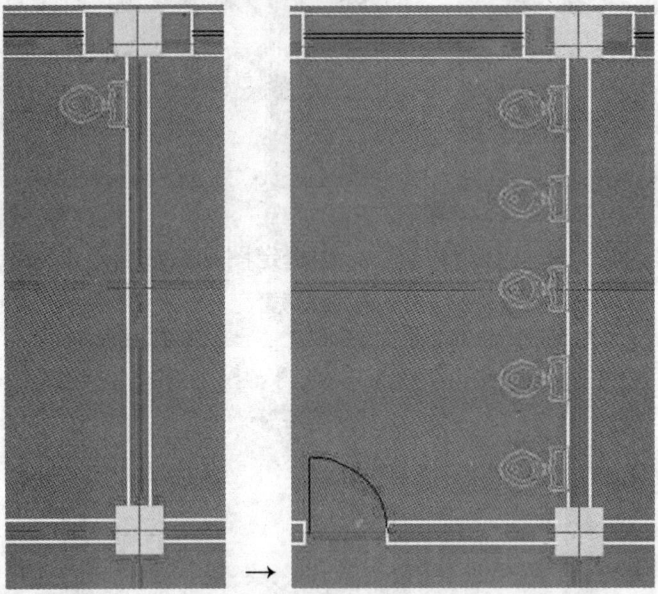

图 2-2-61

在图 2-2-62 所示命令提示区输入洁具布置的间距和次数，单击鼠标左键完成布置，如图 2-2-61右图所示。

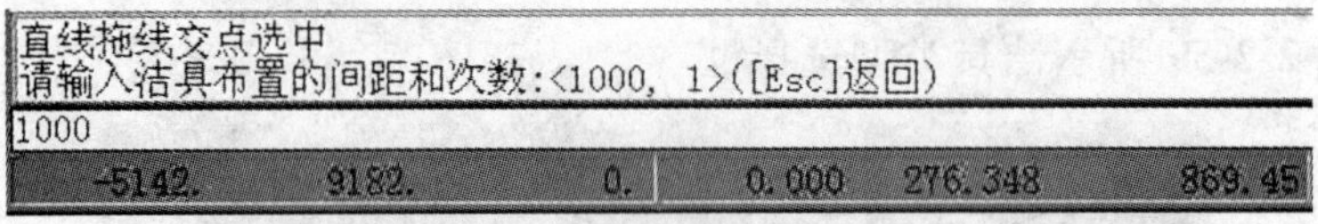

图 2-2-62

b. 隔断隔板

在图 2-2-63 菜单中单击“构件编辑”→“卫生间”→“隔断隔板”按钮。

在图 2-2-64 所示命令提示区提示用直线选取需要设置隔断隔板的洁具。

直线选取洁具如图 2-2-65 所示。

如图 2-2-66 所示，命令提示区提示输入“隔板”或“隔断”，此处输入“隔断”后单击鼠标左键。

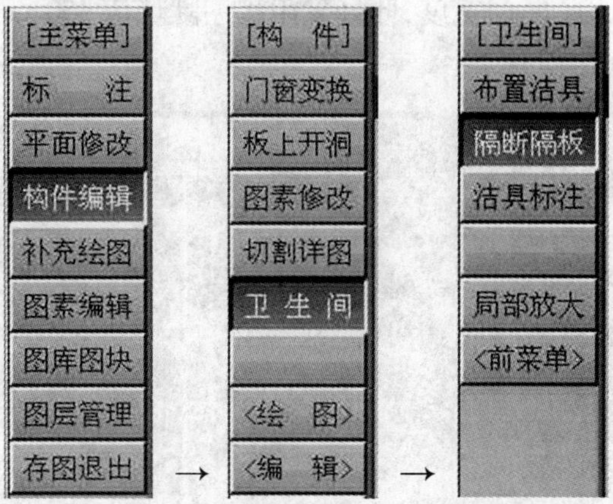

图 2-2-63

图 2-2-64

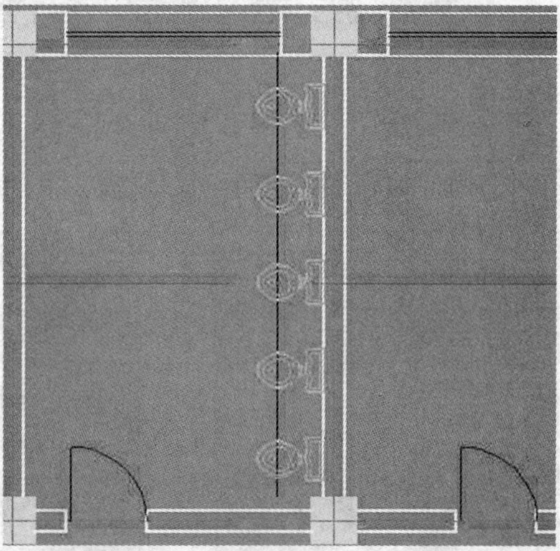

图 2-2-65

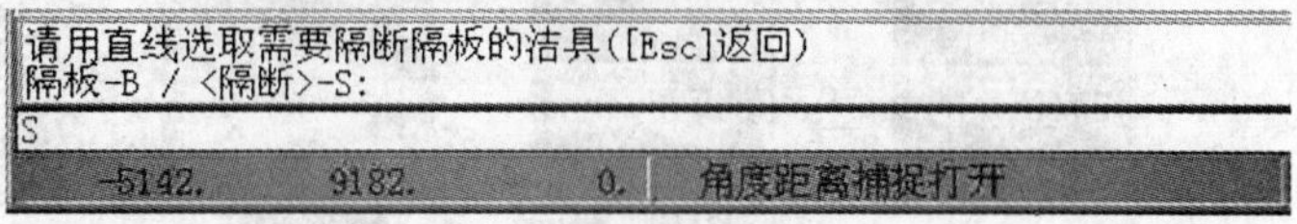

图 2-2-66

图 2-2-67 所示命令提示区提示输入隔断尺寸，程序默认值为 1 200 mm，此处输入“1250”并单击鼠标左键。

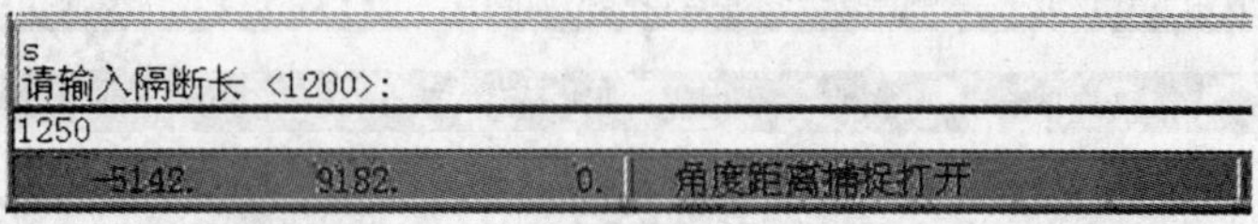

图 2-2-67

命令提示区提示输入隔断门宽度,此处采用程序默认值 450 mm。隔断布置如图 2-2-68 所示。

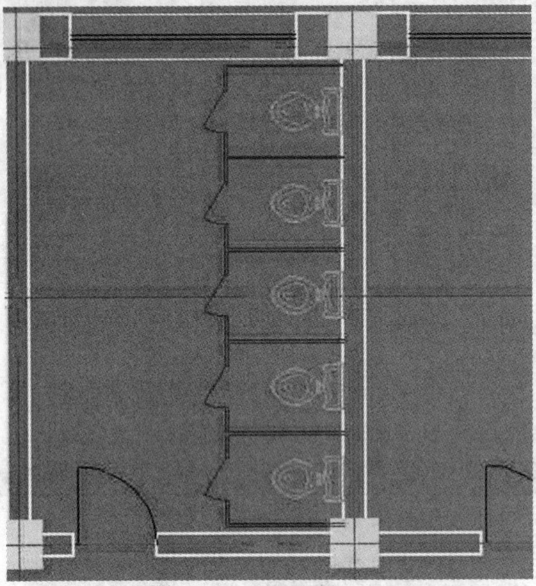

图 2-2-68

c. 洁具标注

在图 2-2-69 菜单中单击“构件编辑”→“卫生间”→“洁具标注”按钮。

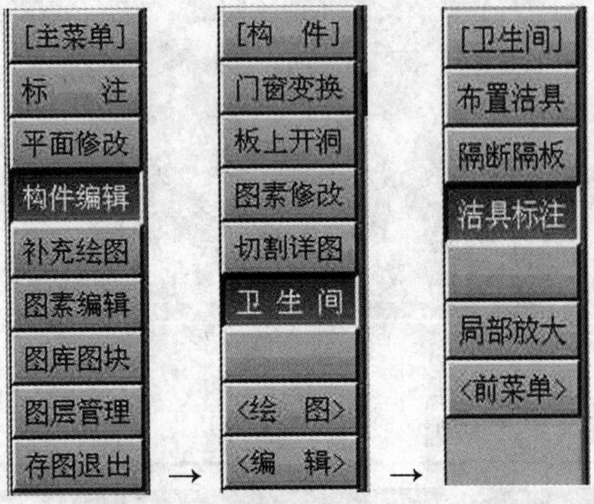

图 2-2-69

如图 2-2-70 所示命令提示区提示用直线选取需要隔断隔板的洁具。

图 2-2-70

直线选取洁具如图 2-2-71 所示。

直线拖动选取洁具后单击鼠标左键,标注尺寸如图 2-2-72 所示。

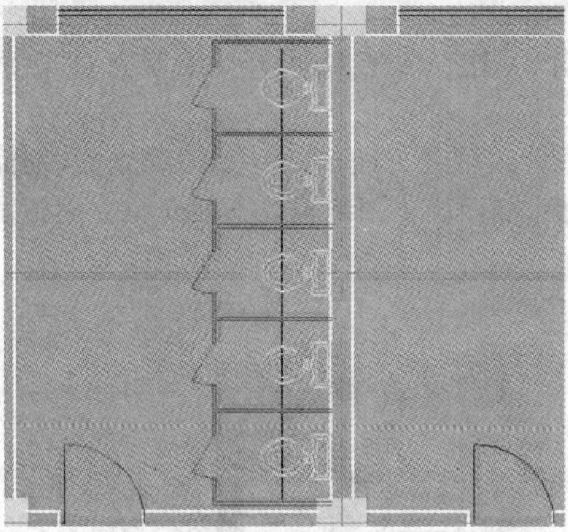

图 2-2-71

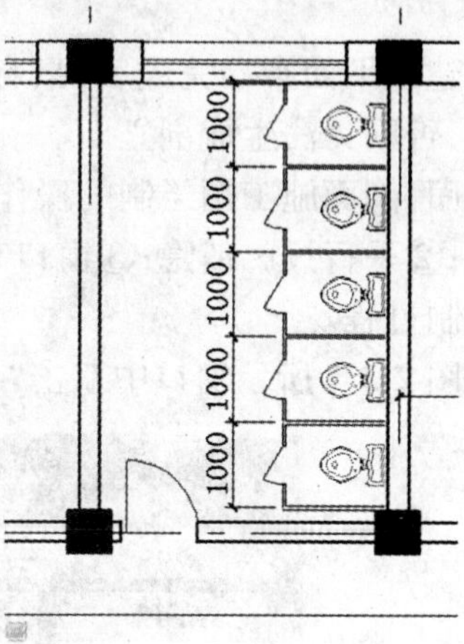

图 2-2-72

"切割详图"等构件编辑操作此处从略。

2.2.4　存图退出

根据需要可以使用主菜单的"补充绘图"、"图素编辑"、"图库图块"选项,对平面图进行相应操作,当得到较满意的图形后可存图退出。

单击如图 2-2-73 所示菜单的"存图退出"按钮。

视图区图形外出现图纸外框线,移动鼠标置图框于合适位置,单击鼠标左键退出平面绘图,如图 2-2-74 所示。

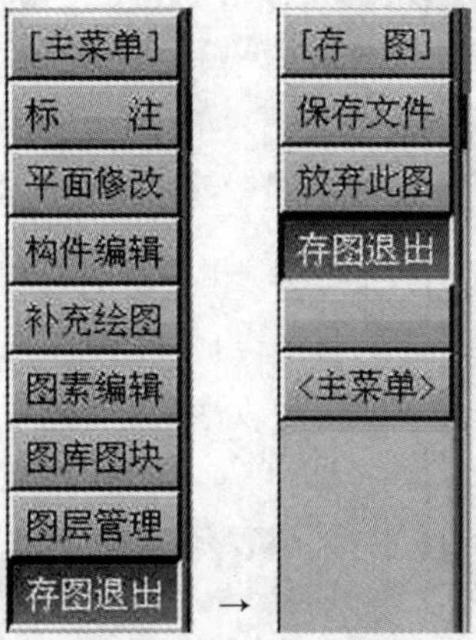

图 2-2-73

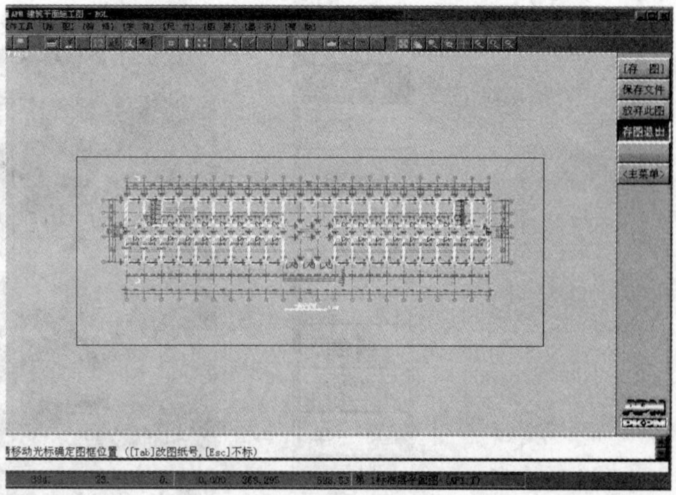

图 2-2-74

2.3 绘制建筑立面图

当建筑平面布局完成后,只有进行完“全楼组装”这一命令,方可开始绘制立面、剖面施工图,否则无法生成剖立面。

立面、剖面施工图绘制的操作过程基本相同,大致可分为四步,即:①三维立面、剖面的生成;②平行投影消隐;③窗口布置;④二维立面、剖面施工图编辑。下面介绍立面施工图的绘制过程。

在图 2-3-1 所示窗口中双击“4 建筑立面图”按钮。

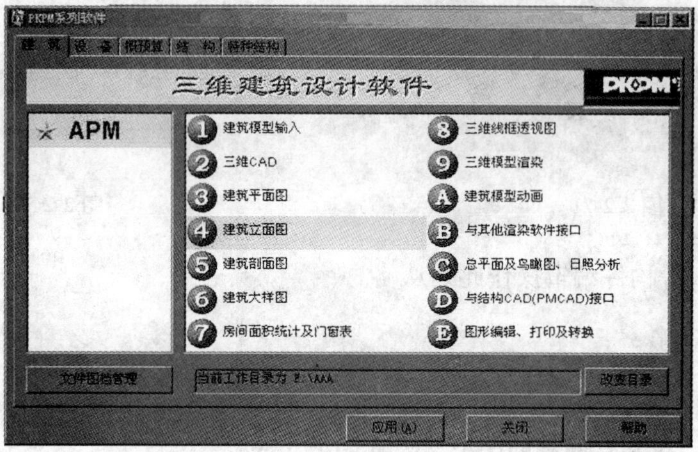

图 2-3-1

单击如图 2-3-2 所示“构件选择”按钮,弹出构件选择对话框,根据需要选择构件并单击鼠标右键关闭选择框。

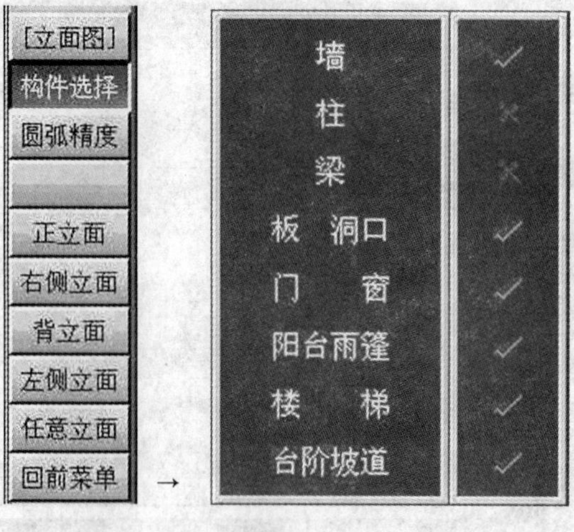

图 2-3-2

下面以绘制正立面图为例说明问题。

在图 2-3-2 菜单中单击“正立面”，视图区弹出如图 2-3-3 所示对话框。

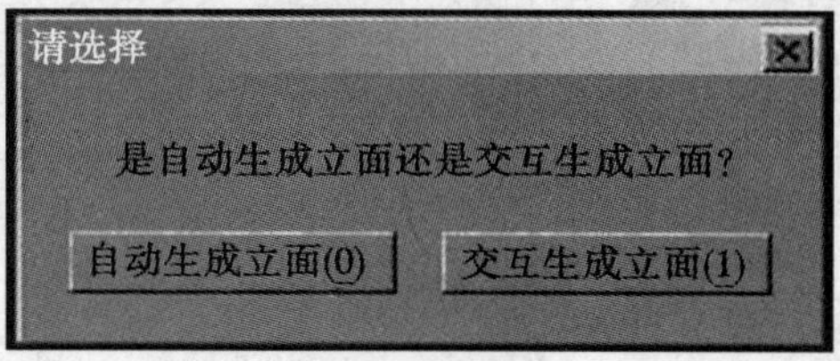

图 2-3-3

对话框中要求选择立面图生成方式，此处以交互方式为例。在图 2-3-3 对话框中选择“交互生成立面”后，图 2-3-4 所示命令提示区提示用折线围出生成立面的计算区域，此时出现的是第 1 标准层。

图 2-3-4

围区操作如图 2-3-5 所示。

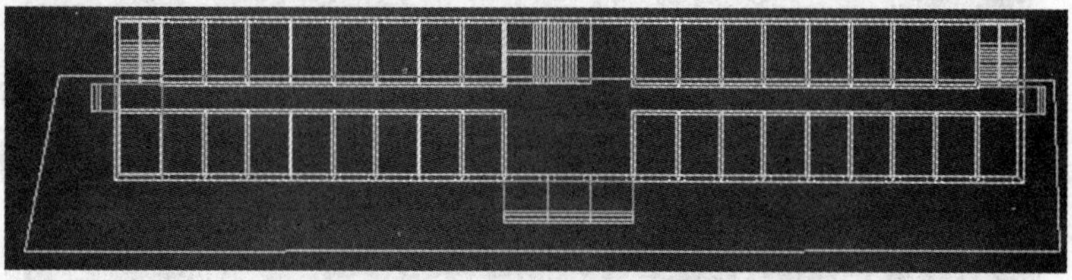

图 2-3-5

对于是否输入围栏下一点，命令提示区提示回车或单击鼠标左键确认，如图 2-3-6 所示。

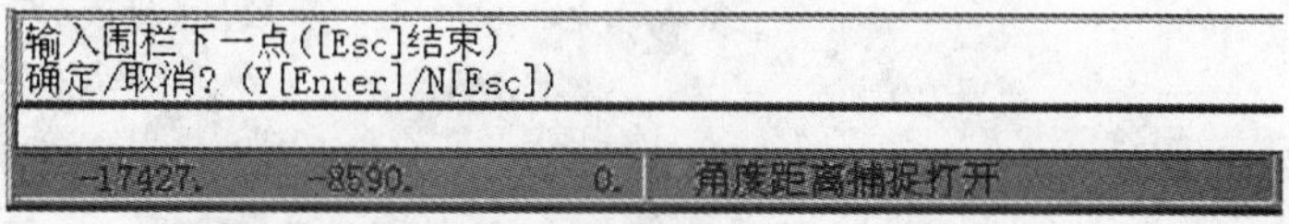

图 2-3-6

回车后进入第 2 标准层，在图 2-3-7 对话框中单击“是”按钮。

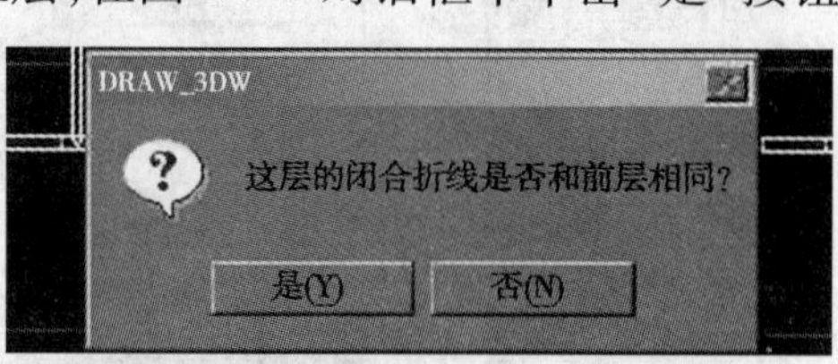

图 2-3-7

进入第 3 标准层，在对话框中单击“是”后，程序进行立面生成计算，计算结束后，在图 2-3-8 所示菜单中进行绘图参数定义。

图 2-3-8

单击“开始绘图”按钮进入绘图界面，见图 2-3-9。

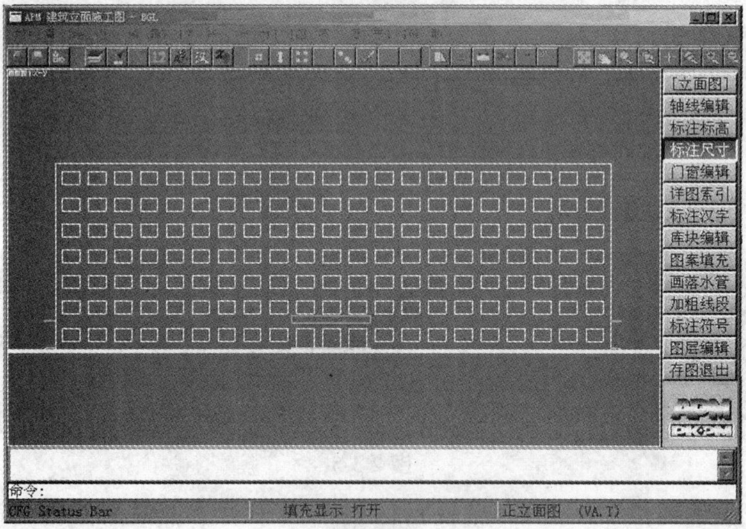

图 2-3-9

2.3.1　标注

2.3.1.1　标注轴线

在如图 2-3-10 所示菜单中单击“轴线编辑”→“标注轴线”按钮。

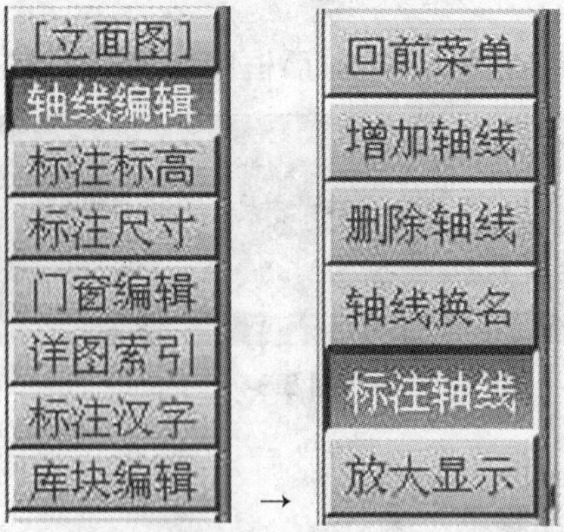

图 2-3-10

在适当位置单击鼠标左键标注轴线,如图 2-3-11 所示。

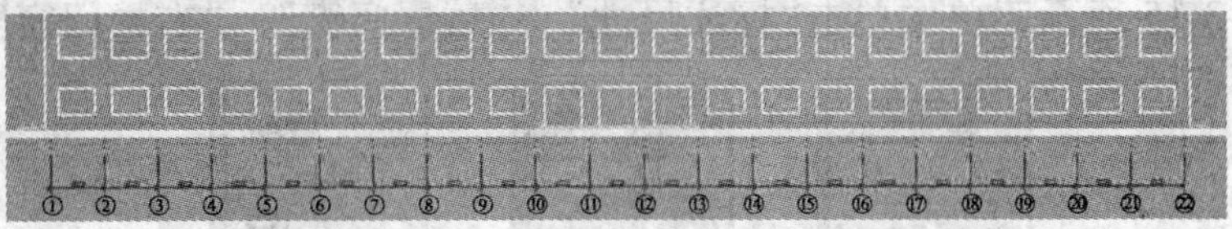

图 2-3-11

注:在进行"轴线标注"之前,可以在图 2-3-10 右侧菜单中,进行对轴线的增删等操作。

2.3.1.2　**标注标高**

在如图 2-3-12 所示菜单中单击"标注标高"→"楼层门窗"→"左楼门窗"按钮。

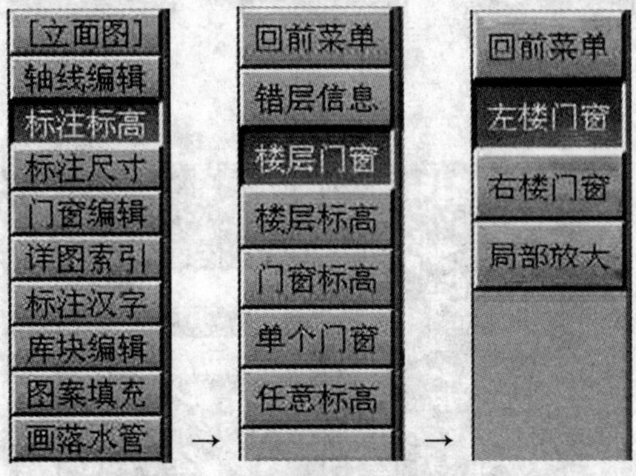

图 2-3-12

弹出如图 2-3-13 所示对话框。

在对话框中输入参数后单击"确定",在立面图左侧适当位置单击鼠标左键,楼层和门窗的标高标注后如图 2-3-14 所示。

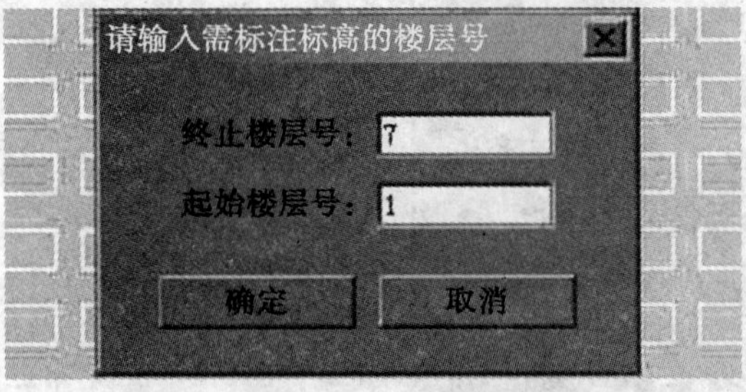

图 2-3-13

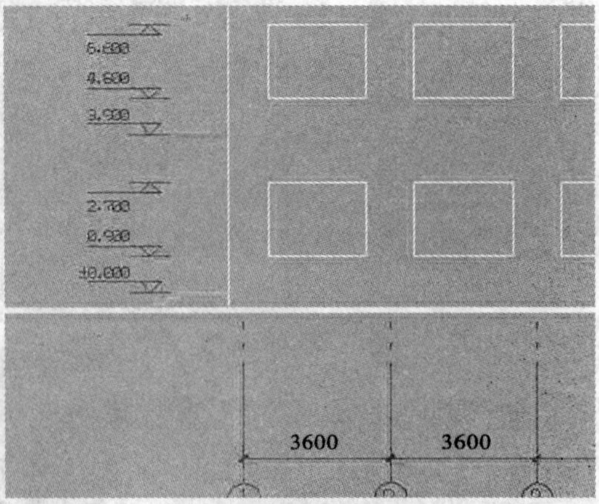

图 2-3-14

注:雨篷等其他标高的标注从略。

2.3.1.3　标注尺寸

在如图 2-3-15 所示菜单中单击“标注尺寸”→“楼层门窗”→“右楼门窗”按钮。

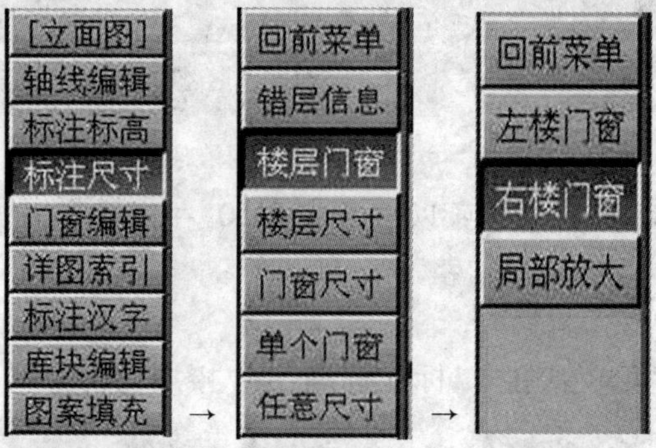

图 2-3-15

弹出如图 2-3-16 所示对话框。

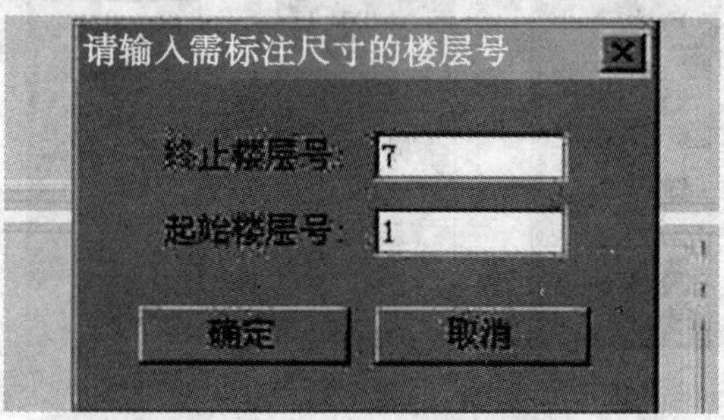

图 2-3-16

在对话框中输入参数后单击“确定”,在立面图右侧适当位置单击鼠标左键,楼层和门窗的尺寸标注如图 2-3-17 所示。

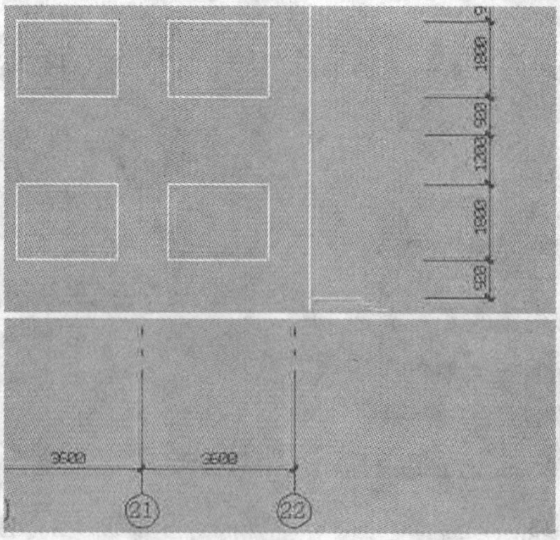

图 2-3-17

注:其他尺寸标注的方式略。

2.3.1.4　标注汉字

在如图 2-3-18 所示菜单中单击“标注汉字”→“写图名”按钮。

在立面图下侧单击左键，图名标注见图 2-3-19。

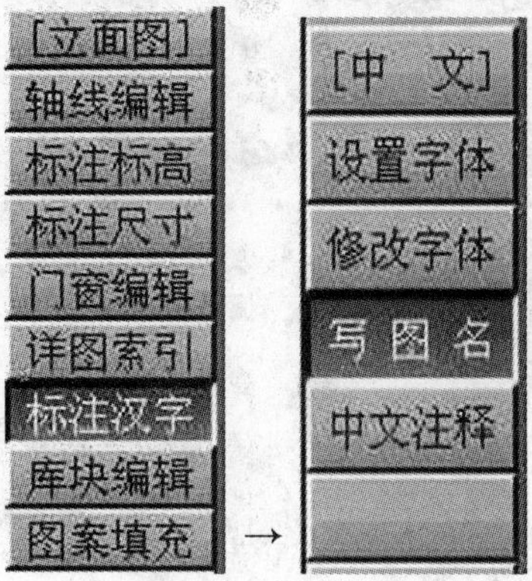

图 2-3-18

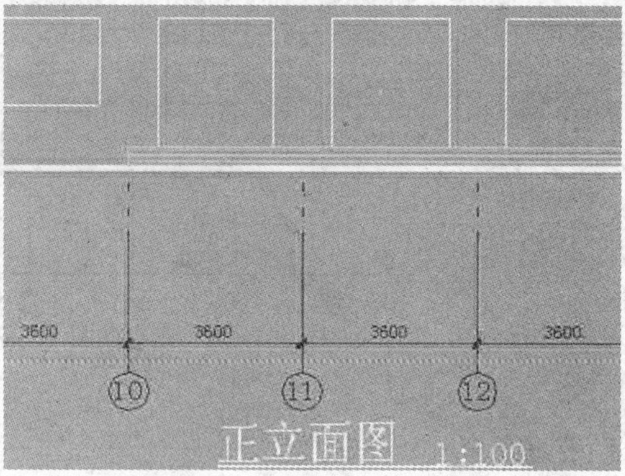

图 2-3-19

2.3.2　其他操作及存图退出

2.3.2.1　门窗编辑

在如图 2-3-20 所示菜单中单击“门窗编辑”→“门窗插入”按钮。

图 2-3-21 所示命令提示区提示选取要插入的门窗。

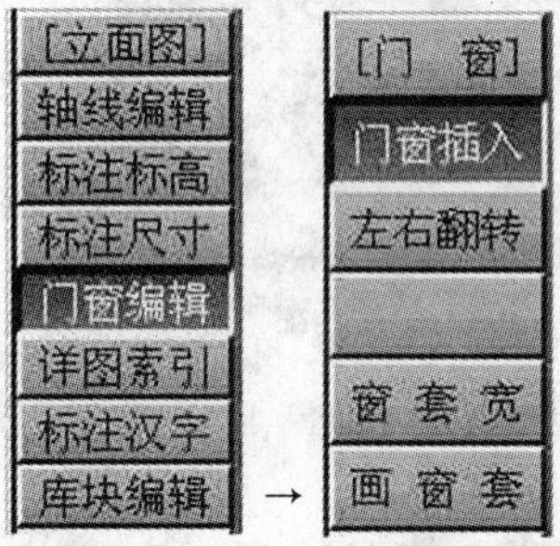

图 2-3-20

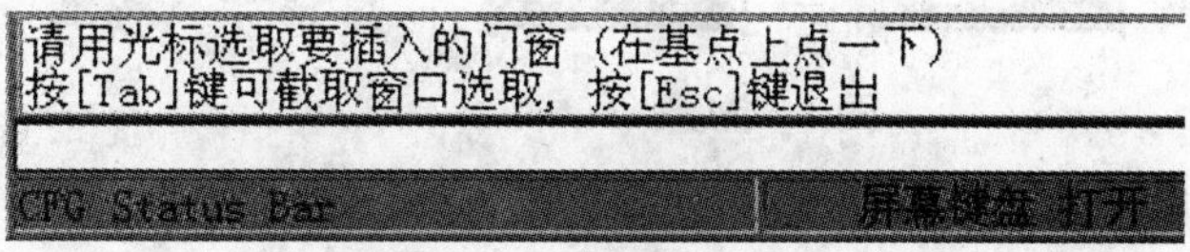

图 2-3-21

按[Tab]键窗口选取门窗，如图 2-3-22 所示。

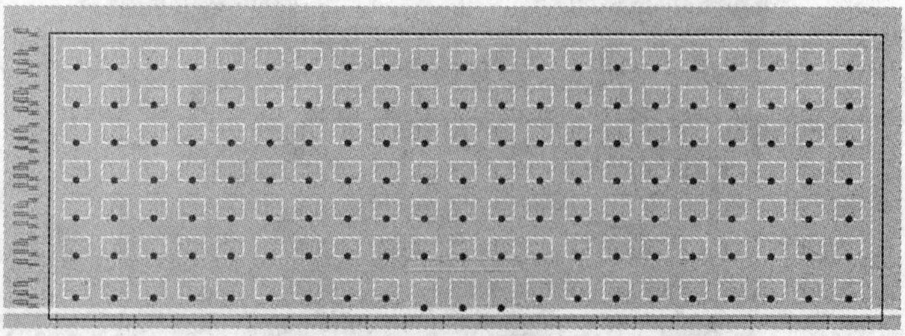

图 2-3-22

门窗按定义的选型插入到立面图，见图 2-3-23。

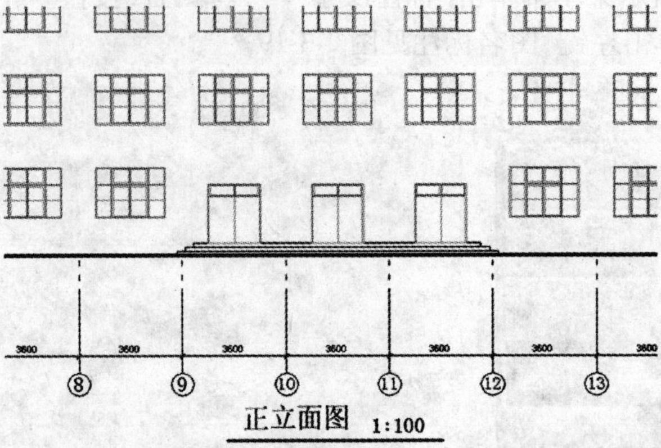

图 2-3-23

注：窗套及窗台的绘制略。

2.3.2.2　详图索引

在如图 2-3-24 所示菜单中单击“详图索引”按钮。

在需要索引详图的位置单击鼠标左键，拖动光标拉出索引符号，如图 2-3-25 所示。

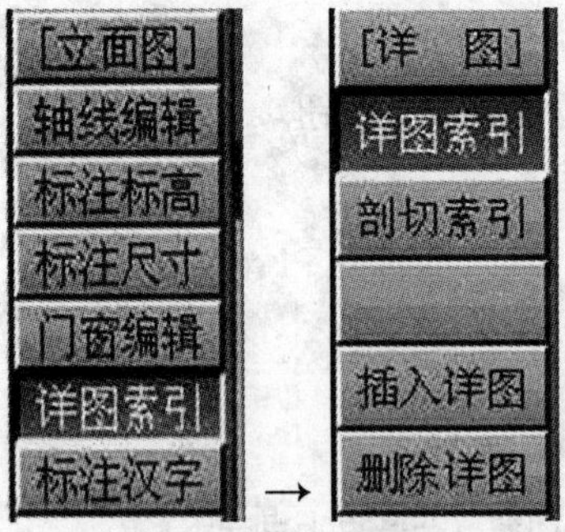

图 2-3-24

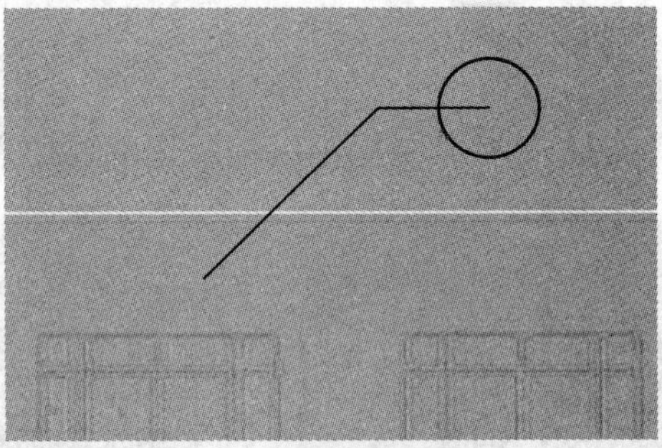

图 2-3-25

单击鼠标左键弹出如图 2-3-26 所示对话框。

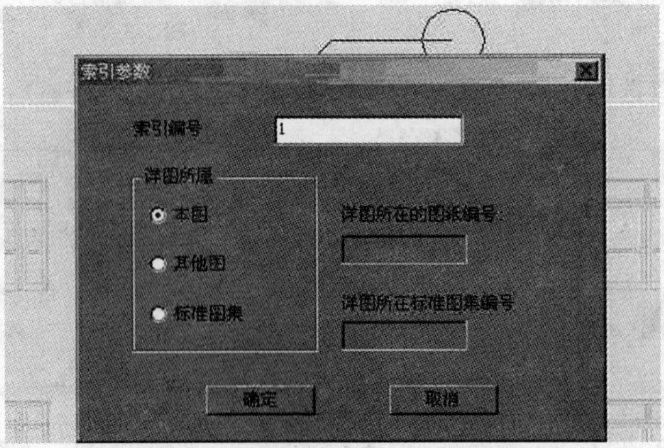

图 2-3-26

在对话框中输入参数并单击“确定”按钮,详图索引见图 2-3-27。

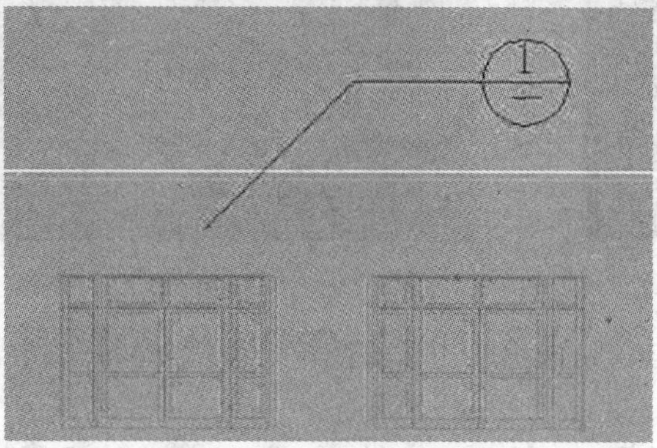

图 2-3-27

立面图绘制的其他操作略,在完成操作后单击“存图退出”按钮结束立面图的绘制。

2.4　绘制建筑剖面图

剖面施工图的操作与立面施工图十分相近,可参照立面施工图的操作过程绘制剖面施工图。在绘制剖面施工图前,要在首层平面施工图上定义剖面或利用“补充剖面”功能定义剖面,各剖面按定义的先后次序排列,相应的剖面图名分别为 SA. T、SB. T、SC. T、…。

在如图 2-4-1 所示窗口中双击“5 建筑剖面图”按钮。

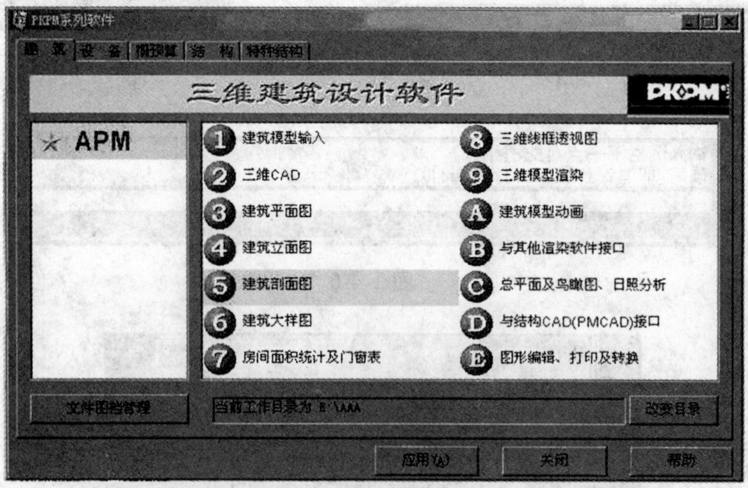

图 2-4-1

单击如图 2-4-2 所示“第一剖面”按钮,弹出如图 2-4-3 所示提示框。

注:如在建筑平面图中标注两个以上剖面,则在图 2-4-2 菜单中会出现其他剖面按钮。

在图 2-4-3 提示框中单击“确定”按钮。

图 2-4-2

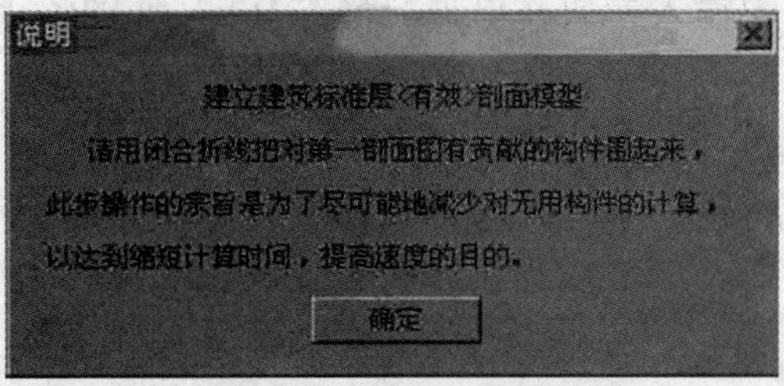

图 2-4-3

图 2-4-4 所示命令提示区提示用折线围出生成剖面的计算区域，此时出现的是第 1 标准层。

围区操作见图 2-4-5。

命令提示区提示回车或单击鼠标左键确认，见图 2-4-6。

回车后进入第 2 标准层，在图 2-4-7 对话框中单击“是”按钮。

图 2-4-4

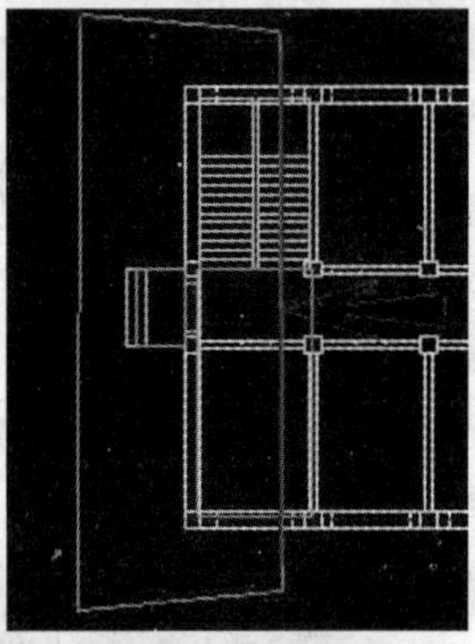

图 2-4-5

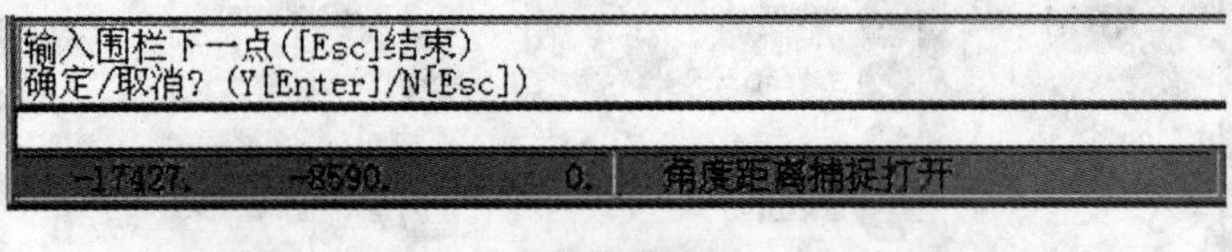

图 2-4-6

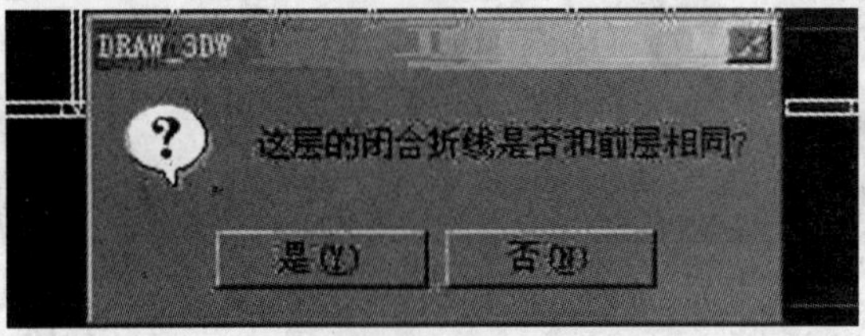

图 2-4-7

进入第 3 标准层，在对话框中单击“是”后，程序进行剖面生成计算，计算结束后，在如图 2-4-8 所示菜单中进行绘图参数定义。

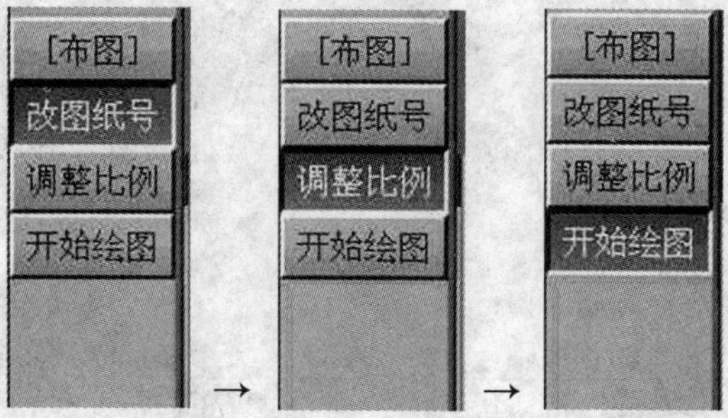

图 2-4-8

绘图参数定义后，单击“开始绘图”按钮进入绘图界面，见图 2-4-9。

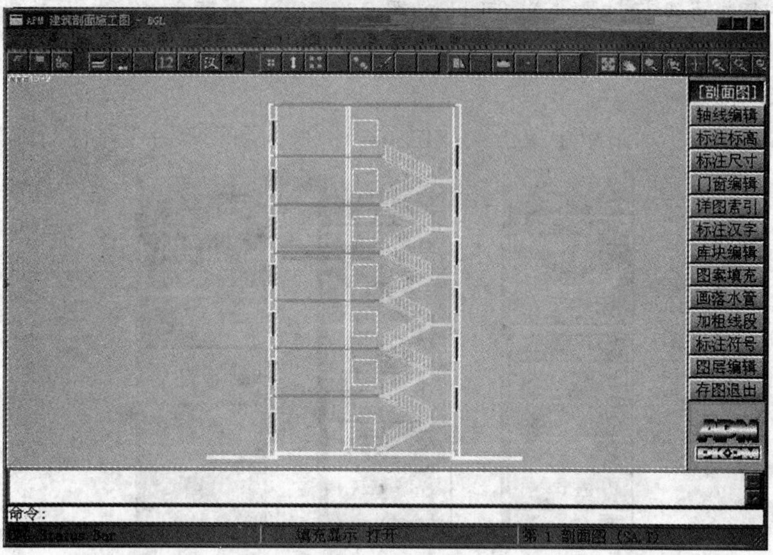

图 2-4-9

2.4.1　标注

2.4.1.1　标注轴线

在如图 2-4-10 所示菜单中单击“轴线编辑”→“标注轴线”按钮。

在适当位置单击鼠标左键标注轴线，如图 2-4-11 所示。

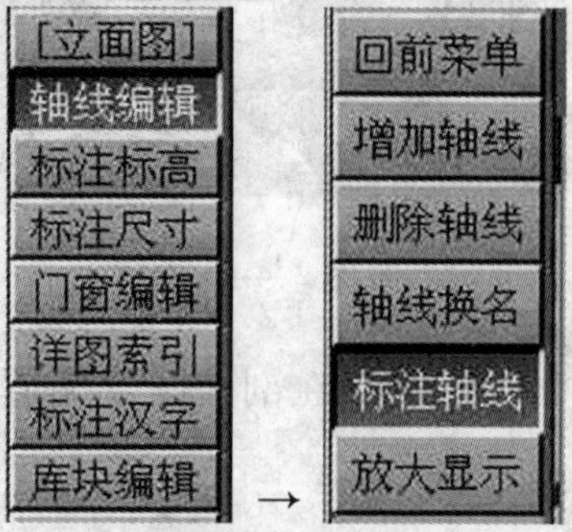

图 2-4-10

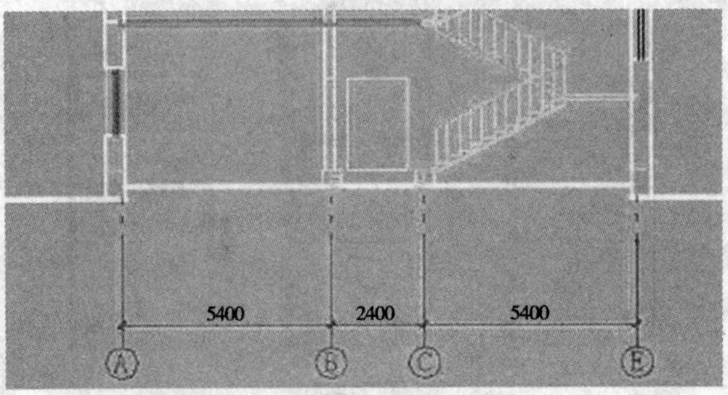

图 2-4-11

注:在进行"轴线标注"之前,可以在图 2-4-10 右侧菜单中,进行对轴线的增删等操作。

2.4.1.2　标注标高

在如图 2-4-12 所示菜单中单击"标注标高"→"楼层门窗"→"左楼门窗"按钮。

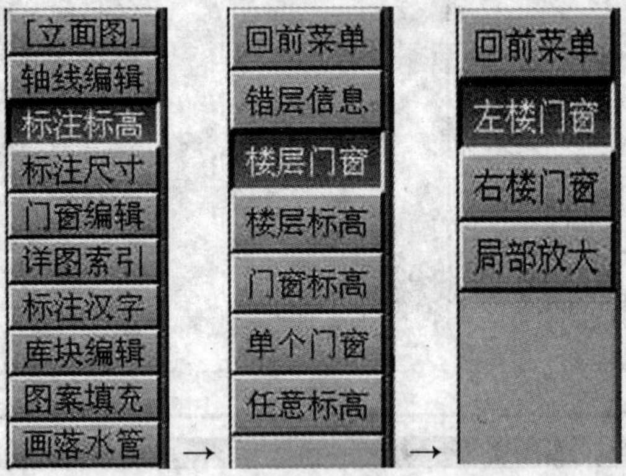

图 2-4-12

弹出如图 2-4-13 所示对话框。

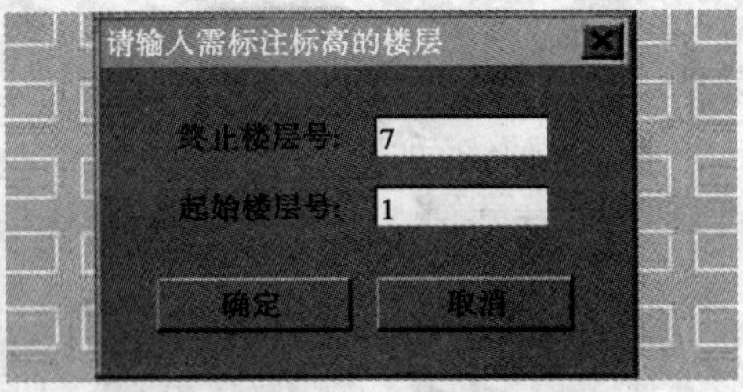

图 2-4-13

在对话框中输入参数后单击"确定",在剖面图左侧适当位置单击鼠标左键,楼层和门窗的标高标注见图 2-4-14。

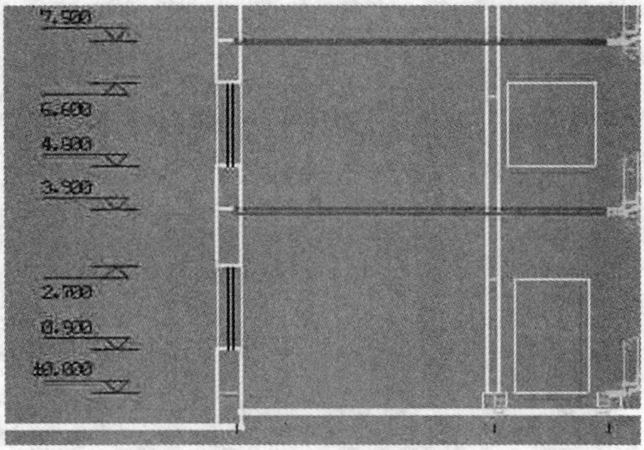

图 2-4-14

注：雨篷、楼梯平台等其他标高的标注，可以用图 2-4-12 菜单中的“任意标高”完成，此处从略。

2.4.1.3　标注尺寸

在如图 2-4-15 所示菜单中单击“标注尺寸”→“楼层门窗”→“右楼门窗”按钮。

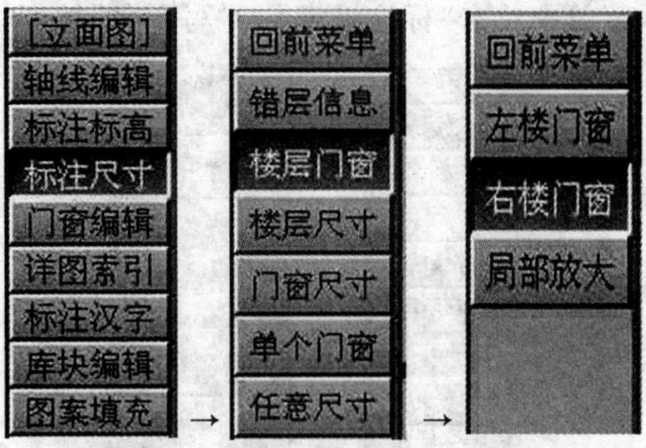

图 2-4-15

弹出如图 2-4-16 所示对话框。

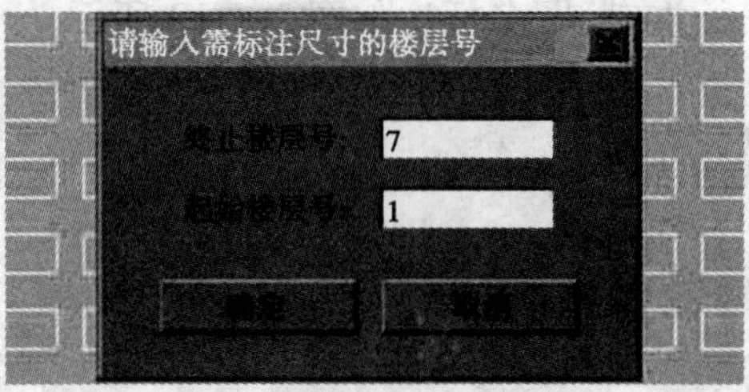

图 2-4-16

在对话框中输入参数后单击“确定”，在立面图右侧适当位置单击鼠标左键，楼层和门窗的尺寸标注见图 2-4-17。

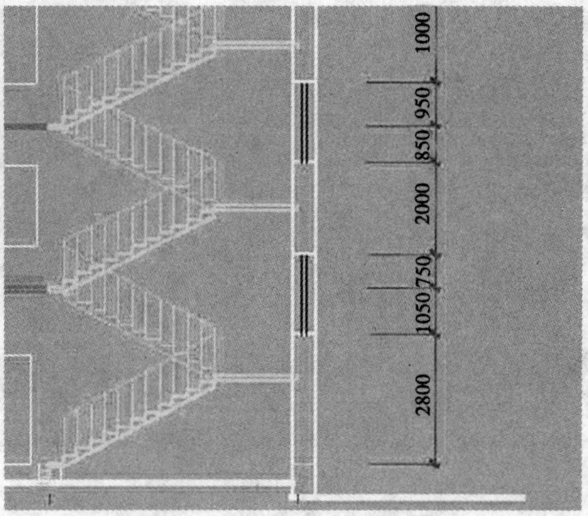

图 2-4-17

注:其他尺寸标注的方式略。

2.4.1.4　**标注汉字**

在如图 2-4-18 所示菜单中单击“标注汉字”→“写图名”按钮。

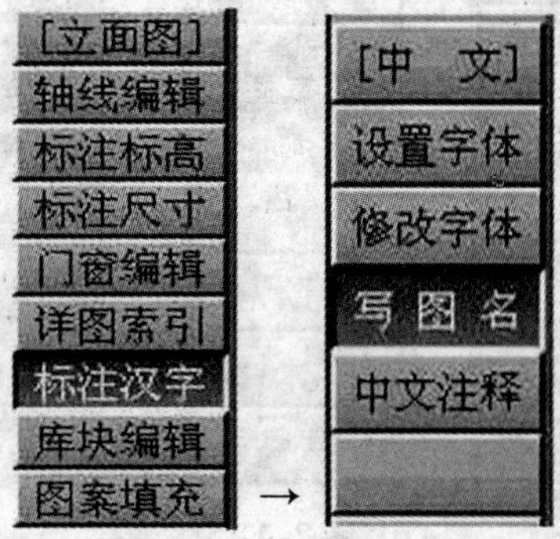

图 2-4-18

在立面图下侧单击鼠标左键,图名标注如图 2-4-19 所示。

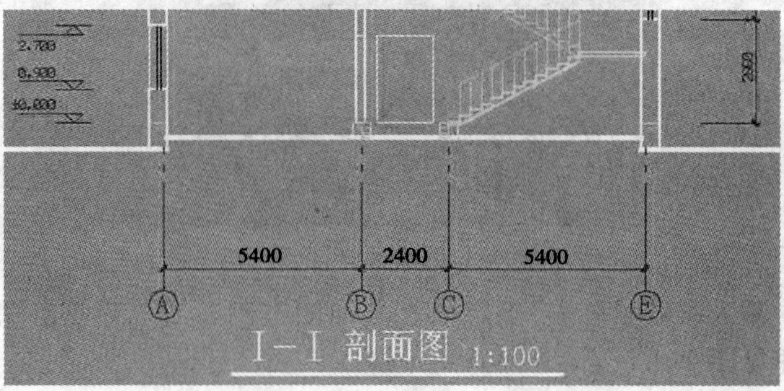

图 2-4-19

2.4.2 其他操作及存图退出

2.4.2.1 门窗编辑

在如图2-4-20所示菜单中单击“门窗编辑”→“门窗插入”按钮。

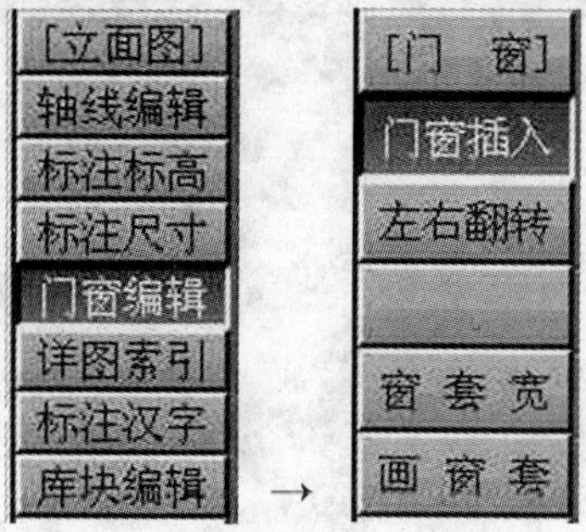

图2-4-20

图2-4-21所示命令提示区提示选取要插入的门窗。

图2-4-21

按[Tab]键选取门窗，如图2-4-22所示。

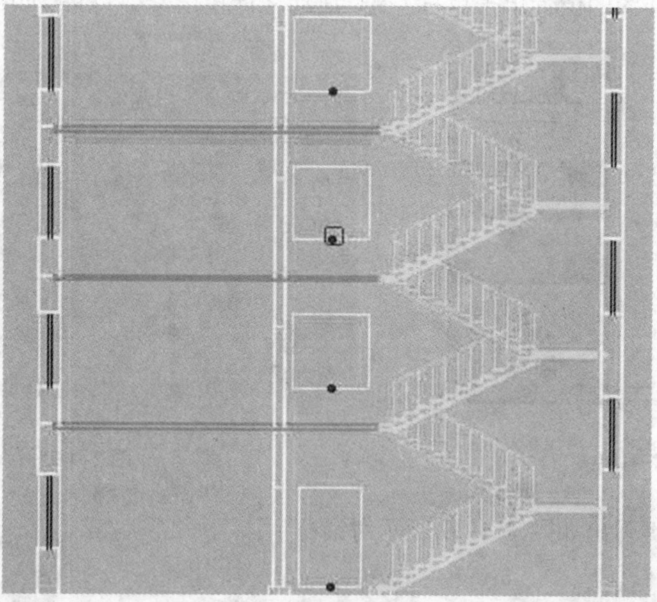

图2-4-22

门窗按定义的选型插入到剖面图，见图 2-4-23。

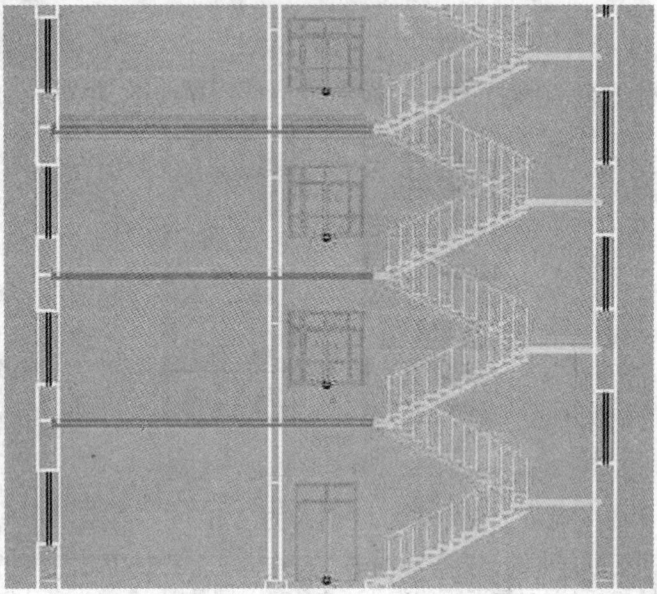

图 2-4-23

注：窗套及窗台的绘制略。

2.4.2.2　剖切索引

在如图 2-4-24 所示菜单中单击“剖切索引”按钮。

在需要索引详图的位置单击鼠标左键，拖动光标拉出索引符号，如图 2-4-25 所示。

图 2-4-24

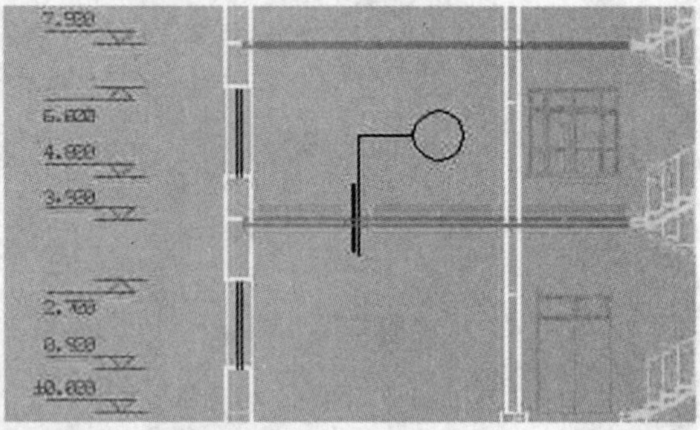

图 2-4-25

单击鼠标左键弹出如图 2-4-26 所示对话框。

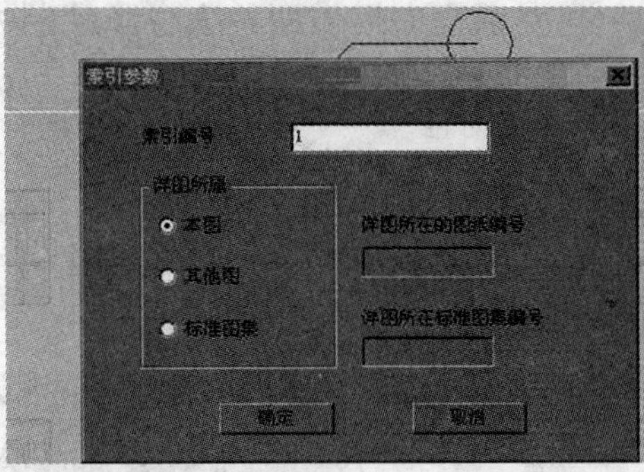

图 2-4-26

在对话框中输入参数并单击“确定”，详图索引见图 2-4-27。

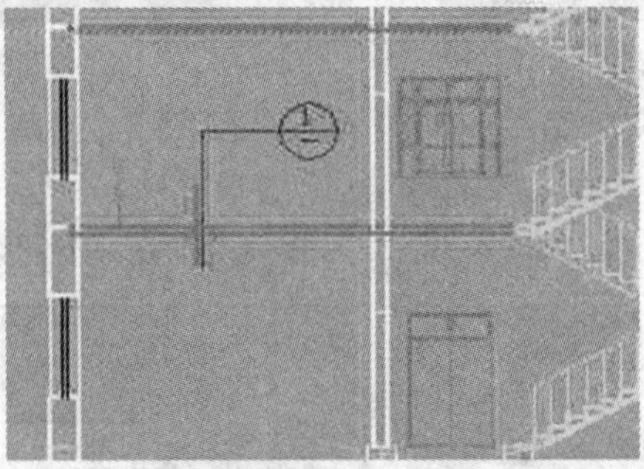

图 2-4-27

剖面图绘制的其他操作略。在完成操作后单击“存图退出”按钮，结束剖面图的绘制。

2.5　绘制建筑大样图

在前面介绍的平、立、剖面施工图中，了解了插入详图和编辑详图的功能，建筑大样图的绘制也就是在一张空白图纸上编辑详图的过程。

在如图 2-5-1 所示窗口中双击“6 建筑大样图”按钮。

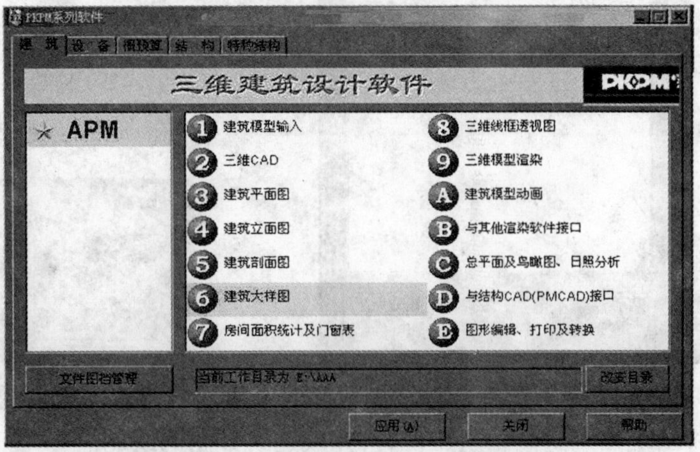

图 2-5-1

出现如图 2-5-2 所示对话框,对话框中提供两种大样图绘制方式,此处以"图块拼装详图"为例。

注:平面截取详图在绘制的平面图中截取,图块拼装是在程序自带或人工编辑的图库中选用。

在图 2-5-2 对话框中单击"图块拼装详图"按钮,出现如图 2-5-3 所示对话框。

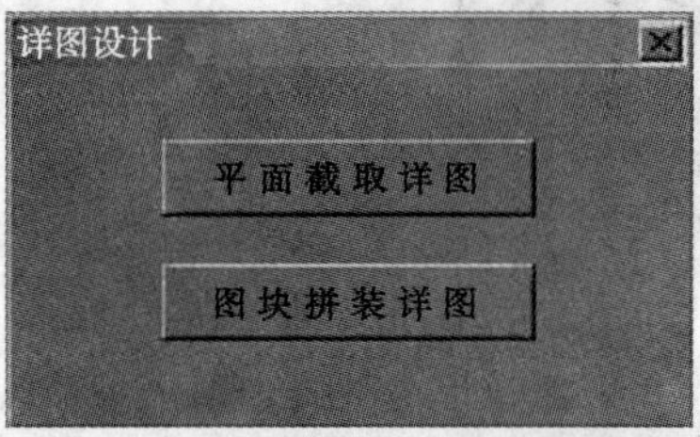

图 2-5-2

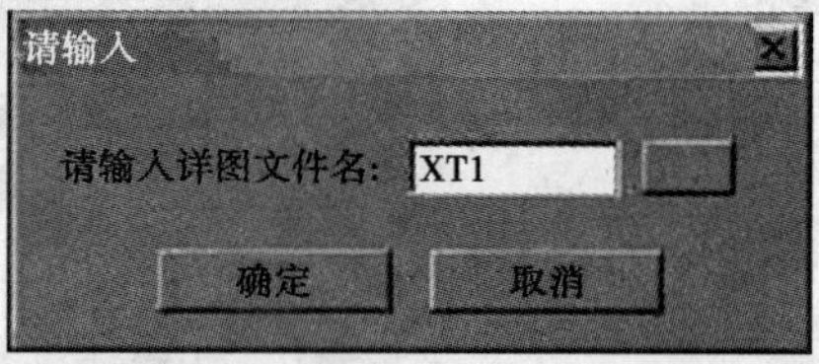

图 2-5-3

在对话框中输入详图文件名后,单击"确定"按钮,注意此文件名不要与工作目录下的其他文件重名,以免将其他已有文件覆盖。

在如图 2-5-4 所示对话框中输入图纸号,单击"确定"按钮。

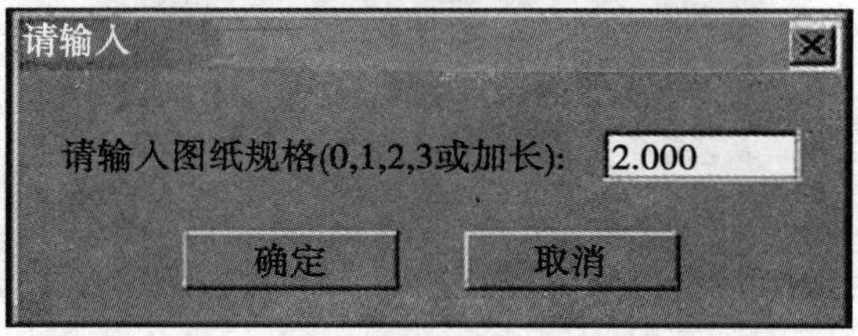

图 2-5-4

在菜单中单击"APM 图库"→"插入详图"按钮,视图区弹出如图 2-5-5 所示对话框。

在对话框中指定需要绘制的内容,单击"确定"按钮,选择图库中的适当内容,则出现如图 2-5-6 所示对话框,输入绘图比例后单击"确定"按钮。

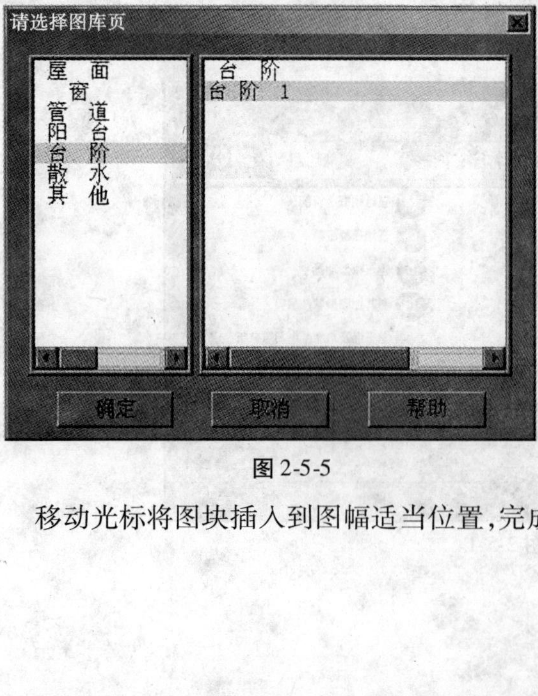

图 2-5-5

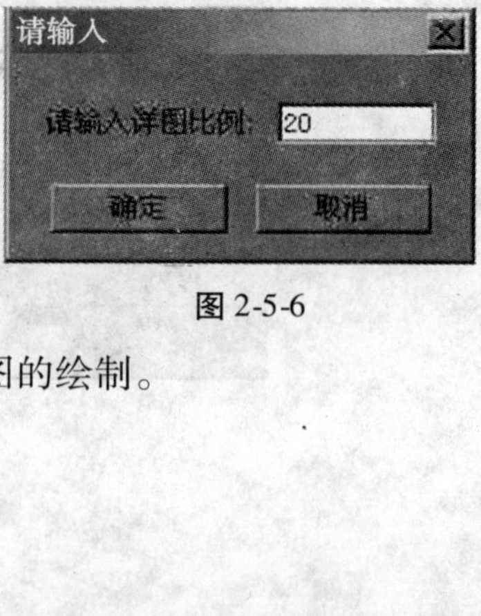

图 2-5-6

移动光标将图块插入到图幅适当位置,完成建筑详图的绘制。

第 3 篇　建筑结构设计

第 3 章　PMCAD 模块应用

PMCAD 模块集成了建筑结构模型输入、结构方案布置、结构平面受力体系的计算分析，最终完成结构平面施工图的绘制。PMCAD 具有较强的荷载统计和传导功能，不仅能够计算结构自重，还可以自动完成从楼板到次梁，从次梁到主梁，从主梁到柱、墙等承载构件，直到基础的荷载计算，从而建立建筑结构体系的荷载数据模型。应用 PMCAD 可完成现浇钢筋混凝土楼板的结构计算、配筋设计，并能够绘制结构平面施工图。PMCAD 还可以完成砌体结构和底部为框架结构、上部为砖混结构的抗震计算，以及受压、高厚比、局部承压等计算，并能够完成圈梁布置及圈梁大样、构造柱大样的绘制。

3.1　建筑结构模型的建立

建筑结构模型的建立主要有两种方式：一种是在"PMCAD"中交互输入单独建立；另一种是利用已有的建筑模型转换后，进行交互修改补充。

因为我们已经建立了建筑模型，这里我们采用转换的方式。如果没有已经建立的建筑模型，需要用 PMCAD 系统直接建立结构模型，建立模型的方法与建筑模型的建立基本相似，不同之处主要是要建立的要素不同。结构模型中应重点表现承载体系要素，如梁、板、柱及其材料力学参数等。

3.1.1　建筑模型向结构模型的转换及补充定义

在图 3-1-1 窗口中选取"结构"、"★PMCAD"，置当前的工作目录为"AAA"，双击"A PM 交互式数据输入"按钮。

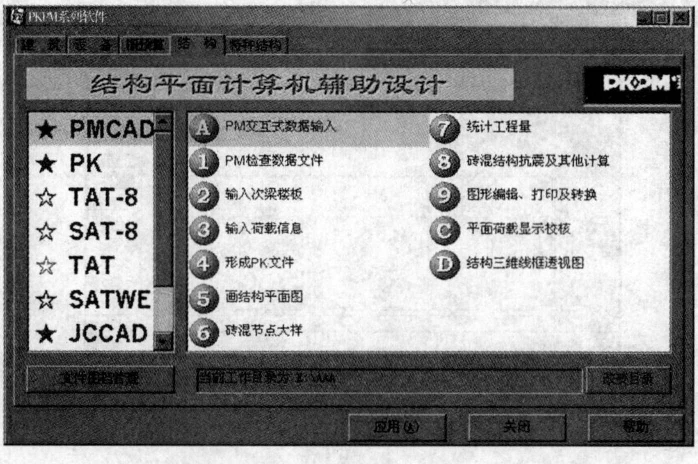

图 3-1-1

如图 3-1-2 所示,命令提示区提示输入结构模型文件名或查找建筑模型文件名进行转换。

图 3-1-2

按[Tab]键后出现如图 3-1-3 所示查找对话框。

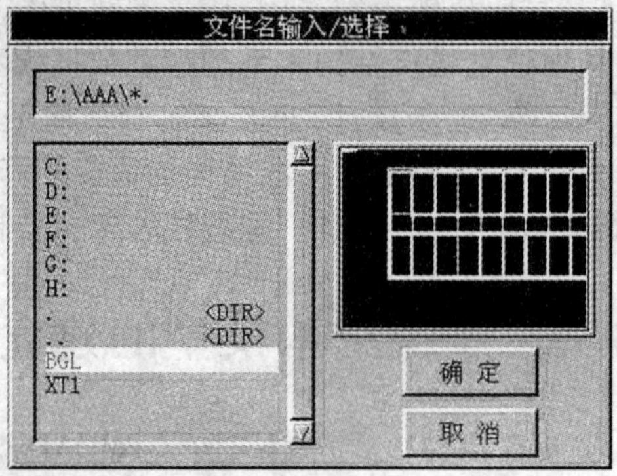

图 3-1-3

选择“BGL”文件并单击“确定”按钮,在如图 3-1-4 所示命令提示区填“1”并回车选择旧文件。

图 3-1-4

程序将建筑模型自动转换为结构模型并调入视图工作区,如图 3-1-5 所示。

图 3-1-5

由建筑模型转换来的结构模型,保留了建筑模型的轴线、墙体、柱、门窗洞口等要素,滤掉了楼梯等与结构平面设计无直接关联的因素。对结构设计所缺少的必要因素要进行补充定义。

3.1.1.1　楼层定义

单击如图 3-1-6 所示菜单中的“楼层定义”→“换标准层”按钮。

弹出如图 3-1-7 所示换标准层对话框,在对话框中选择标准层 1,单击“确定”按钮。

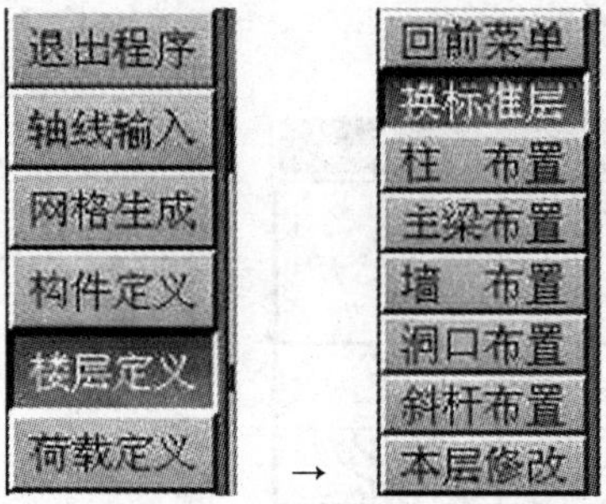

图 3-1-6

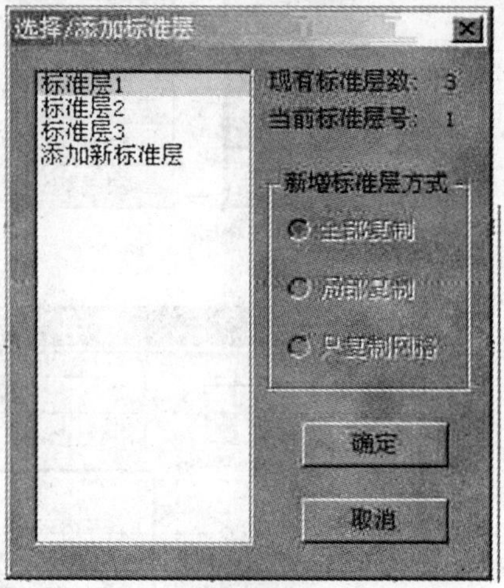

图 3-1-7

程序将标准层 1 调入工作区,在如图 3-1-8 所示菜单中单击“本层信息”。

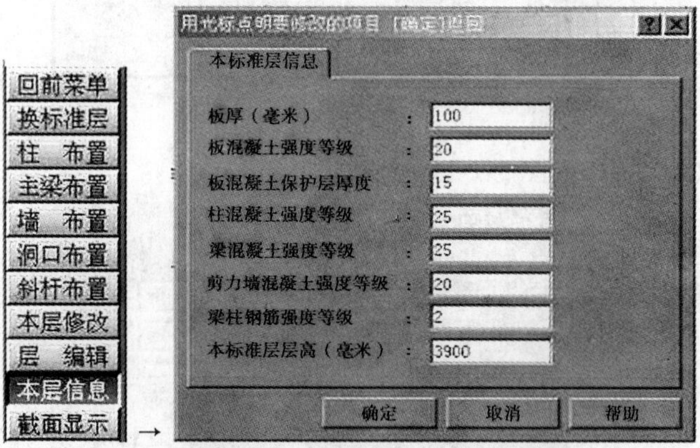

图 3-1-8

在弹出的本层信息输入对话框中输入层高、材料等信息,单击“确定”按钮。

按照同样的方法完成对其他两个标准层的信息定义。

3.1.1.2　主梁定义

单击图 3-1-9 菜单的“构件定义”→“主梁定义”按钮。

单击任一空白列表弹出如图 3-1-10 所示主梁类型选择框,根据需要在对话框中选择主梁种类。

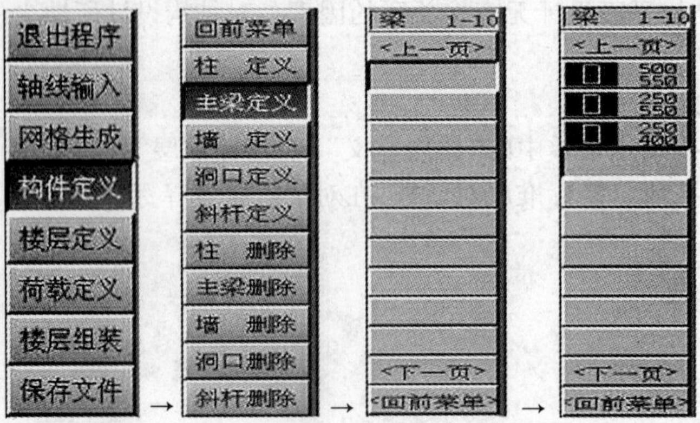

图 3-1-9

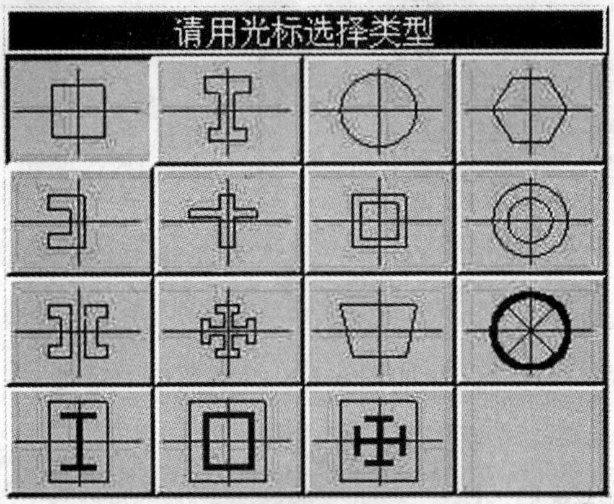

图 3-1-10

弹出主梁定义对话框,如图 3-1-11 所示。

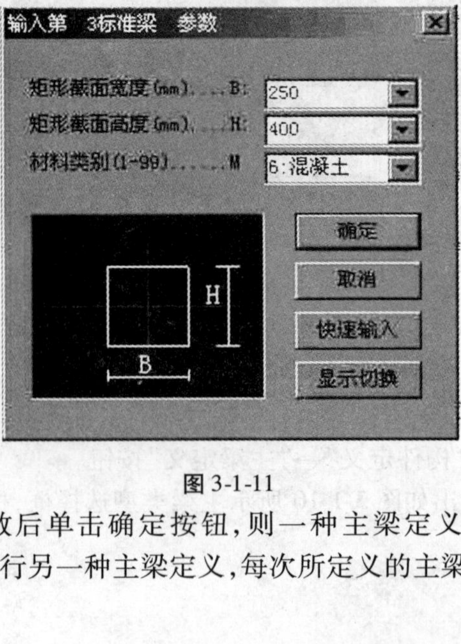

图 3-1-11

在对话框中输入参数后单击确定按钮,则一种主梁定义完成。根据需要再单击图 3-1-9中空白列表,可进行另一种主梁定义,每次所定义的主梁均进入主梁定义列表。

3.1.1.3　主梁布置

主梁定义完成后，单击鼠标右键或[Esc]键返回主菜单。

在如图 3-1-12 所示菜单中单击“楼层定义”→“主梁布置”按钮，进入主梁列表，在列表中选择梁“500×550”主梁截面，光标进入布置状态。

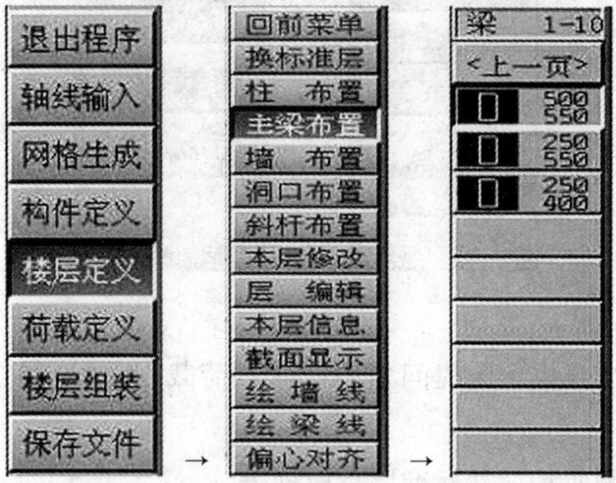

图 3-1-12

在视图区弹出的对话框内输入布置参数，见图 3-1-13。

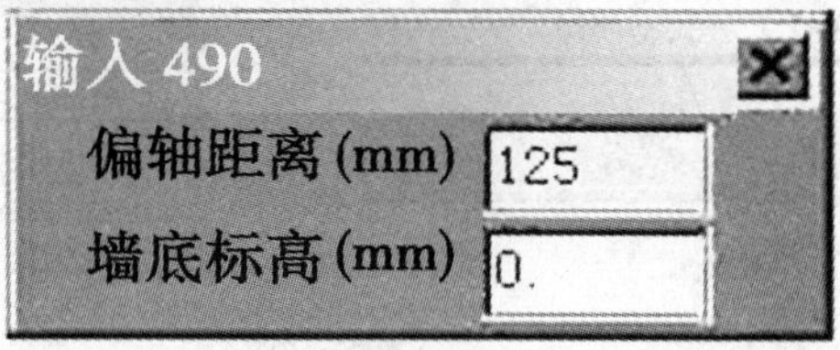

图 3-1-13

注：梁布置的偏轴距离及标高均根据需要而定，偏轴距离相对于梁所在轴线，标高相对于本标准层顶面。

参数输入完毕关闭对话框进行主梁布置，如图 3-1-14 所示，可以通过[Tab]键选择不同的布置方式，本图为单段网格布置方式。

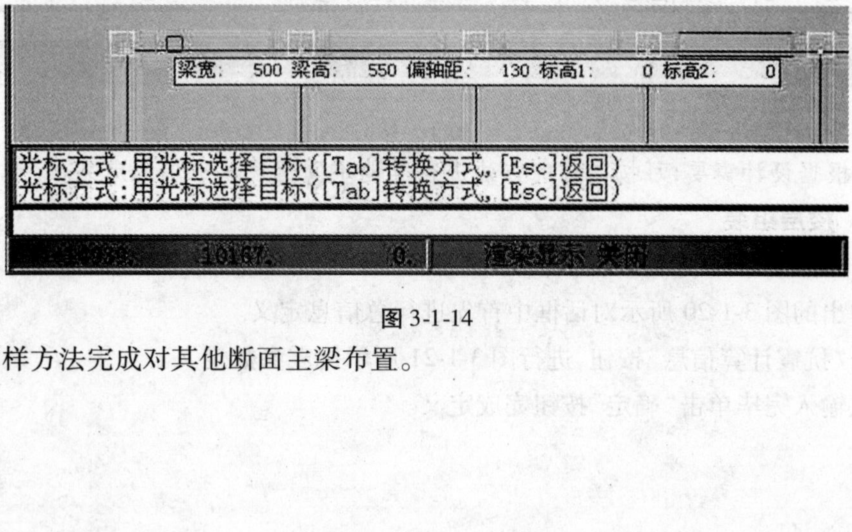

图 3-1-14

用同样方法完成对其他断面主梁布置。

3.1.1.4　荷载定义

单击如图 3-1-15 所示菜单中的“荷载定义”→“荷载定义”按钮。

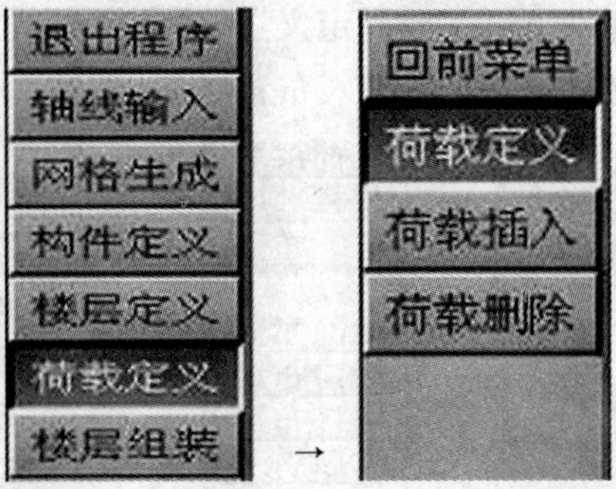

图 3-1-15

在图 3-1-16 所示命令提示区提问是否计算活荷载,此处填“1”回答计算活荷载并回车。

点击图 3-1-17 左侧所示荷载标准层空白列表。

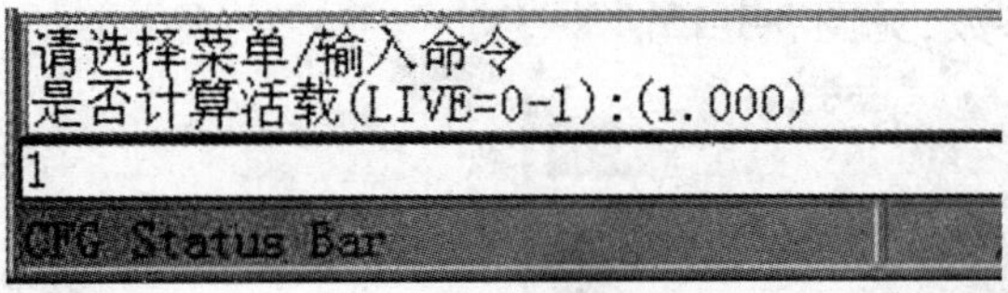

图 3-1-16

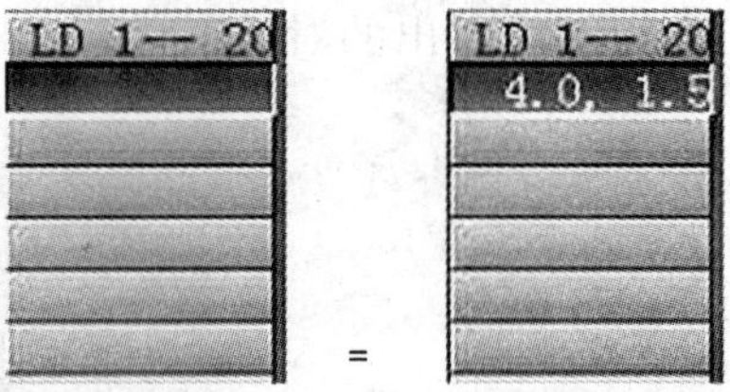

图 3-1-17

在图 3-1-18 所示命令提示区输入本荷载标准层的恒荷载及活荷载。图 3-1-17 右侧所示荷载标准层列表中便列出定义好的荷载层。

图 3-1-18

注:根据设计需要,可按同样的方法进行其他不同荷载标准层的定义。

3.1.1.5　楼层组装

单击如图 3-1-19 所示菜单中的“楼层组装”→“设计参数”按钮。

在弹出的图 3-1-20 所示对话框中首先进行总信息定义。

单击“抗震计算信息”按钮,进行图 3-1-21 所示抗震参数定义。

参数输入完毕单击“确定”按钮完成定义。

单击图 3-1-19 菜单右侧中的“楼层组装”按钮，弹出如图 3-1-22 所示楼层组装对话框。

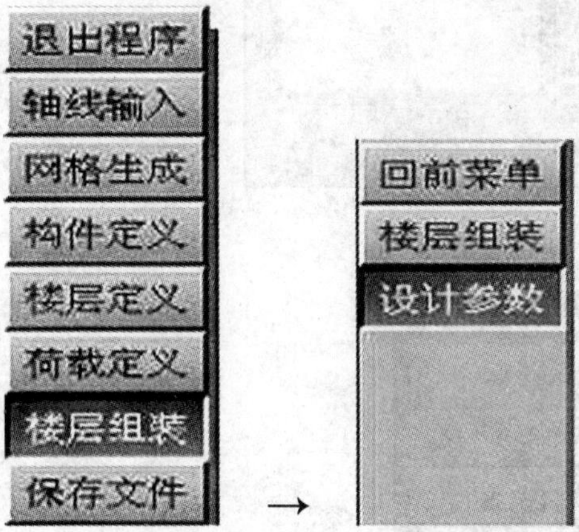

图 3-1-19

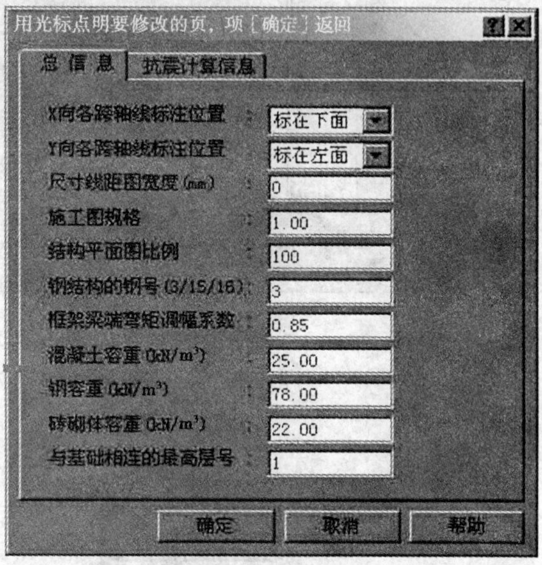

图 3-1-20

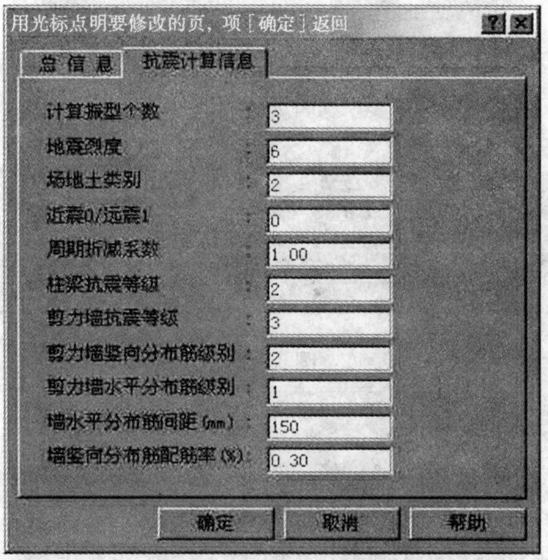

图 3-1-21

单击图 3-1-23 菜单中的“保存文件”→“退出程序”按钮。

在如图 3-1-24 所示对话框中单击“形成网点再存盘退出(2)”按钮。

在图 3-1-25 所示对话框中单击“是(Y)”按钮，则程序自动生成继续运行所必需的数

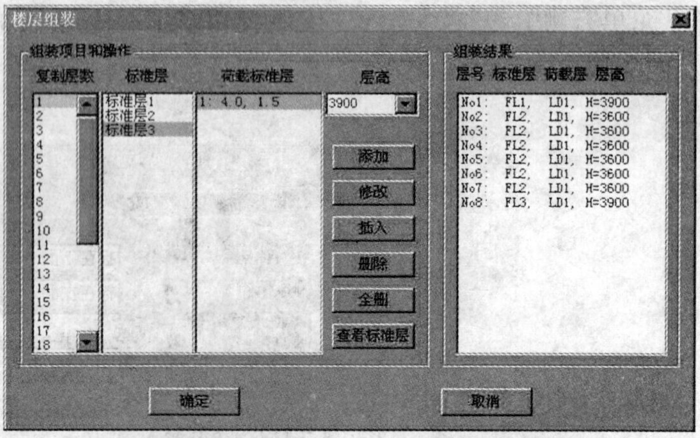

图 3-1-22

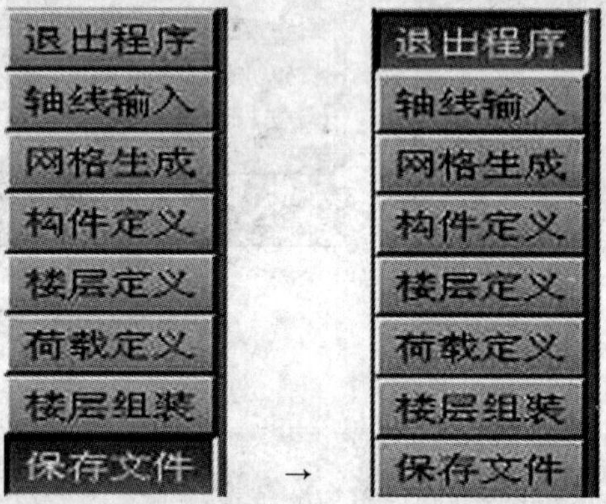

图 3-1-23

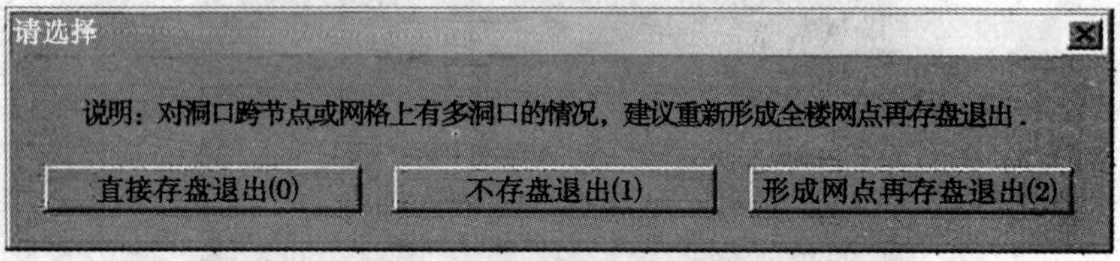

图 3-1-24

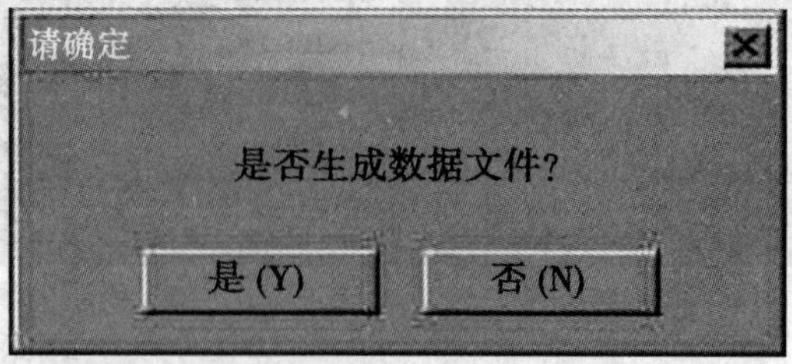

图 3-1-25

据文件“ * . PM”，见图 3-1-26。

图 3-1-26

3.1.2 结构计算数据文件的检查

双击如图 3-1-27 所示的“1 PM 检查数据文件”按钮。

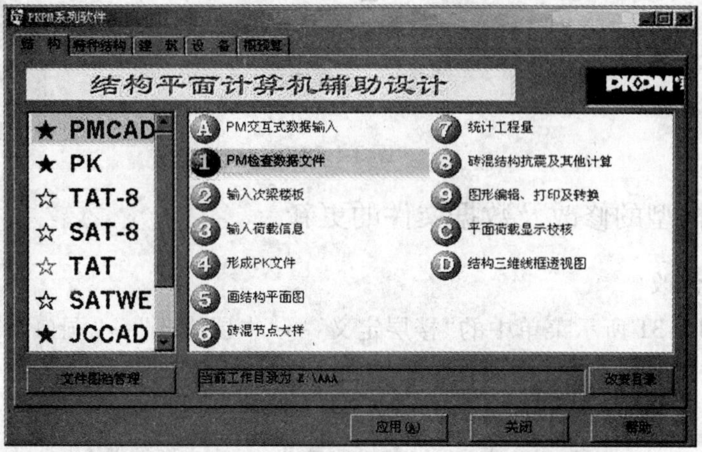

图 3-1-27

在图 3-1-28 对话框中输入主菜单 A 生成的数据文件名“BGL. PM”，如不输入，则程序自动查找。

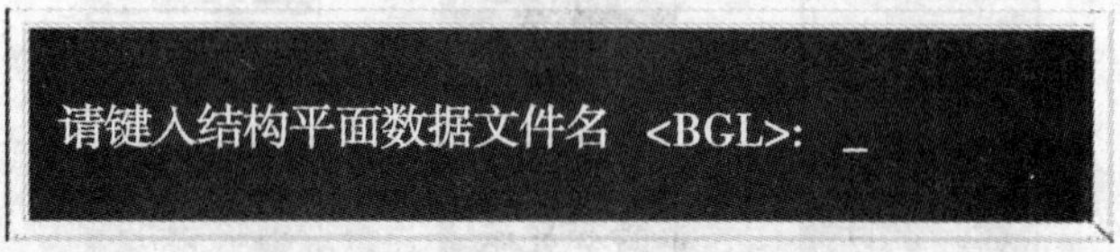

图 3-1-28

单击鼠标左键弹出如图 3-1-29 所示对话框，在对话框中单击“显示”按钮。

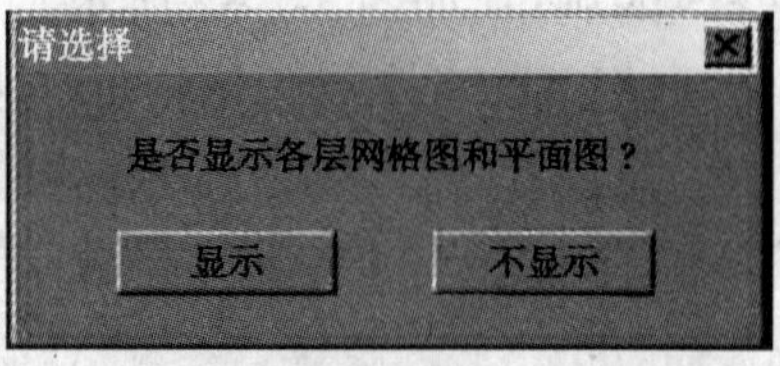

图 3-1-29

视图区显示如图 3-1-30 所示轴线网格，经检查无误单击“正确”按钮。

程序显示“1 号洞口顶部高度大于 1 标准层层高”，单击任意键继续后，超高的洞口会以红色显示。

本次操作超高的原因是楼梯间的窗标高由建筑模型转换后未做修改，此处应该回到结构模型建立菜单进行修改，如不进行修改定义，则后面容易引起运算错误。

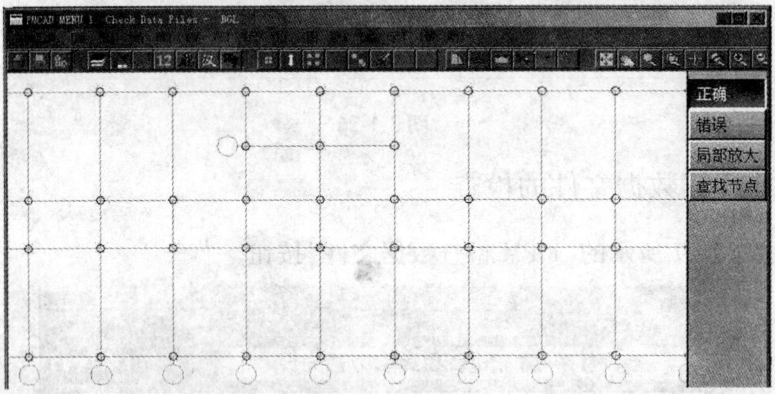

图 3-1-30

3.1.3　结构模型的修改及数据文件的更新

3.1.3.1　模型修改

单击如图 3-1-31 所示菜单中的“楼层定义”→“本层修改”→“洞口查改”按钮。

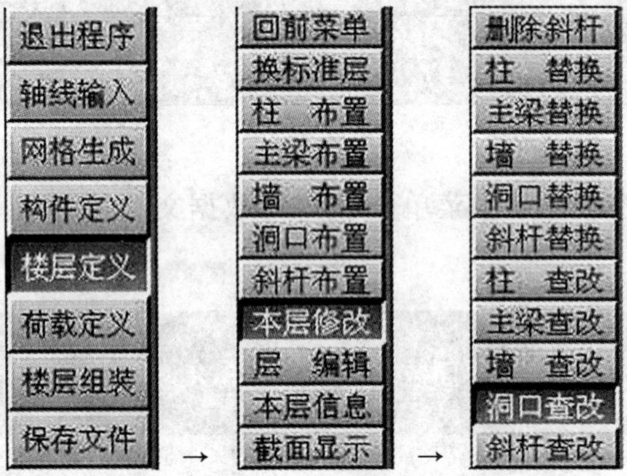

图 3-1-31

在视图工作区点选需要修改的洞口，如图 3-1-32 所示。

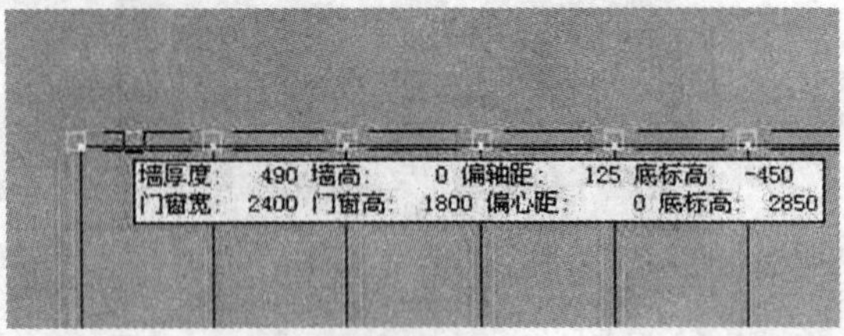

图 3-1-32

弹出如图 3-1-33 所示洞口参数修改对话框，在对话框中修改底部标高后，单击“确定”按钮。

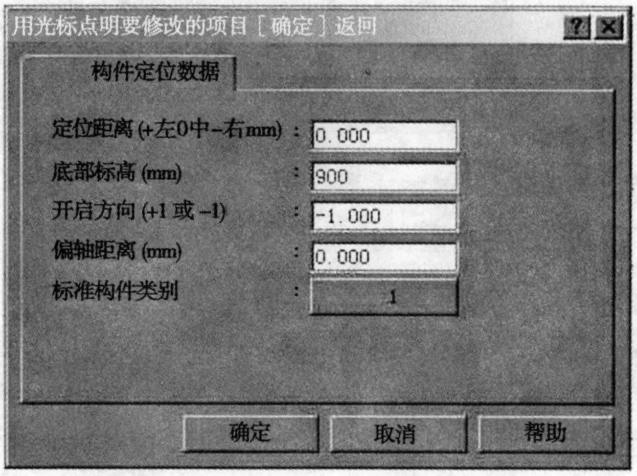

图 3-1-33

用同样的方法对其他标准层的洞口进行修改。

3.1.3.2　**数据文件更新**

单击图 3-1-34 菜单中的“保存文件”→“退出程序”按钮。

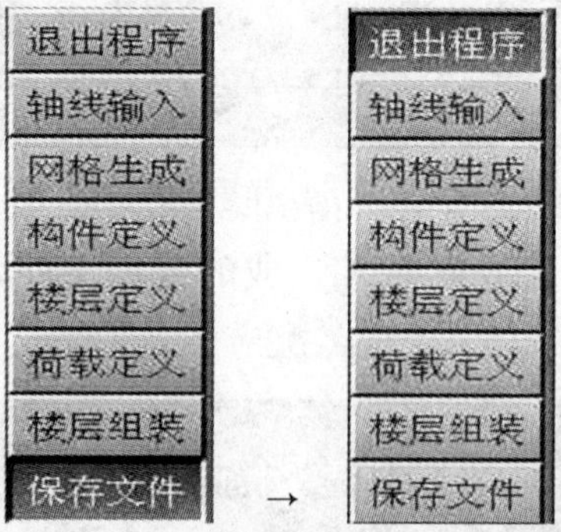

图 3-1-34

在如图 3-1-35 所示对话框中单击“直接存盘退出(0)”按钮。

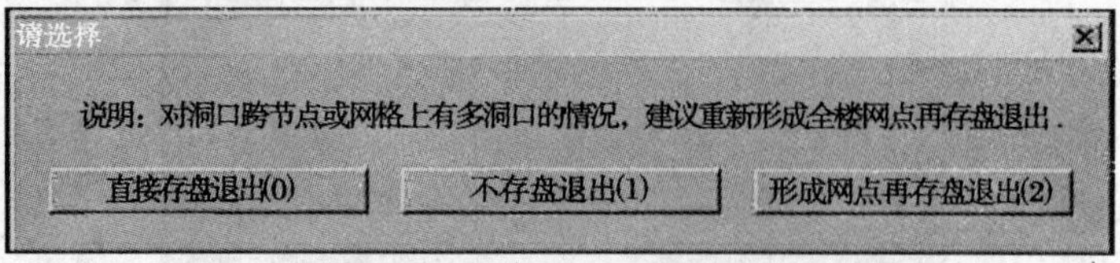

图 3-1-35

在弹出的图 3-1-36 所示对话框中单击“是(Y)”按钮，则程序自动更新继续运行所必需的数据文件“＊. PM”。

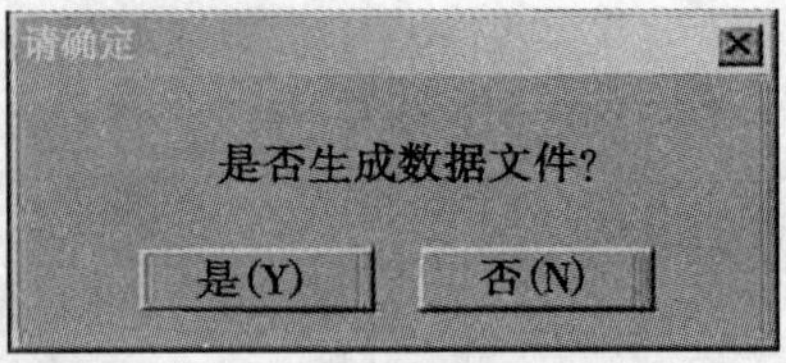

图 3-1-36

3.1.4　结构计算数据文件的重新检查

双击如图 3-1-37 所示的“1 PM 检查数据文件”按钮。

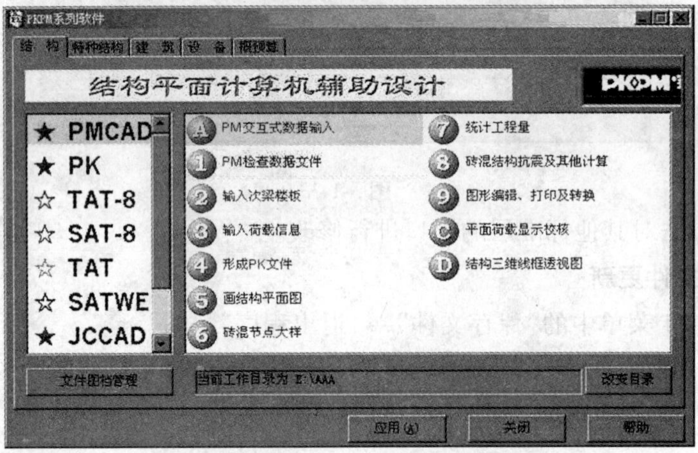

图 3-1-37

在图 3-1-38 对话框中输入主菜单 A 生成的数据文件名“BGL. PM”,如不输入,则程序自动查找。

图 3-1-38

单击鼠标左键弹出如图 3-1-39 所示对话框,在对话框中单击“显示”按钮。

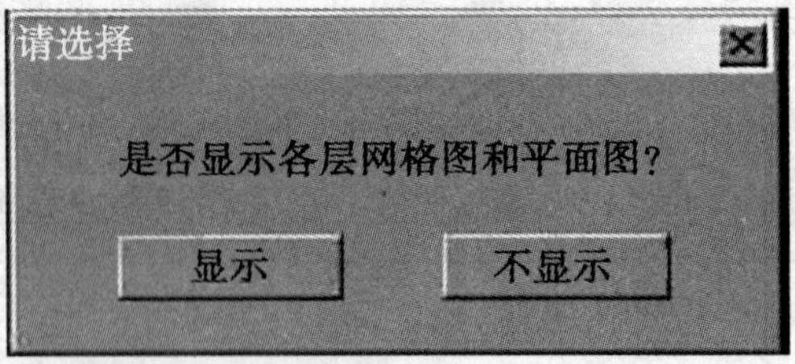

图 3-1-39

视图区显示轴线网格如图 3-1-40 所示,经检查无误后单击“正确”按钮。

则视图区显示第一标准层的平面模型,如图 3-1-41 所示。

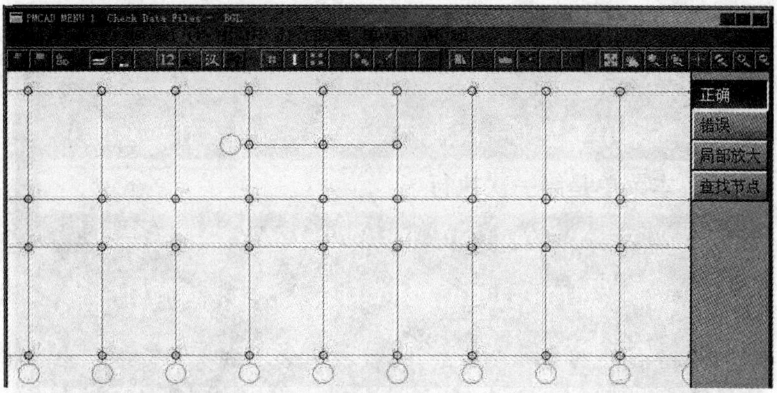

图 3-1-40

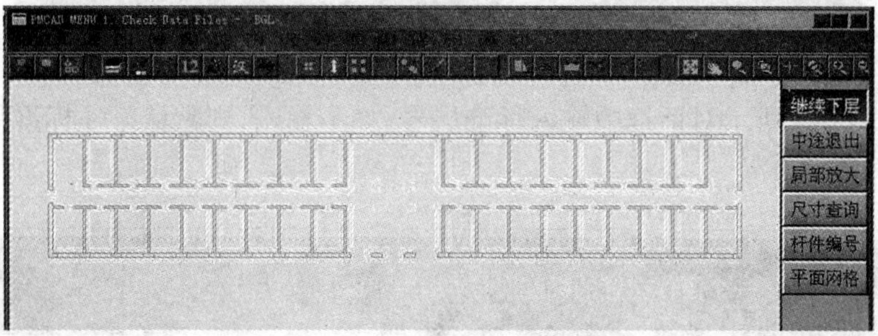

图 3-1-41

检查无误后单击“继续下层”按钮，每个标准层检查完毕，程序自动结束数据检查操作并返回。

3.1.5　次梁楼板

在图 3-1-42 窗口中双击“2 输入次梁楼板”按钮。

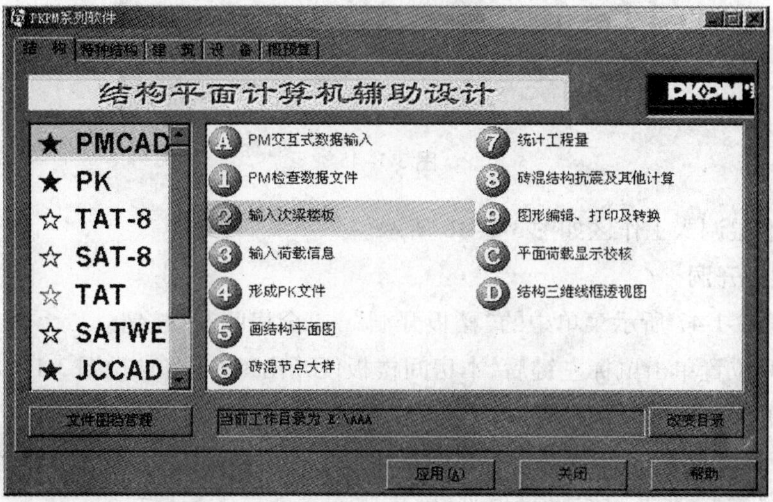

图 3-1-42

在弹出的对话框中单击“1 本菜单是第一次执行”按钮,见图 3-1-43。

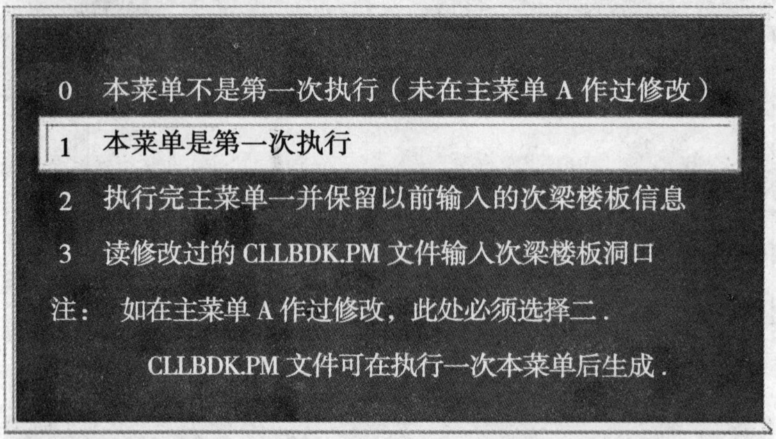

图 3-1-43

在如图 3-1-44 所示对话框中输入标准层号,如不输入,则默认第一标准层,这里采用默认值。

图 3-1-44

在图 3-1-45 对话框中选择大多数墙体的材料,这里单击“砖”按钮。

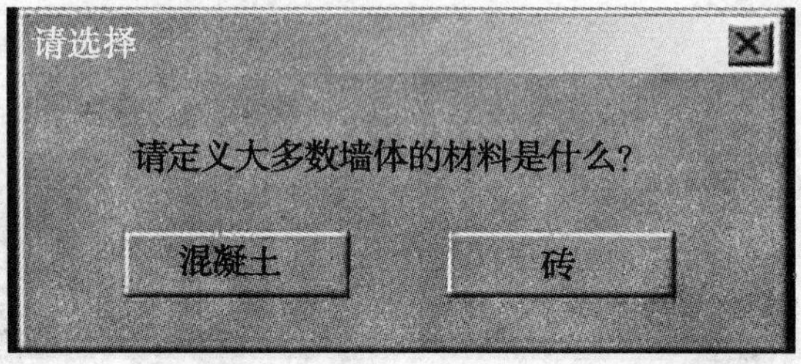

图 3-1-45

第一标准层调入工作区如图 3-1-46 所示。

3.1.5.1　楼板开洞

单击如图 3-1-47 所示菜单中的“楼板开洞”→“全房间洞”按钮。

在楼梯间位置单击鼠标左键后,本房间楼板便开出整个洞口,见图 3-1-48。

用同样的方法完成其他楼梯间的楼板开洞。

注:如设计有预制楼板,可利用“预制楼板”按钮进行布置,不进行预制楼板布置的房间默认现浇楼板,本设计以现浇楼板为例。

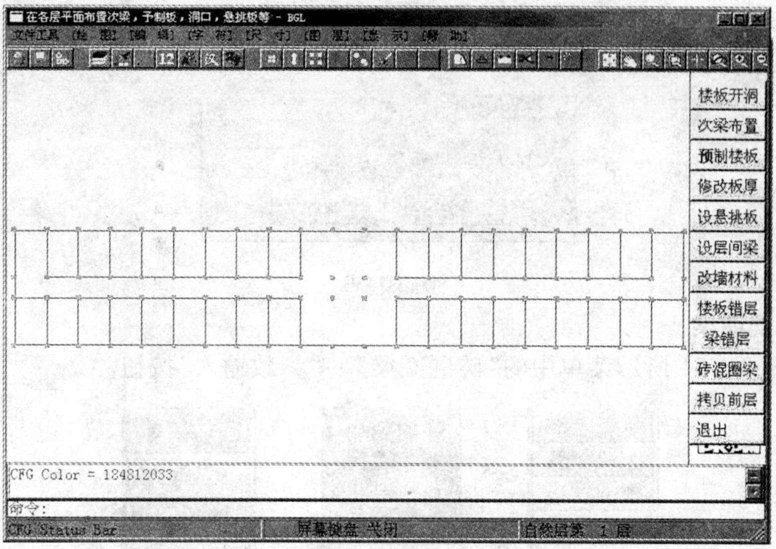

图 3-1-46

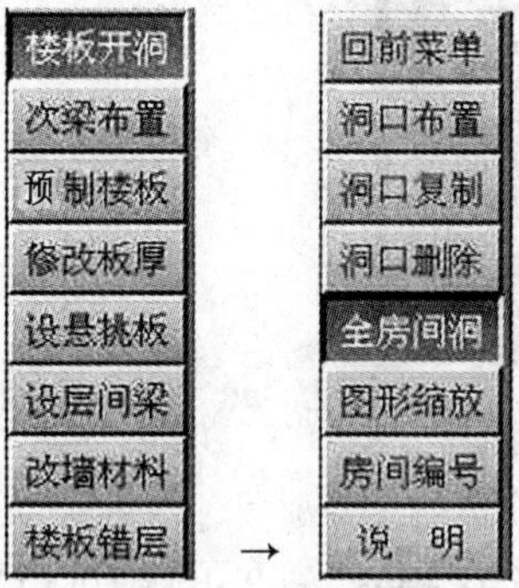

图 3-1-47

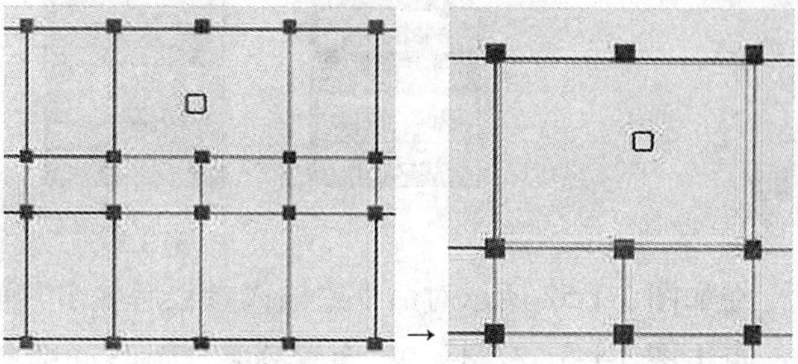

图 3-1-48

3.1.5.2 修改板厚

单击如图 3-1-49 所示菜单中的“修改板厚”按钮,各房间显示出目前楼板厚度,此时的厚度来自于前面的“本层信息”定义。

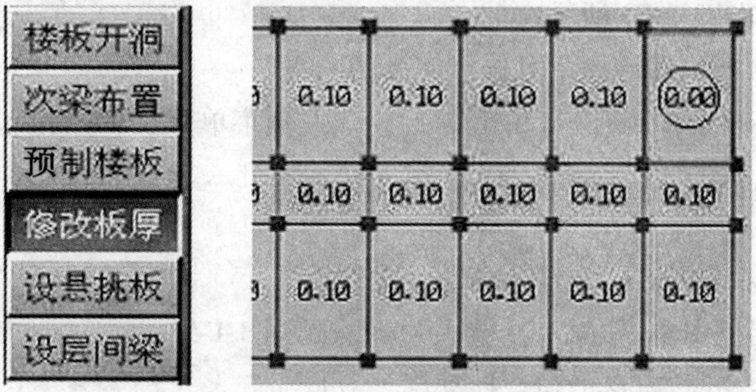

图 3-1-49

在如图 3-1-50 所示对话框中输入调整后的楼板厚度。点击图中需要改楼板厚度的房间，将楼板厚度改为 120 mm。

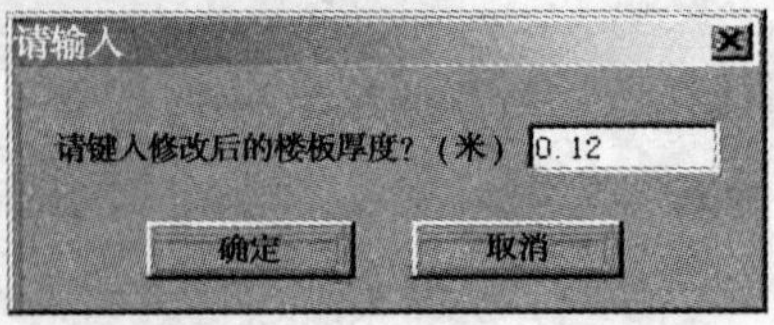

图 3-1-50

3.1.5.3　砖混圈梁

单击如图 3-1-51 所示菜单中的“砖混圈梁”→“参数输入”按钮。

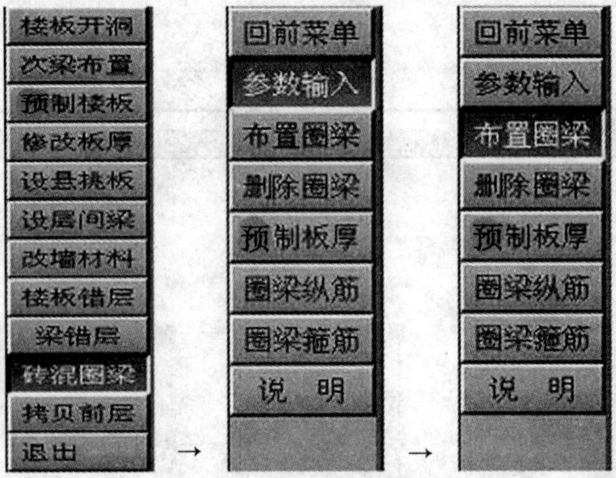

图 3-1-51

在如图 3-1-52 所示对话框中输入参数后单击“确定”按钮。

点击图 3-1-51 右图菜单“布置圈梁”按钮，底部命令提示区提示按[Tab]键可以转换光标输入方式，这里采用单段网格布置的方式，用光标点击网格完成圈梁布置。

注：如果设计不需设置圈梁，可以不进行上述圈梁的操作。

第 1 标准层操作完毕单击“退出”按钮，进入下一标准层的操作，如该标准层的基本布置与第 1 标准层相同，可以单击“拷贝前层”按钮，将第 1 标准层的洞口、圈梁等信息复制到本标准层。如图 3-1-53 所示。

在如图 3-1-54 所示对话框中可选择拷贝的元素。

依次完成各标准层的操作后，单击图 3-1-53 左侧菜单“退出”按钮。

3.1.6　输入荷载信息

在图 3-1-55 窗口中双击“3 输入荷载信息”按钮。

在弹出的对话框中单击“第一次输入”按钮，见图 3-1-56。

在结构模型定义时，定义的荷载标准层参数自动调入。

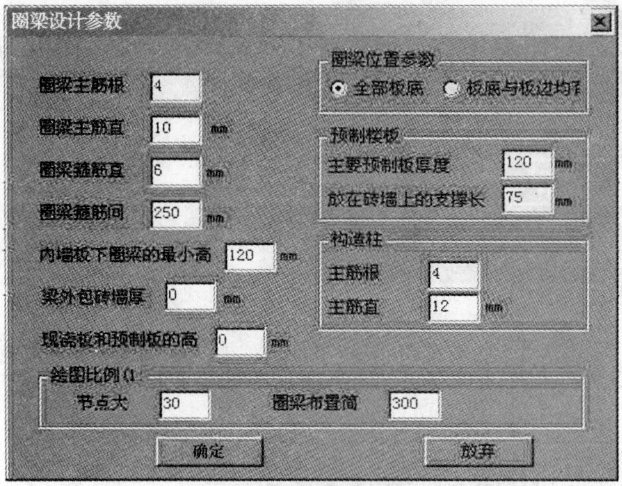

图 3-1-52

图 3-1-53

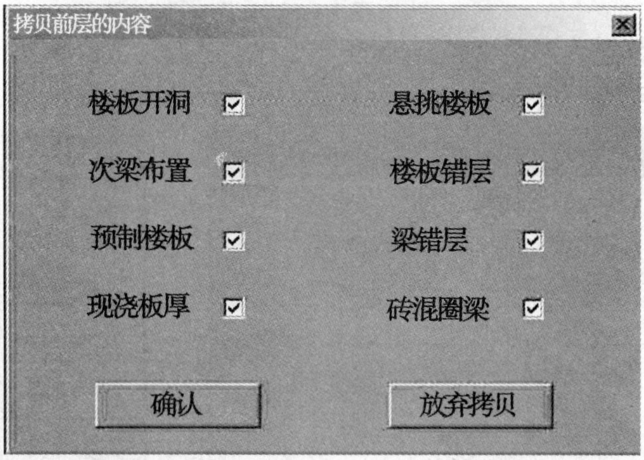

图 3-1-54

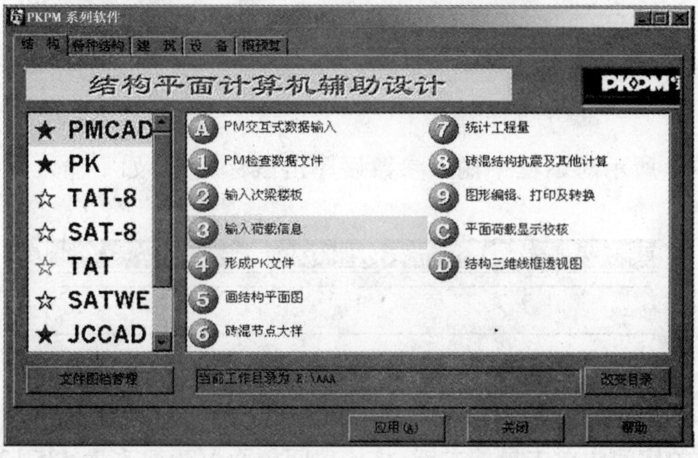

图 3-1-55

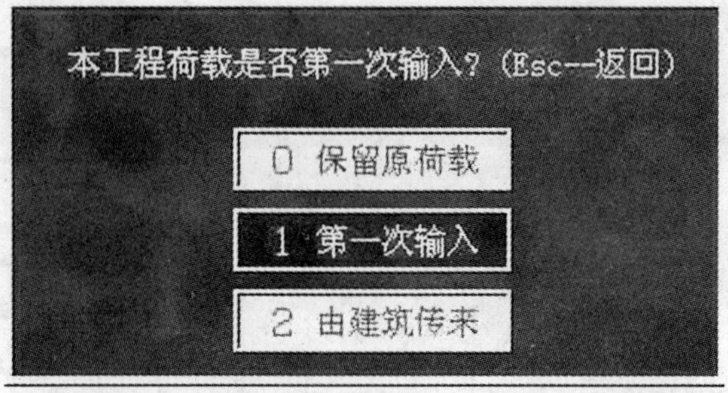

图 3-1-56

在如图 3-1-57 所示对话框中输入要进行荷载操作的标准层号，如不输入，则默认第 1 标准层，这里采用默认值。

图 3-1-57

在前面荷载标准层内所定义的荷载，随第 1 标准层调入工作区，如图 3-1-58 所示。

单击如图 3-1-59 所示菜单中的“楼面荷载”→“楼面恒载”按钮。

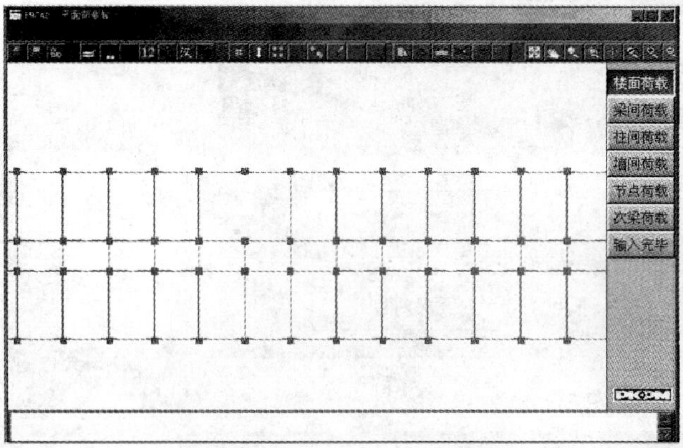

图 3-1-58

图 3-1-59

在如图 3-1-60 所示对话框中输入参数后单击鼠标左键，如不输入，则数值程序默认为“0”。

图 3-1-60

在如图 3-1-61 所示对话框中输入调整后的荷载参数，单击鼠标左键进行修改。

在需要修改的房间内单击鼠标左键，将该房间楼面恒荷载改为 4.5 kN/m^2，即可完成该房间楼面恒荷载的修改。

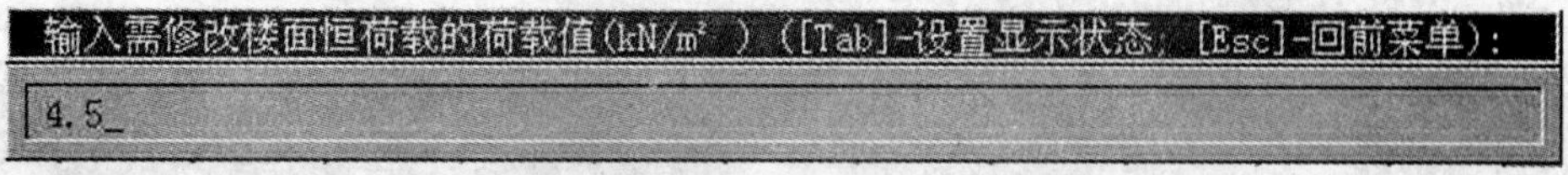

图 3-1-61

按与恒荷载修改相同的方法,可进行楼面活荷载的修改操作。

根据设计需要还可进行荷载传递方式的定义,此处略。

各标准层荷载修改定义完毕,在弹出如图 3-1-62 所示对话框中选择“生成各层荷载传到基础的数据”,单击“确定”按钮,程序进行荷载计算并返回。

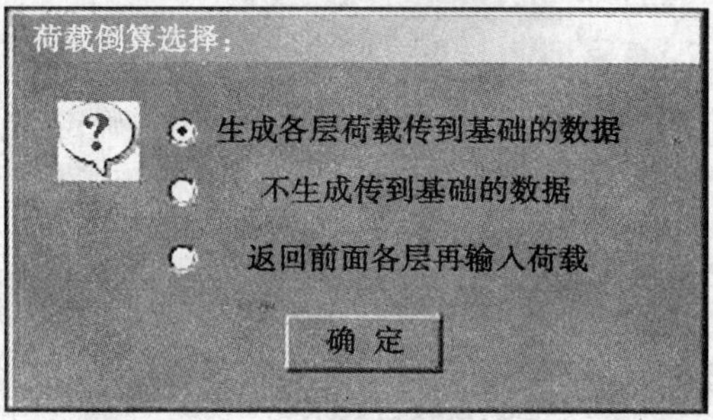

图 3-1-62

3.2　结构平面施工图

3.2.1　结构平面施工图绘图准备

在如图 3-2-1 所示菜单中双击“5 画结构平面图”菜单。

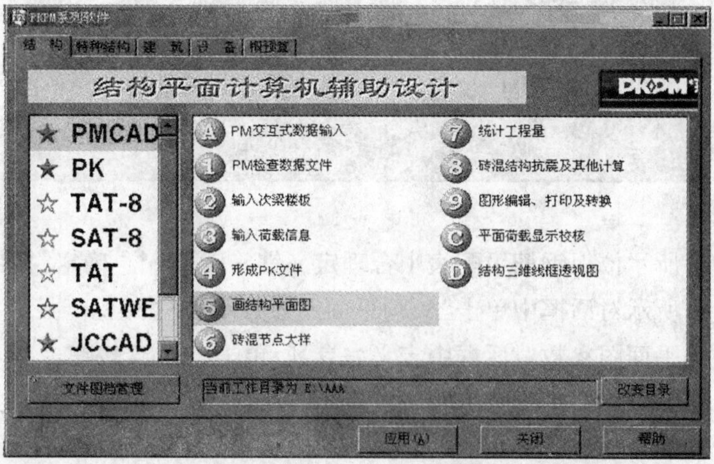

图 3-2-1

在弹出如图 3-2-2 所示对话框中,输入要绘制结构平面图的层号,单击“确定”按钮。

在如图 3-2-3 所示对话框中单击“1. 修改楼板配筋参数”按钮。

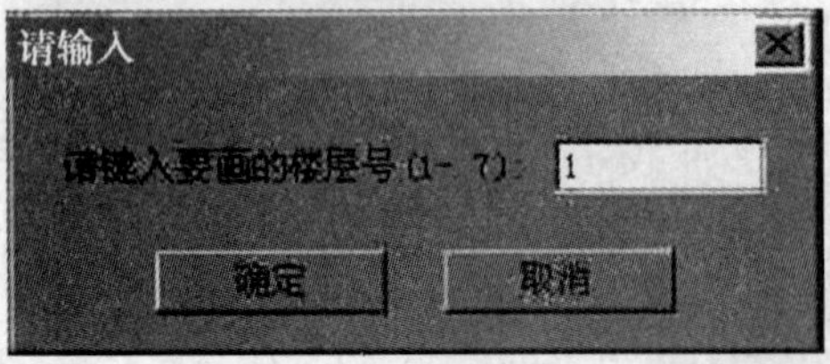

图 3-2-2

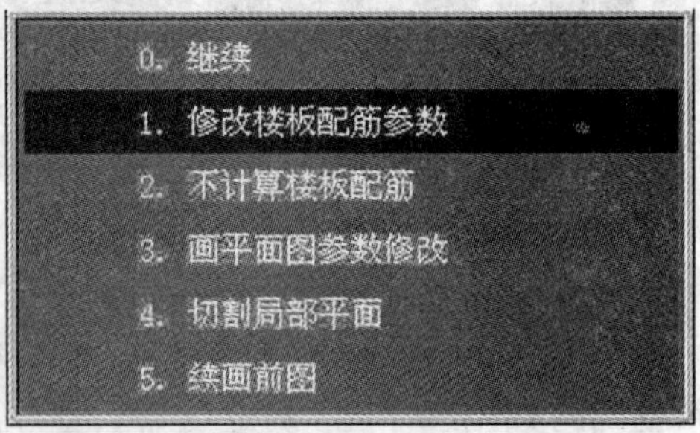

图 3-2-3

弹出图 3-2-4 楼板配筋参数对话框,定义好参数单击“确定”按钮。

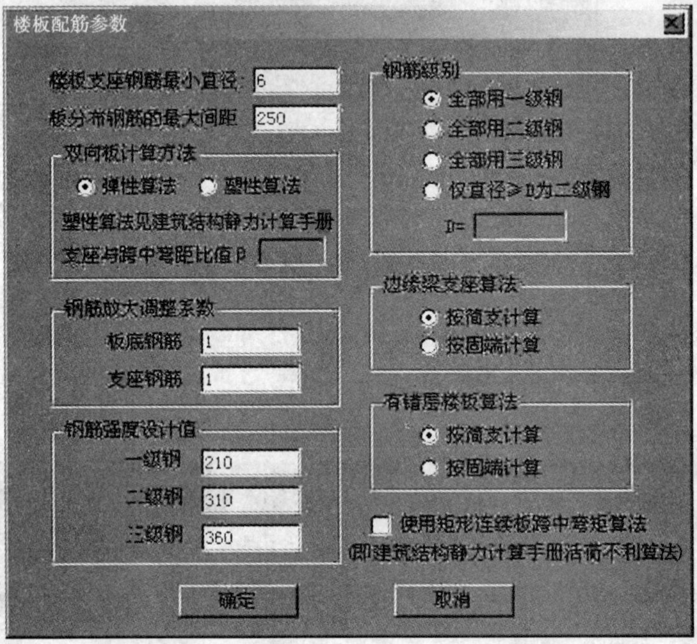

图 3-2-4

在如图 3-2-5 所示楼板钢筋级配表中合理定义钢筋库,单击“确定”按钮。

在如图 3-2-6 所示对话框中单击“3. 画平面图参数修改”按钮。

在图 3-2-7 画平面图参数对话框中定义好参数,单击“确定”按钮。

注:图纸号输入“2.75”表示二号图加长 75% ,如此处定义不合理,在后面的菜单中还可调整。

在如图 3-2-8 所示对话框中单击“0. 继续”按钮。

进入如图 3-2-9 所示对话框中。

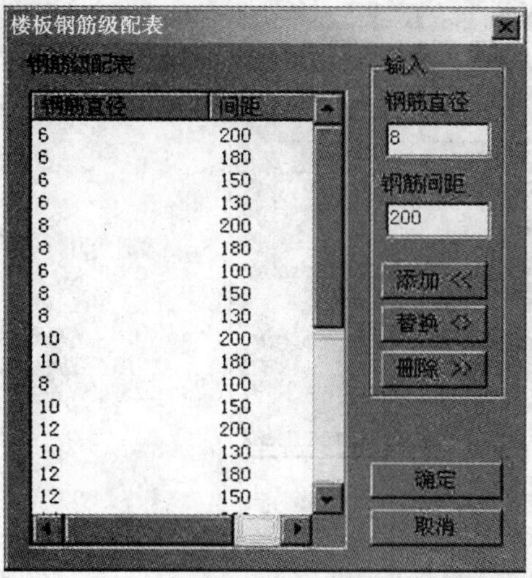

图 3-2-5

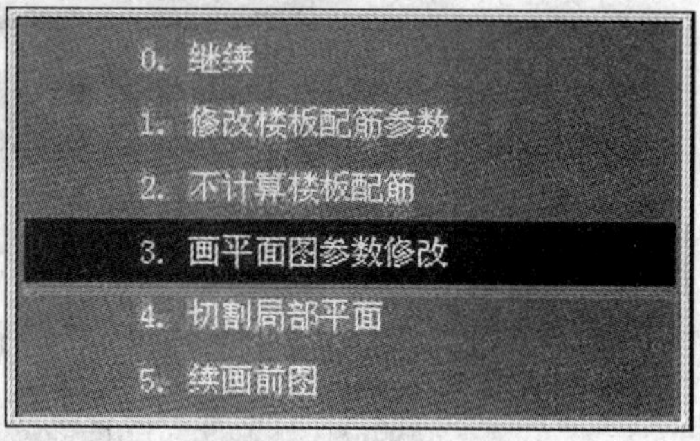

图 3-2-6

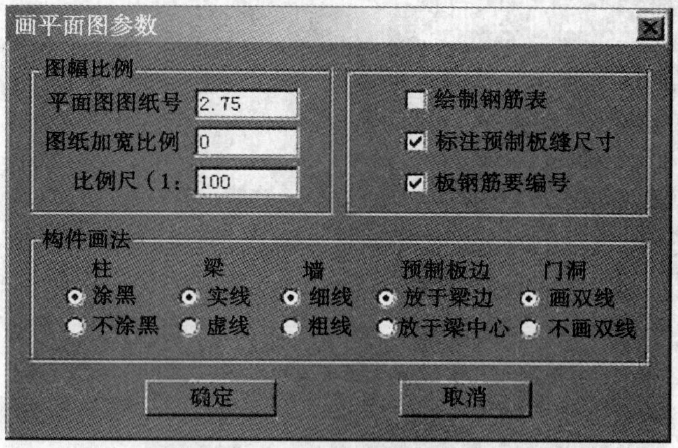

图 3-2-7

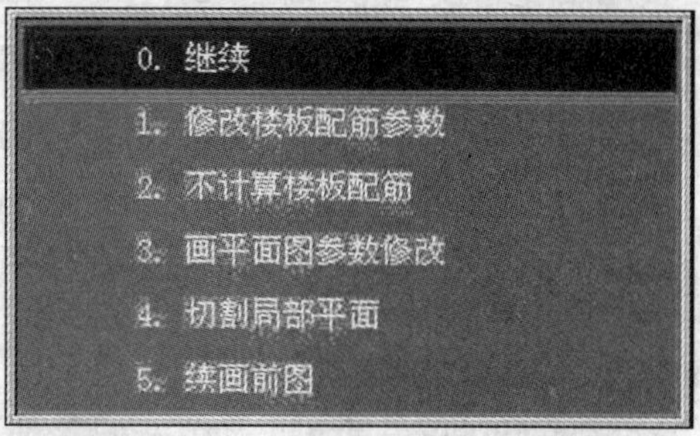

图 3-2-8

单击图 3-2-9 对话框中“1. 现浇板弯矩图”按钮，屏幕显示各房间板的弯矩，见图 3-2-10。

单击图 3-2-9 对话框中“2. 现浇板计算配筋图”按钮，屏幕显示各房间板配筋面积，如图 3-2-11 所示。

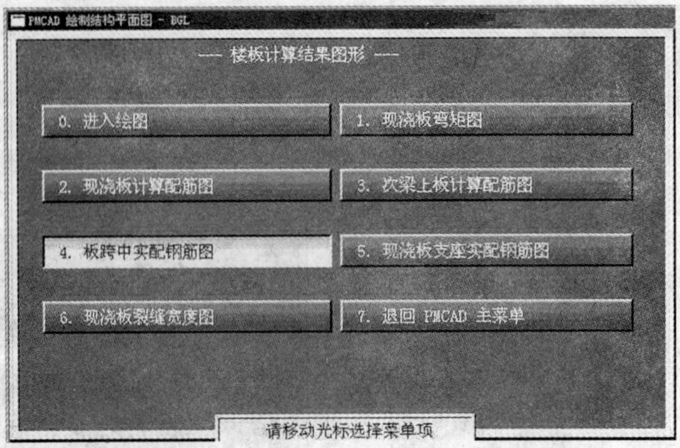

图 3-2-9

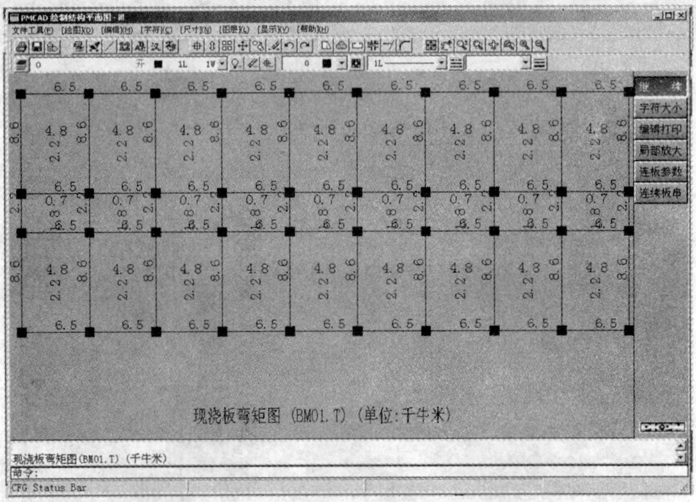

图 3-2-10

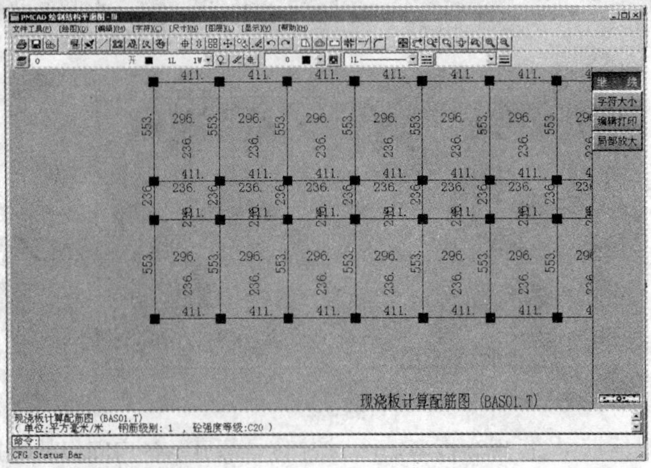

图 3-2-11

单击图 3-2-9 对话框中“4. 板跨中实配钢筋图”按钮，工作区显示各房间板跨中实际配筋状况，如图 3-2-12 所示。

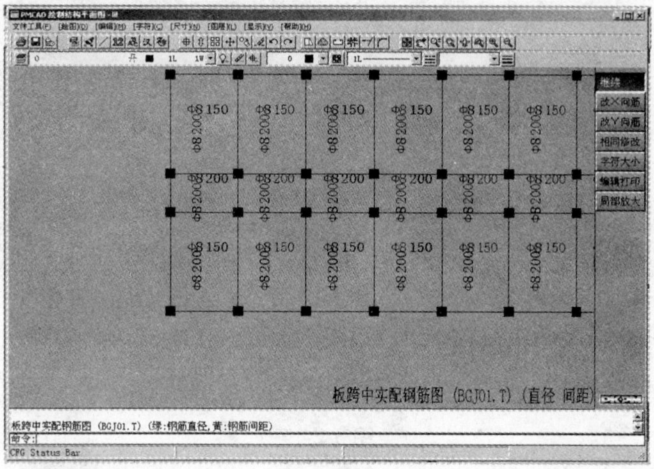

图 3-2-12

利用图 3-2-12 右侧菜单可进行板底钢筋的修改。

单击图 3-2-9 对话框中“5. 现浇板支座实配钢筋图”按钮，视图工作区显示各房间板支座实际配筋，见图 3-2-13。

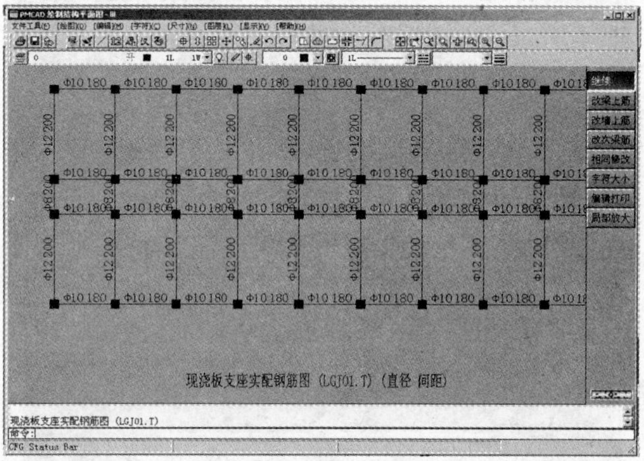

图 3-2-13

利用图 3-2-13 右侧菜单可进行板支座钢筋的修改。

单击图 3-2-9 对话框中“6. 现浇板裂缝宽度图”按钮，屏幕显示各房间板的裂缝计算宽度，见图 3-2-14。

完成配筋等修改后，单击图 3-2-15 对话框中“0. 进入绘图”按钮，进入绘图编辑状态。

图 3-2-16 所示对话框提示图面超出图幅，单击“是(Y)”按钮进行图幅修改。

在如图 3-2-17 所示菜单中单击“绘图参数”按钮，在弹出的绘图参数对话框中定义图纸号为“2.75”，单击“确定”按钮。

单击“继续”按钮进入结构平面图的绘制界面，如图 3-2-18 所示。

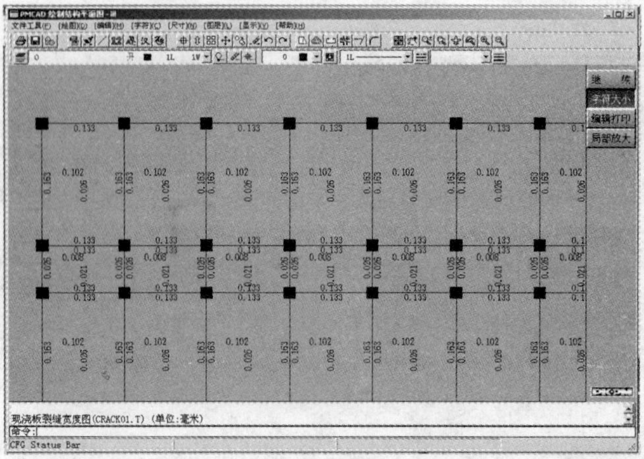

图 3-2-14

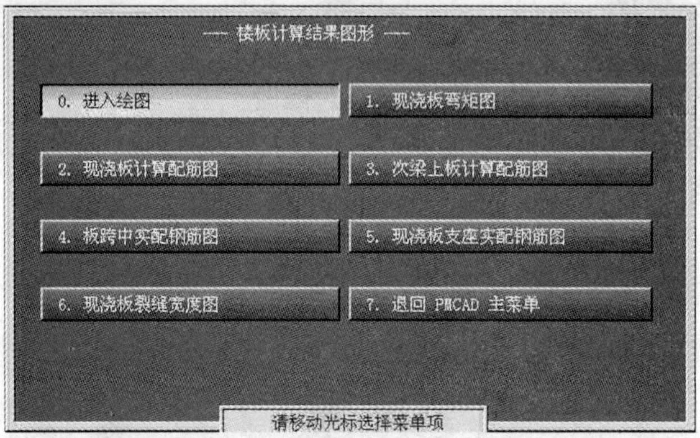

图 3-2-15

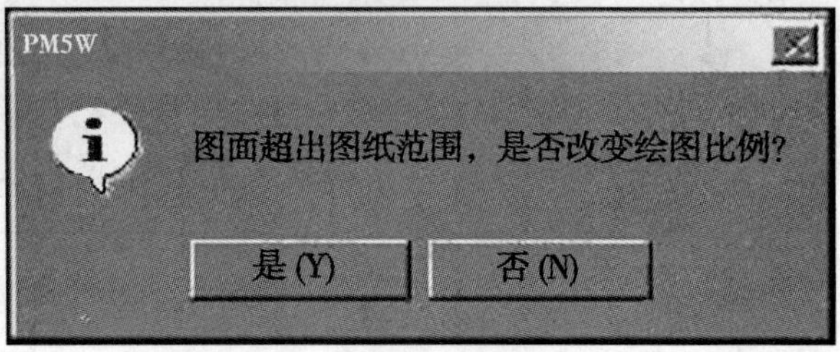

图 3-2-16

3.2.2　标注

3.2.2.1　标注轴线

在图 3-2-19 菜单中单击“标注轴线”→“交互标注”按钮。

图 3-2-20 命令提示区提示点取起始轴线。

用光标单击第一条轴线后，图 3-2-21 命令提示区提示点取终止轴线。

用光标单击所要标注的最后一条轴线后，图 3-2-22 所示命令提示区提示去掉不标的轴线，如没有不需标注的轴线，单击鼠标右键或回车，弹出如图 3-2-23 所示对话框。

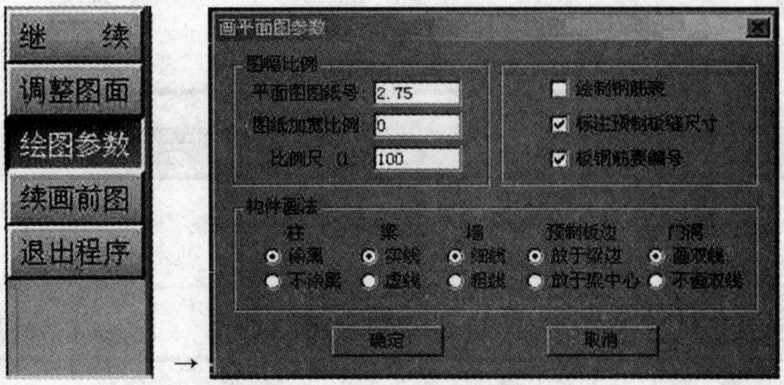

图 3-2-17

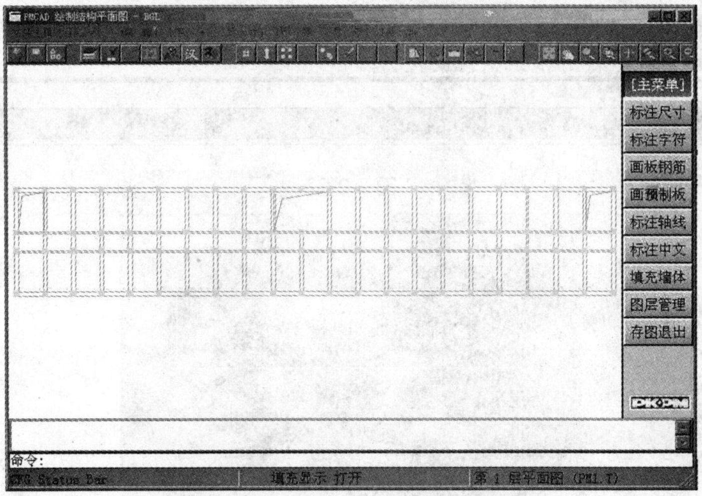

图 3-2-18

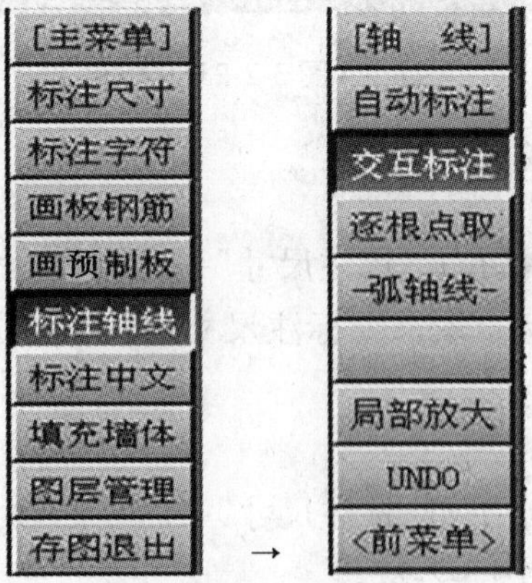

图 3-2-19

在对话框中选取标注参数后单击“确定”按钮，命令提示区提示指定起始画位置和尺寸线位置，分别指定位置如图 3-2-24 所示。

注：轴线标注根据实际情况还可以采用逐根点取、自动标注等方式。

图 3-2-20

图 3-2-21

图 3-2-22

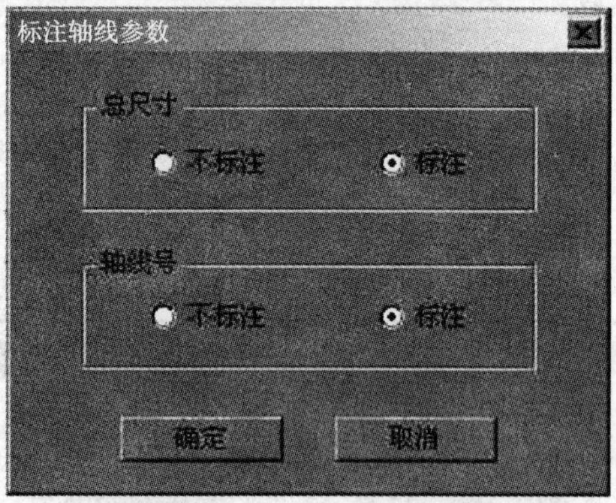

图 3-2-23

3.2.2.2　标注尺寸

1）柱尺寸

在如图 3-2-25 所示菜单中单击“标注尺寸”→“注柱尺寸”按钮。

命令提示区提示移动光标点取需要标注尺寸的柱，如图 3-2-26 所示，用光标点取柱，则该柱标注完成。

2）梁尺寸

在如图 3-2-25 所示菜单中单击“标注尺寸”→“注梁尺寸”按钮，用与柱尺寸标注类似的操作完成梁尺寸的标注，见图 3-2-27。

3）楼面标高

在如图 3-2-25 所示菜单中单击“标注尺寸”→“楼面标高”按钮，在如图 3-2-28 所示对话框中输入标高值“3.840”，单击“确定”按钮。

在图面要标注标高的位置单击鼠标左键，标注好的标高见图 3-2-29。

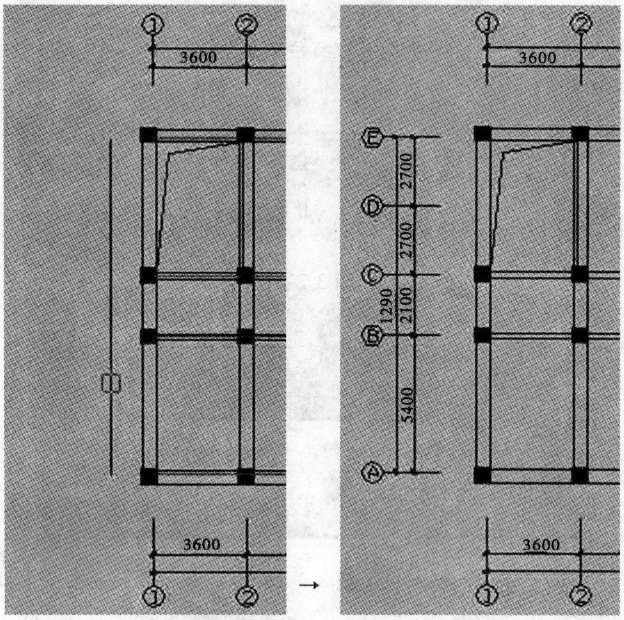

图 3-2-24

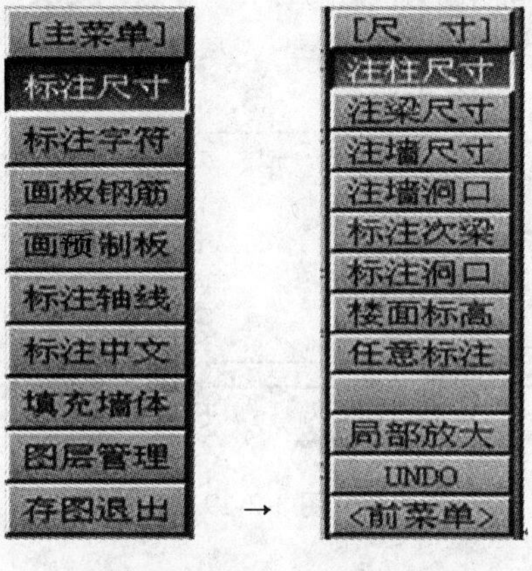

图 3-2-25

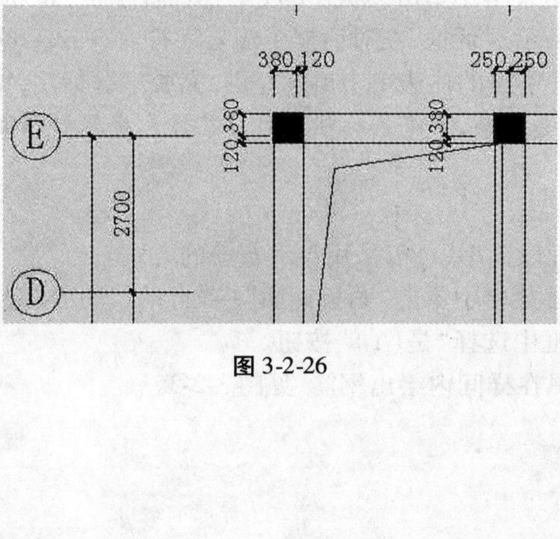

图 3-2-26

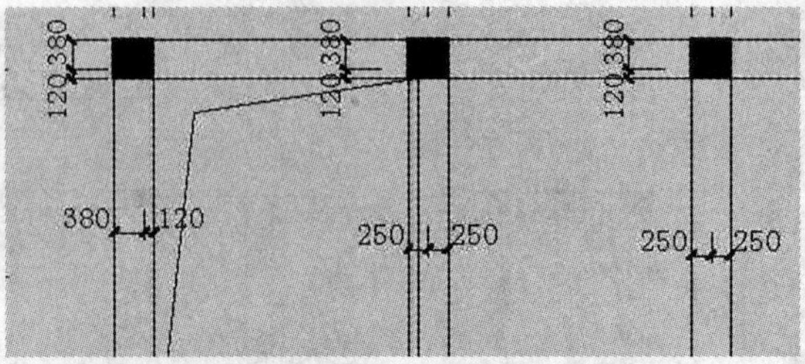

图 3-2-27

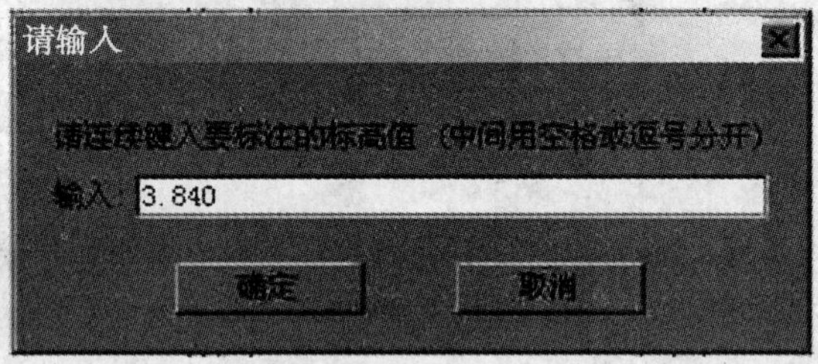

图 3-2-28

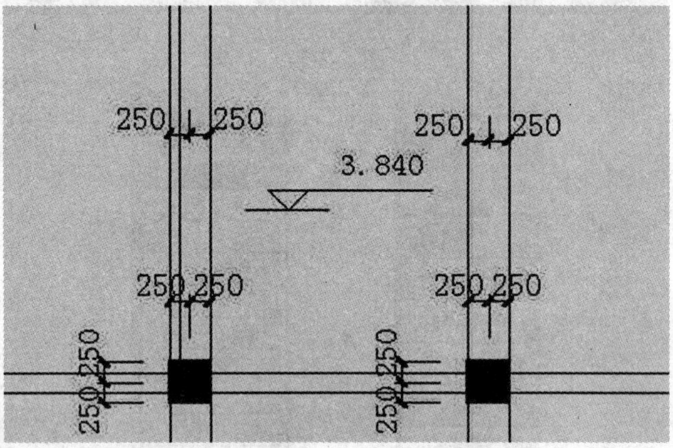

图 3-2-29

3.2.2.3　**标注字符**

在如图 3-2-30 所示菜单中单击“标注字符”→“注柱字符”按钮。

弹出如图 3-2-31 所示对话框，在对话框中输入字符内容“Z－1”，单击“确定”按钮。

在图面上在要标注字符的柱边单击鼠标左键，完成字符标注，见图 3-2-32。

注：其他构件字符标注略，字符的标注也可以在图形编辑打印菜单中补充。

3.2.2.4　**画板钢筋**

1）自动布筋

该设计房间的平面较简单，可以采用自动布筋的方式。

在如图 3-2-33 所示菜单中单击“画板钢筋”→“自动布筋”按钮。

在图 3-2-34 对话框中选择“是（Y）”按钮。

配筋相同的房间只在样间内绘出钢筋，见图 3-2-35。

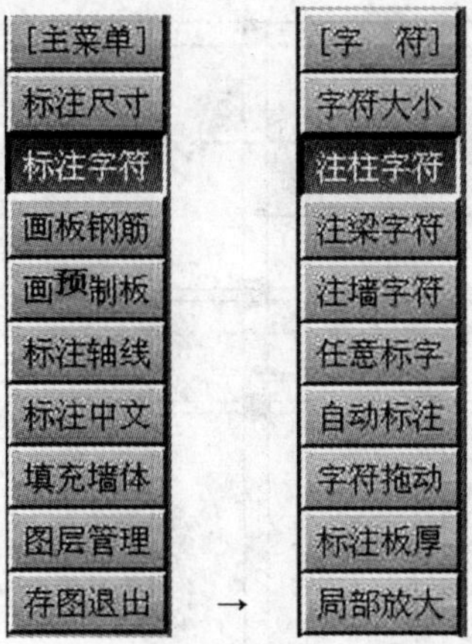

图 3-2-30

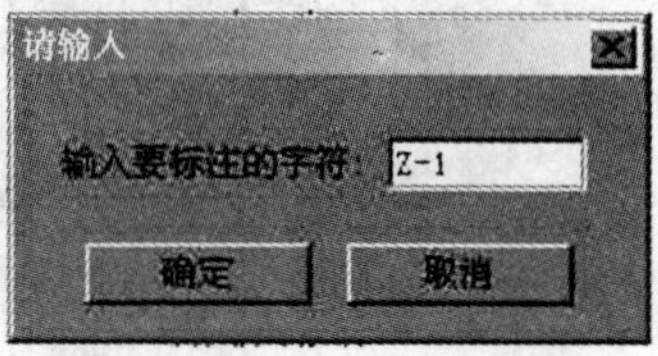

图 3-2-31

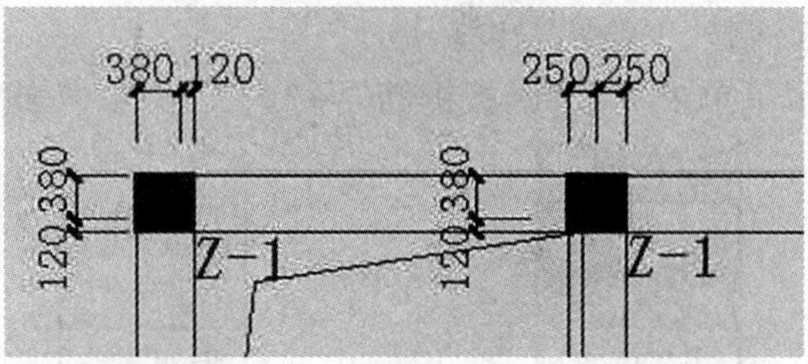

图 3-2-32

图 3-2-33

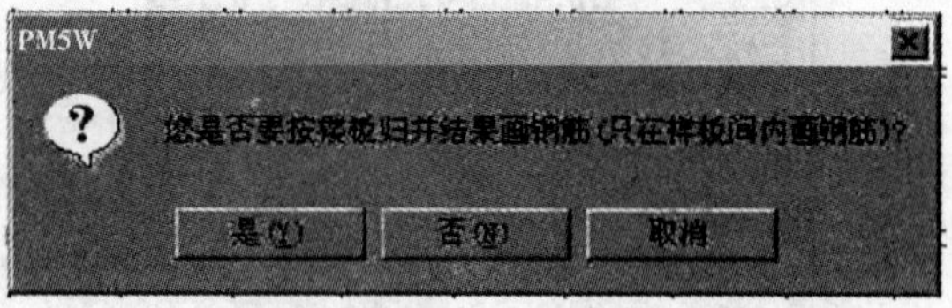

图 3-2-34

2)逐间布筋

如果自动布筋图面较乱,不能得到很好的绘图效果,可以采用“逐间布筋”的方式。

在如图 3-2-36 所示菜单中单击“画板钢筋”→“逐间布筋”按钮。

单击要布置钢筋的房间,该房间的钢筋自动绘制在图面上。

3)人工布筋

如果逐间布筋仍然不能得到很好的绘图效果,可以采用“人工布筋”的方式,人工布

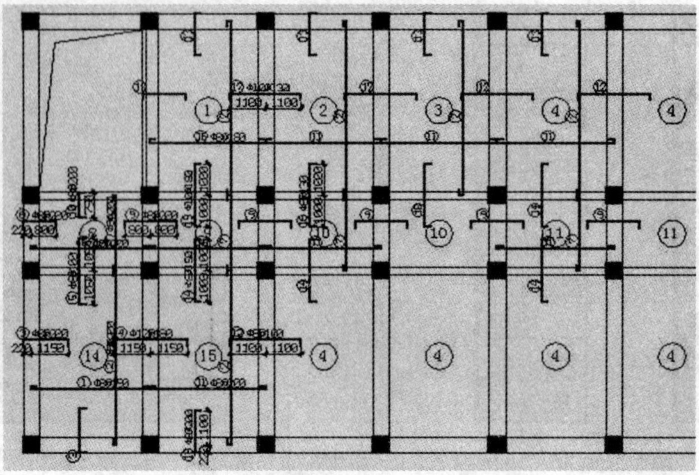

图 3-2-35

筋的优点是可以使图面清楚，但绘图速度较慢。

在如图 3-2-37 所示菜单中单击“画板钢筋”→“人工布筋”按钮。

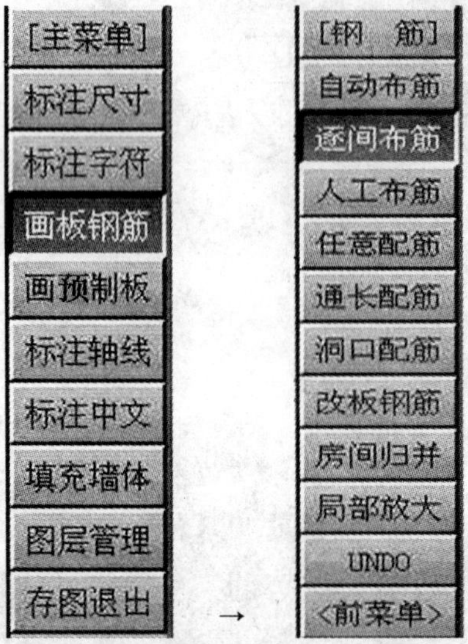

图 3-2-36

图 3-2-37

图 3-2-38 所示命令提示区提示指定需标注钢筋的房间。

图 3-2-38

单击要标注钢筋的房间后，依次在适当位置标注板底和支座钢筋，见图 3-2-39。

板钢筋绘制除以上几种方式外，还有“任意配筋”、“通长配筋”等方式。“任意配筋”可以将程序未计算出配筋的房间，用人工输入的方式绘制钢筋，“通长配筋”可以将两个

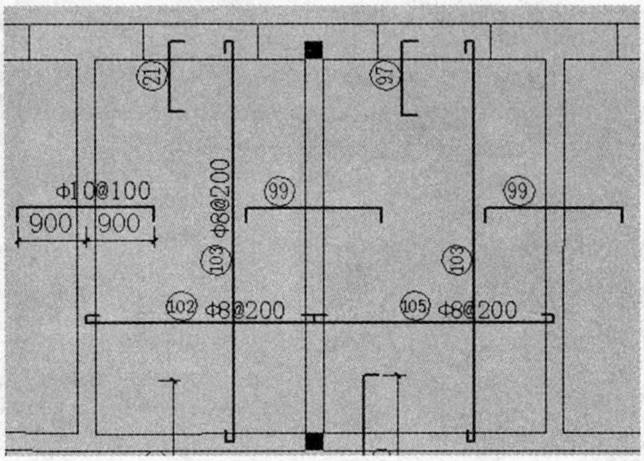

图 3-2-39

或两个以上的房间钢筋连通配置,“通长配筋”取相邻房间计算最大的配筋面积连通。

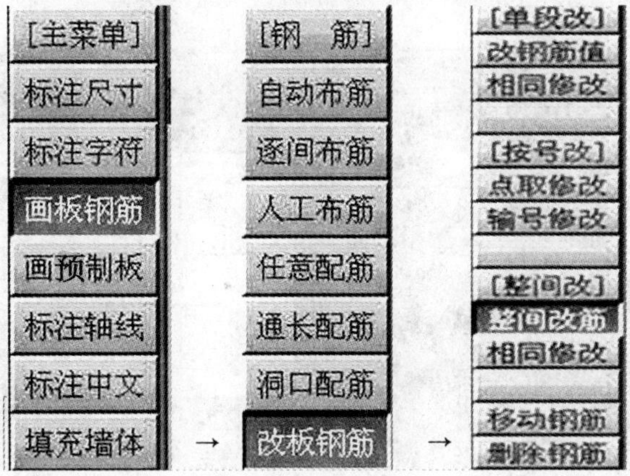

图 3-2-40

3.2.2.5 改板钢筋

在如图 3-2-40 所示菜单中单击“画板钢筋”→“改板钢筋”按钮,进入钢筋修改主菜单。在钢筋修改主菜单中,可以进行板钢筋直径及间距修改,也可以进行钢筋长度修改,可以对单根钢筋修改,也可以对整个房间进行修改。对位置不合理的钢筋可以移动,也可以对钢筋进行删除。

下面以“整间改筋”为例说明钢筋修改操作。在如图 3-2-40 所示菜单中单击“画板钢筋”→“改板钢筋”→“整间改筋”按钮,图 3-2-41 所示命令提示区提示选择要修改钢筋的房间。

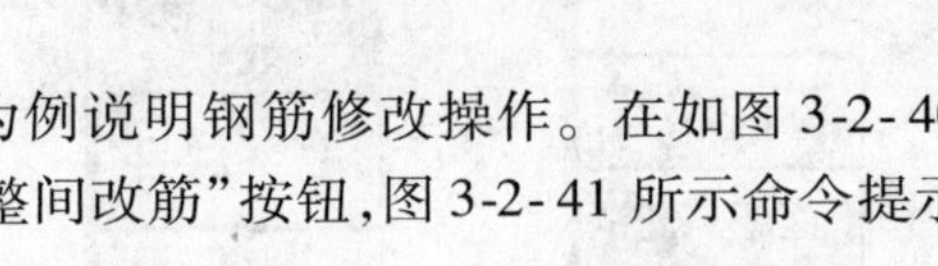

图 3-2-41

用鼠标单击需要修改钢筋的房间,即弹出如图 3-2-42 所示钢筋修改对话框。

在对话框中输入修改后钢筋的直径间距,单击对话框顶部“左长度和右长度”按钮。

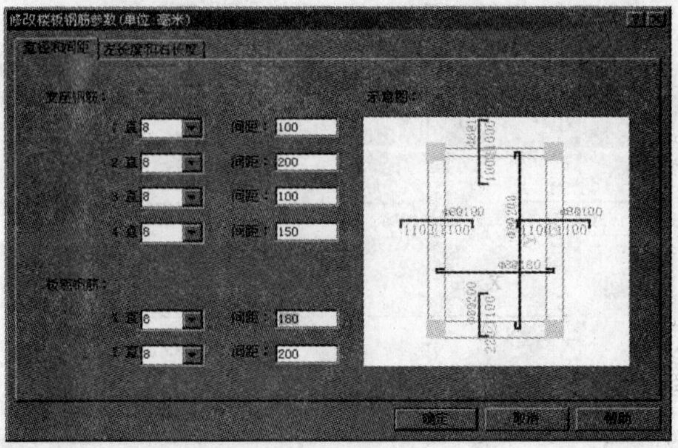

图 3-2-42

在图 3-2-43 对话框中输入修改后的钢筋长度参数,单击“确定”按钮,完成该房间的钢筋修改。

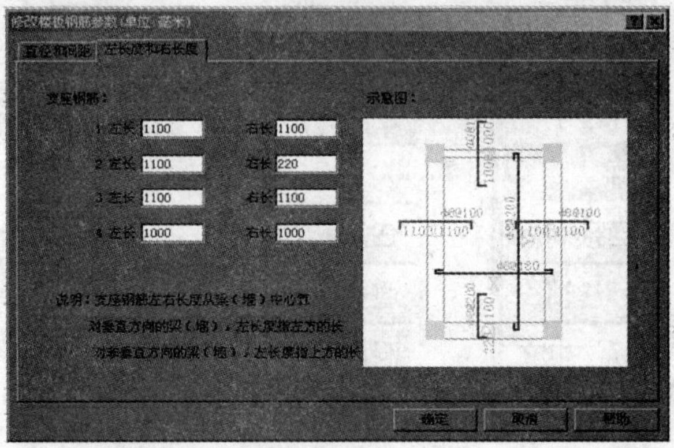

图 3-2-43

3.2.2.6　标注中文

在如图 3-2-44 所示菜单中单击“标注中文”→“写图名”按钮。

图 3-2-44

按如图 3-2-45 所示命令提示，在图面中选择适当位置单击鼠标左键，将图名标注在图中。

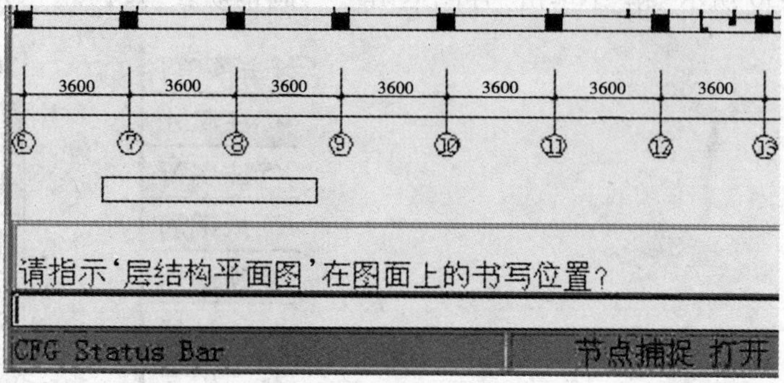

图 3-2-45

标注图名后如图 3-2-46 所示。

单击如图 3-2-47 所示屏幕工作区顶部下拉菜单“字符”→“点取修改”按钮。

用鼠标单击图名“层结构平面图”，弹出如图 3-2-48 所示修改对话框。

将字符内容改为“一层结构平面图”，单击“确定”按钮，完成图名修改，如图 3-2-49 所示。

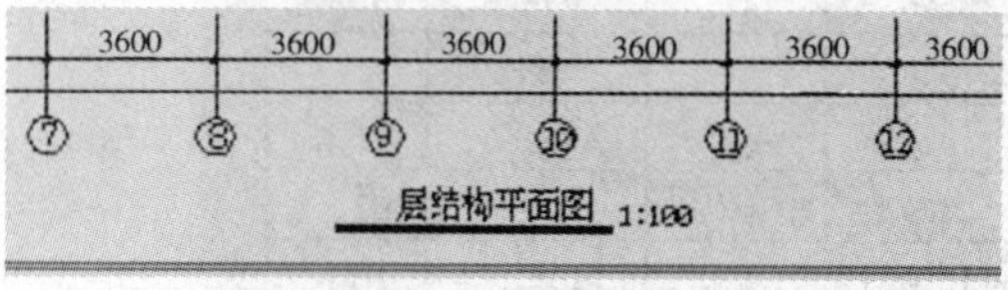

图 3-2-46

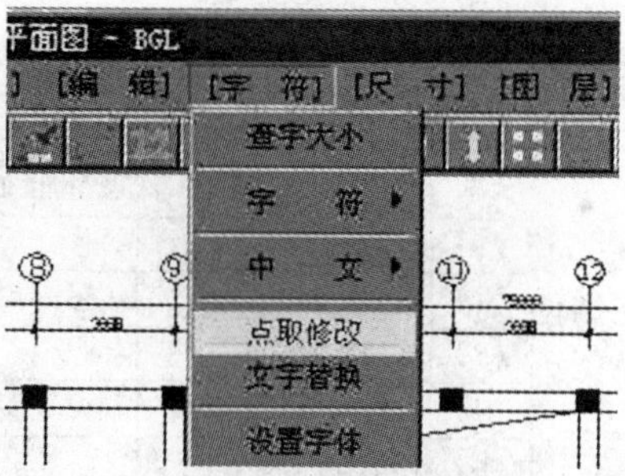

图 3-2-47

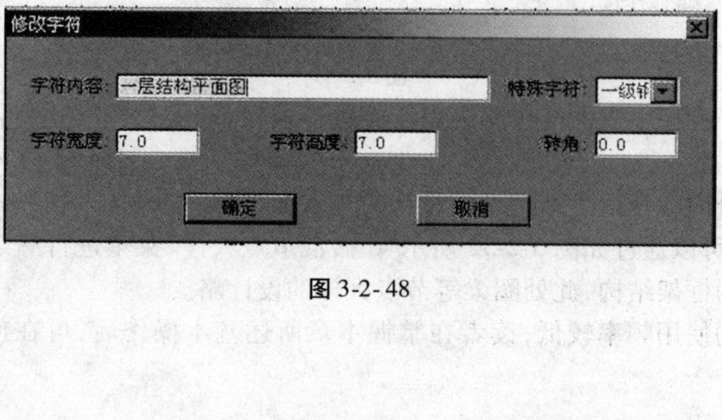

图 3-2-48

3.2.3 存图退出

在如图 3-2-50 所示菜单中单击“存图退出”→“画钢筋表”按钮。

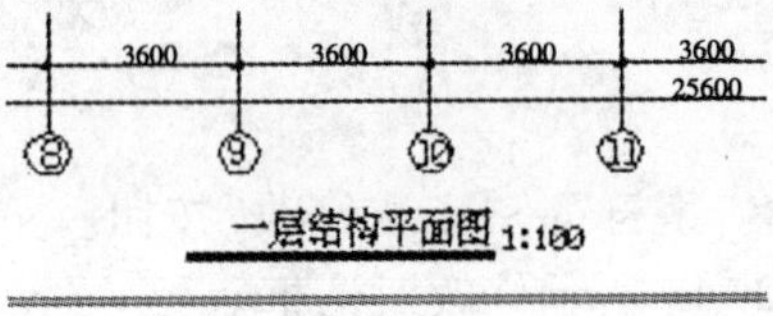

图 3-2-49

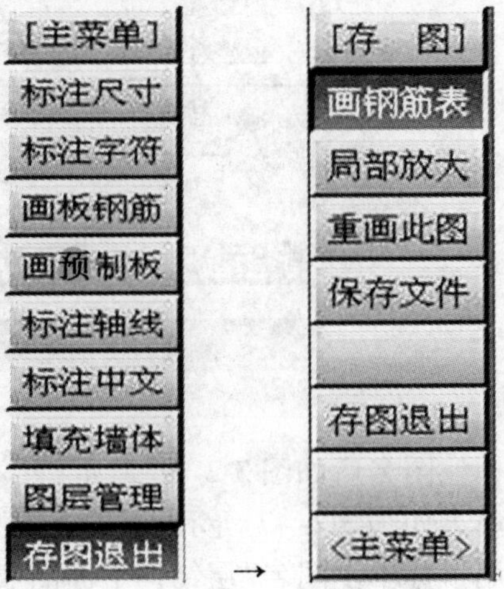

图 3-2-50

在图面中选择适当位置，将楼板钢筋表绘制于图中，见图 3-2-51。

楼板钢筋表

编号	钢筋简图	规格	最短长度	最长长度	根数	总长度	重量
①	3425	Φ8	3525	3525	41	144525	57.0
②	4925	Φ8	5025	5025	17	85425	33.7
③	80 1050	Φ8	1210	1210	152	183920	72.6
④	80 1900	Φ10	2060	2060	49	100940	62.2
⑤	80 1350	Φ8	1510	1510	12	18120	7.1
⑥	2700	Φ8	2800	2800	43	120400	47.5
⑦	6425	Φ6	6501	6501	9	58509	13.0
⑧	80 2650	Φ10	2810	2810	8	22480	13.9
⑨	80 2200	Φ12	2360	2360	43	101480	90.1
⑩	80 1400	Φ8	1560	1560	14	21840	8.6

图 3-2-51

一般情况下程序生成的楼板钢筋表需要进行核对，如楼板钢筋表有错误应人工加以修改。

本章前部分内容介绍了结构平面设计的基本操作，通过以上工作基本满足一般工程的结构设计，还可以通过如图 3-2-52 所示“6 砖混节点大样”菜单进行圈梁的设计绘图。

因本工程为框架结构，此处圈梁等节点大样的设计略。

其他菜单的使用频率较低，读者在掌握本章所述基本操作后，可在使用过程中逐渐体会。

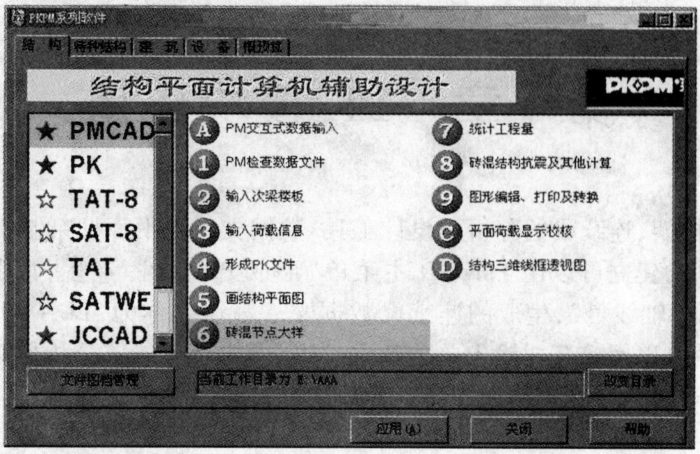
结构平面计算机辅助设计
PKPM
★ PMCAD
★ PK
☆ TAT-8
☆ SAT-8
☆ TAT
☆ SATWE
★ JCCAD
A PM交互式数据输入
1 PM检查数据文件
2 输入次梁楼板
3 输入荷载信息
4 形成PK文件
5 画结构平面图
6 砖混节点大样
7 统计工程量
8 砖混结构抗震及其他计算
9 图形编辑、打印及转换
C 平面荷载显示校核
D 结构三维线框透视图
关闭
帮助

图 3-2-52

第 4 章　PK 模块应用

PK 模块是框架、连续梁的分析及设计工具，数据文件由平面杆系结构数据组成。PK 模型及数据文件的建立可以由 PMCAD 主菜单“形成 PK 文件”产生，其生成的数据文件默认名称为“PK－轴线号”，生成的连续梁数据文件默认名称为“LL－＊”；PK 模型及数据文件的建立也可以由交互式输入单独建立。PK 模块不仅能够分析框架及连续梁体系的内力，还能够运用内力分析结果及材料参数进行配筋计算并绘图。

4.1　框架及连续梁计算模型的建立

框架及连续梁计算模型的建立主要有两种方式：一种方式是可以单独建立网格，进行梁、板、柱的定义和布置，形成模型；另一种方式是利用结构平面设计“★PMCAD”与“★PK”的接口，从第 3 章的模型中生成框架及连续梁的计算模型。下面以第二种方式为例说明设计过程。

4.1.1　利用“★PMCAD”与“★PK”的接口形成框架计算模型

在图 4-1-1 窗口中选取“结构”、“★PMCAD”，置当前的工作目录为“AAA”，双击“4 形成 PK 文件”按钮。

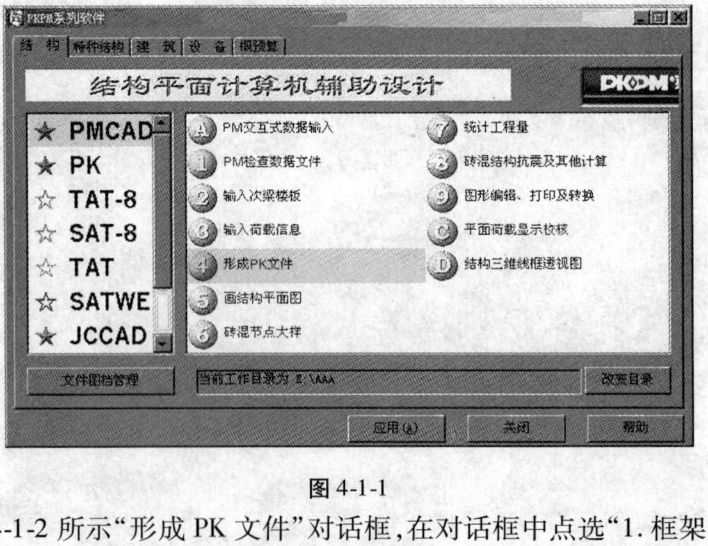

图 4-1-1

弹出如图 4-1-2 所示“形成 PK 文件”对话框，在对话框中点选“1. 框架生成”按钮。

单击如图 4-1-3 所示菜单的“风荷载”按钮，在风荷载定义对话框中输入计算参数，单击“确定”按钮。风荷载的参数定义参照相应的荷载规范。

视图工作区显示风荷载体形系数参数，检查无误后，在如图 4-1-4 所示命令对话框中回答“正确”。

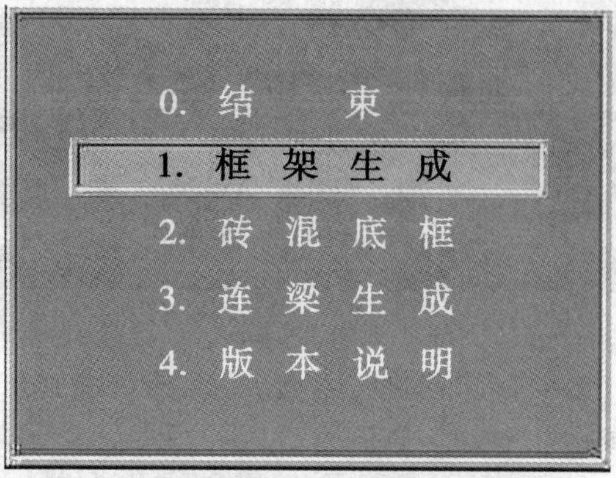

图 4-1-2

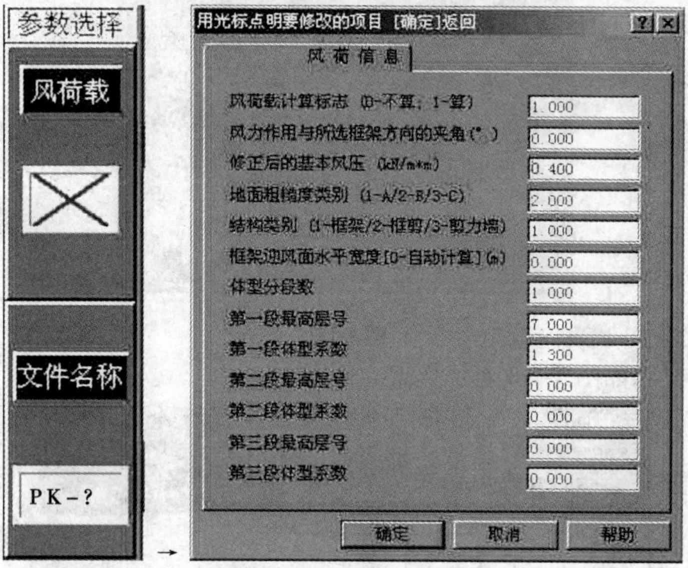

图 4-1-3

图 4-1-4

如图 4-1-5 所示，视图工作区提示输入要计算框架的轴线号，或按[Tab]键采用节点选择的方式生成框架。

图 4-1-5

在对话框中输入轴线号“9”，单击鼠标左键，则视图工作区显示“本榀框架各层迎风面水平宽度(m)”，如图 4-1-6 所示。

图 4-1-6

检查后如有错误按[Esc]键返回进行参数修改,如正确则单击鼠标左键继续,在如图 4-1-7所示对话框中单击“0. 结束”按钮。

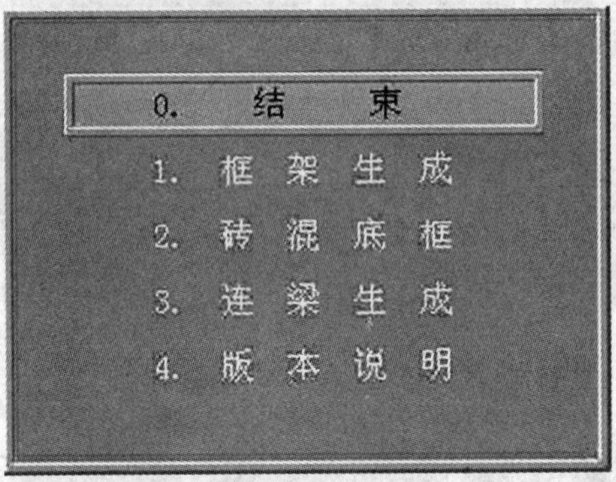

图 4-1-7

视图工作区显示如图 4-1-8 所示框架立面图。

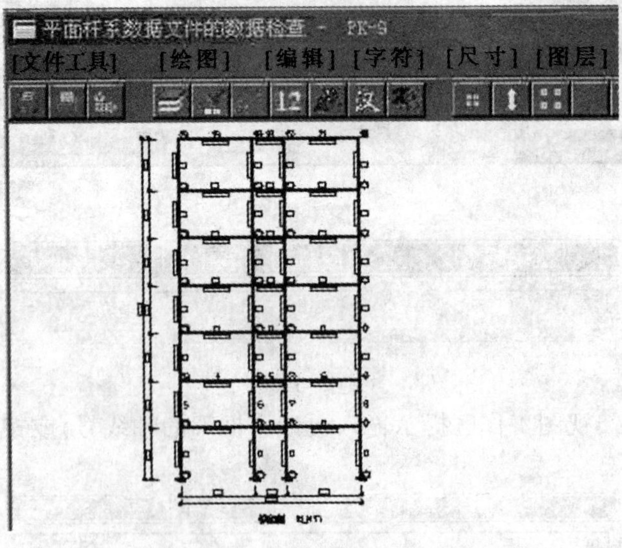

图 4-1-8

底部命令提示区显示生成的框架数据文件名为“PK－9”,见图 4-1-9,该文件名应记住,以便在“PK”框架计算时调用。

对生成的框架检查无误后,单击 4-1-10 菜单中“正确”按钮。

图 4-1-9

图 4-1-10

视图工作区显示如图 4-1-11 所示框架恒荷载计算简图。

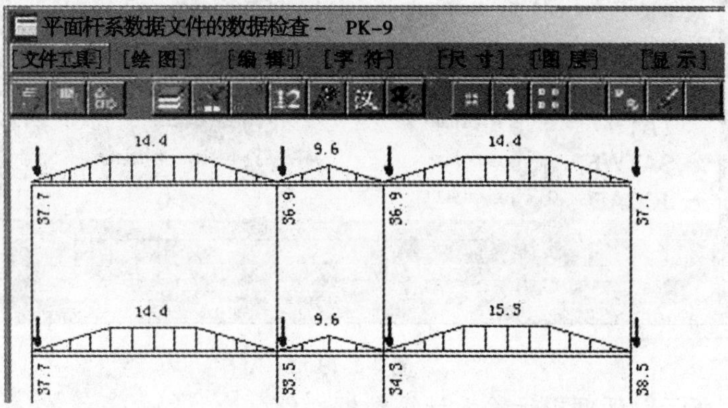

图 4-1-11

对生成的框架恒荷载数据进行检查无误后,单击图 4-1-10 菜单中“正确”按钮。

视图工作区显示如图 4-1-12 所示框架活荷载计算简图。

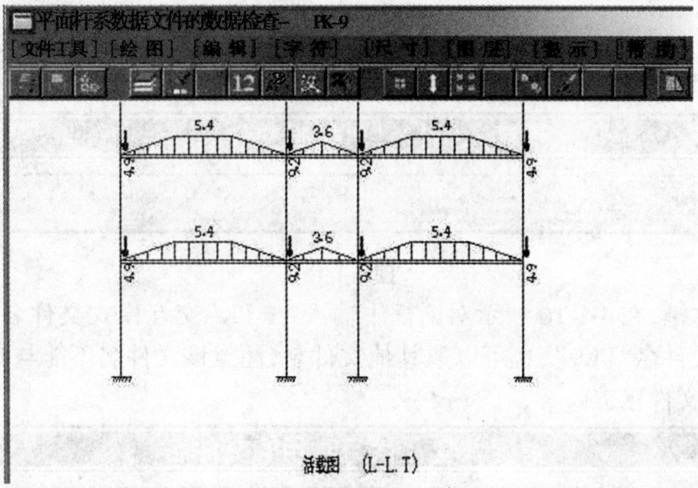

图 4-1-12

对生成的框架活荷载数据经检查无误后,单击 4-1-10 菜单中“正确”按钮。

视图工作区显示左风荷载计算简图,检查无误后单击“正确”按钮,显示右风荷载计算简图,检查无误并单击“正确”按钮,程序完成该榀框架“PK”数据文件的生成。

4.1.2　PK 结构数据交互输入

在图 4-1-13 窗口中选取“结构”、“★PK”，置当前的工作目录为“AAA”，双击“A PK 结构数据交互输入”按钮。

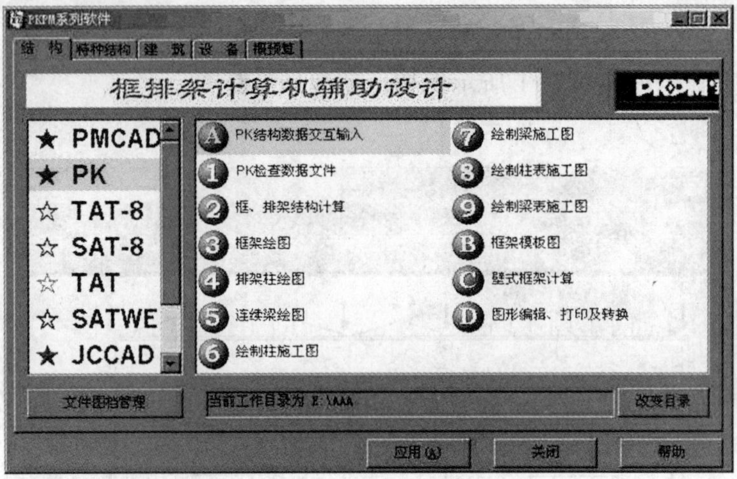

图 4-1-13

如图 4-1-14 所示对话框提示输入计算数据文件名。

图 4-1-14

为了将在“★PMCAD”中生成的数据文件转换成“★PK”交互模式，按[Tab]键，在图 4-1-15所示对话框中输入生成的数据文件名“PK－9”。

图 4-1-15

单击鼠标左键，在 4-1-16 所示对话框中输入“★PK”交互模式文件名，此处按个人习惯取交互模式文件名“PK9”，也可以取其他文件名，注意该文件名不能与其他已有文件同名，以免将其他文件覆盖。

图 4-1-16

单击鼠标左键后，程序进入“★PK”数据文件交互模式工作状态，如 4-1-17 所示。

单击图 4-1-17 菜单中的“参数输入”按钮，弹出图 4-1-18 所示设计参数定义对话框。

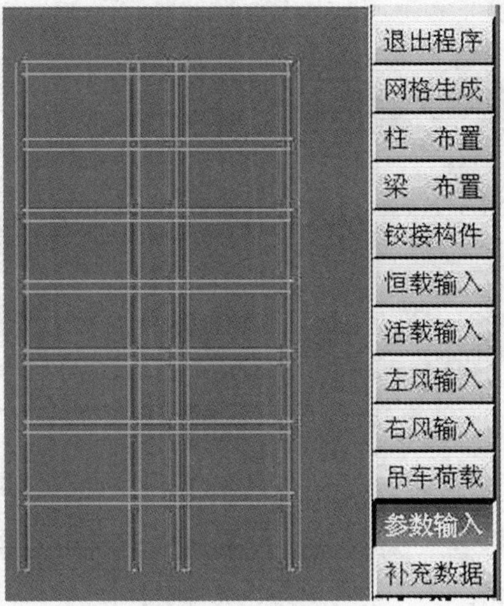

图 4-1-17

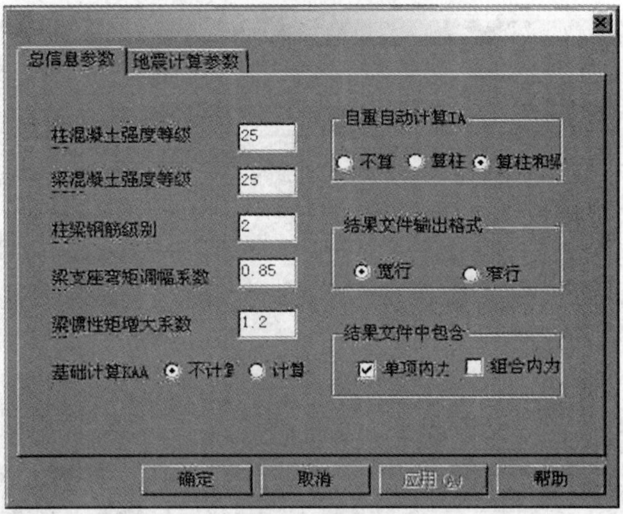

图 4-1-18

在对话框中按设计需要，输入材料等设计总信息参数后，单击对话框中的“地震计算参数”按钮，在图 4-1-19 所示对话框中，输入地震计算信息参数，单击“确定”按钮。

如果在“★PMCAD”结构模型建立时，对梁、柱断面定义不合理，可以应用图 4-1-20 菜单进行修改，此处对梁、柱断面的修改略。

荷载的计算关系到结构的安全，应该对生成数据文件的荷载详细核对，对不准确的荷载按下述方法进行修改定义。经对荷载的检查，生成的数据文件缺少框架梁上填充墙荷载，此处需要进行补充定义。

单击如图 4-1-20 所示“恒载输入”→“梁间恒载”按钮。

在弹出如图 4-1-21 所示的荷载输入对话框中选择荷载类型，并输入恒荷载数值。

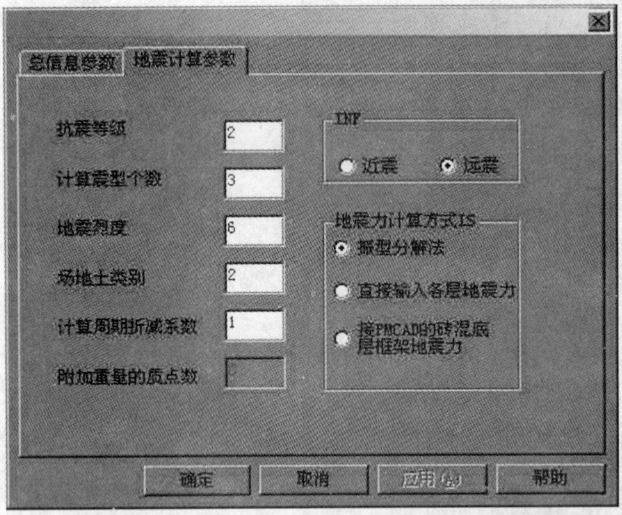

图 4-1-19

图 4-1-20

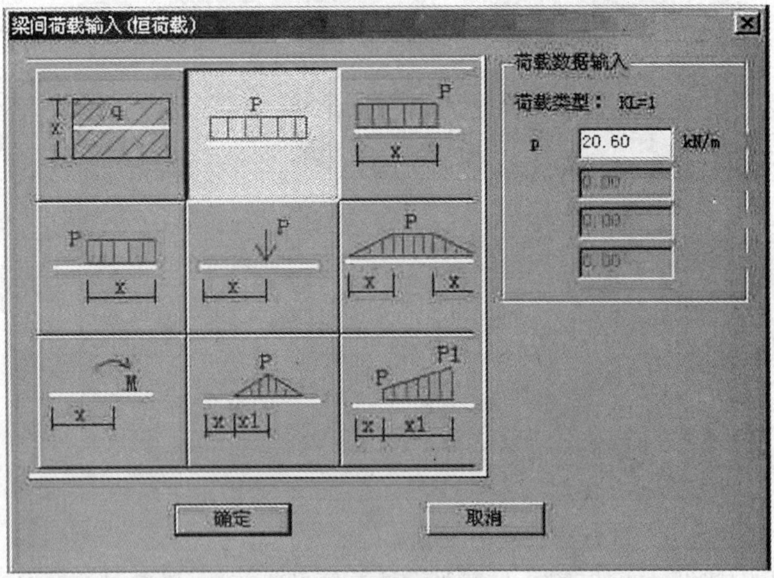

图 4-1-21

单击“确定”按钮，光标进入荷载布置状态。在需要补充布置荷载的梁所在网格上，单击鼠标左键完成布置。

按同样的方法完成活荷载等其他荷载的补充定义。

单击图 4-1-22 中“补充数据”→“基础参数”按钮。

在弹出如图 4-1-23 所示基础计算参数对话框中按设计需要输入参数，单击“确定”按钮。

在图 4-1-24 所示框架柱底部布置基础。

各种设计参数定义完成后，单击图 4-1-25 菜单的“退出程序”按钮，在确认提示对话

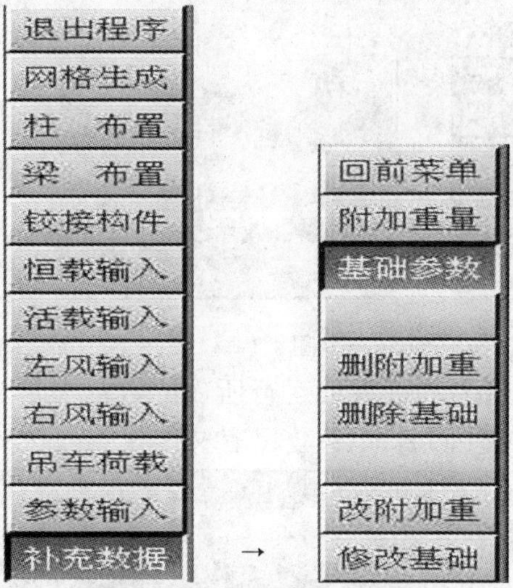

图 4-1-22

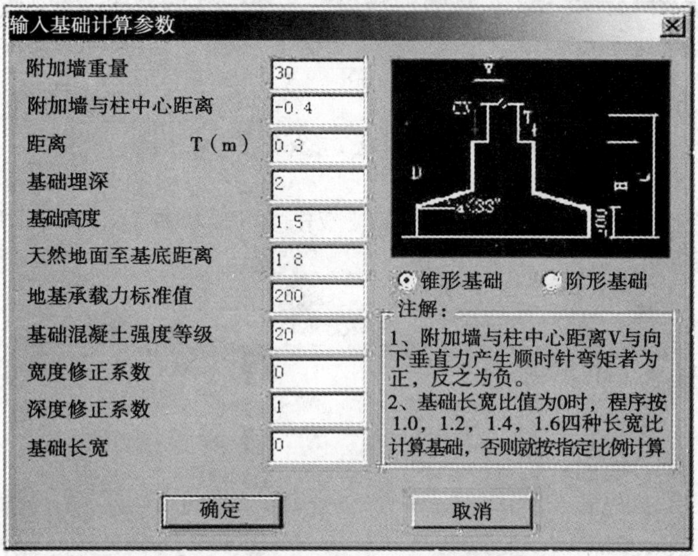

图 4-1-23

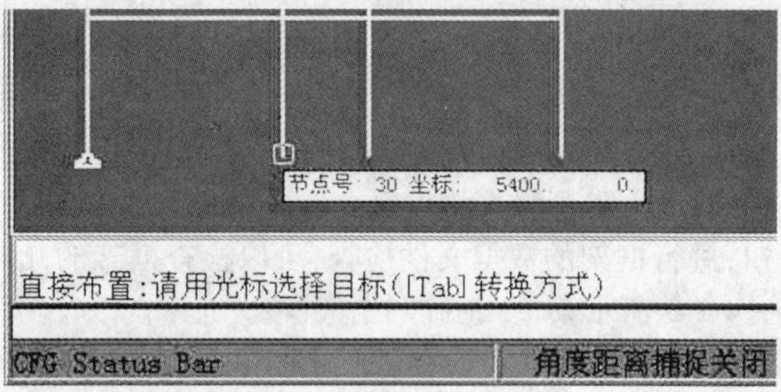

图 4-1-24

框中单击“退出程序”。

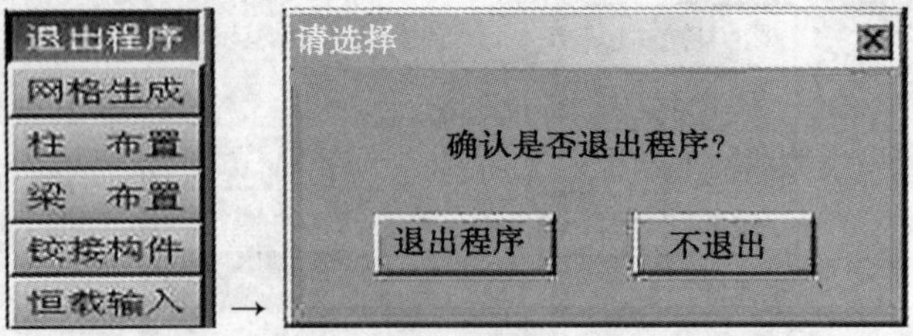

图 4-1-25

在图 4-1-26 对话框中输入程序继续运行所需的数据文件名,此文件名可自主定义,但应注意不要与其他已有文件同名,以免将已有文件覆盖,此处输入文件名为“PK91”。

图 4-1-26

4.2 PK 检查数据文件

在图 4-2-1 窗口中选取“结构”、“★PK”,双击“1 PK 检查数据文件”按钮。

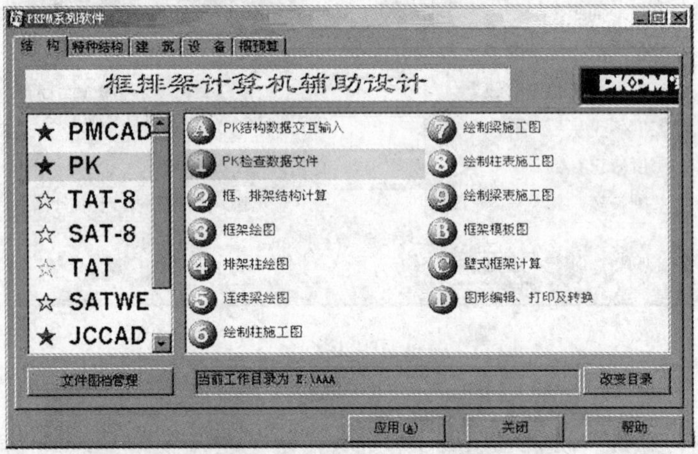

图 4-2-1

在图 4-2-2 对话框中输入需要检查的数据文件名“PK91”。

单击“打开”按钮,进行框架的数据文件检查,可以检查框架的几何参数等信息,经检查确定无误后单击图 4-2-3 所示菜单“正确”按钮。

依次检查恒荷载及活荷载,如有错误单击“错误”按钮,返回“A PK 结构数据交互输入”进行修改,如没有错误单击“正确”按钮,结束数据检查。

图 4-2-2

图 4-2-3

4.3　框、排架结构计算

在图 4-3-1 窗口中选取“结构”、“★PK”，双击“2 框、排架结构计算”按钮。

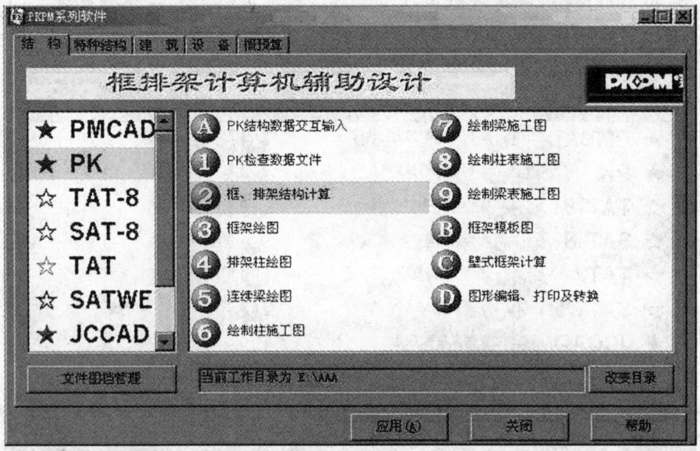

图 4-3-1

视图工作区提示计算结果将存入“PK11. OUT”文件，如不需修改文件名，则单击鼠标左键，如需要修改文件名，则在对话框中自定义文件名，为使计算结果便于管理和保存，此处定义文件名为“PK911”，见图 4-3-2。

图 4-3-2

本框架的计算数据将存入“PK911”文件中，此文件可以打印输出形成计算书。

图 4-3-3 所示计算内力图显示对话框，单击本对话框中的各按钮，可以查看各种相应的计算内力。内力图经检查无误后，单击“退出”按钮，结束框架内力及配筋计算。

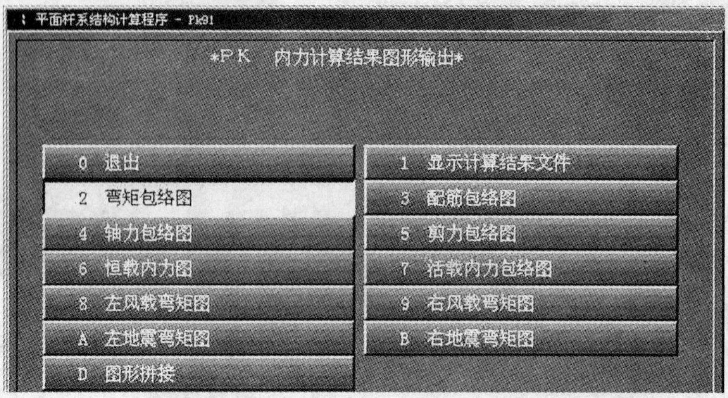

图 4-3-3

4.4　绘制框架施工图

在图 4-4-1 窗口中选取“结构”、“★PK”，双击“3 框架绘图”按钮。

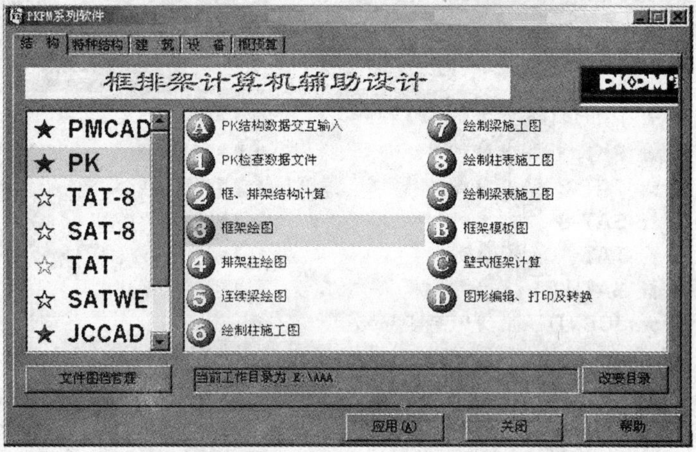

图 4-4-1

图 4-4-2 所示对话框中有多个选项，因为此处是首次开始绘图，目录中还没有建立绘图数据文件，所以应选择“1. 人机交互方式建立绘图数据文件”。

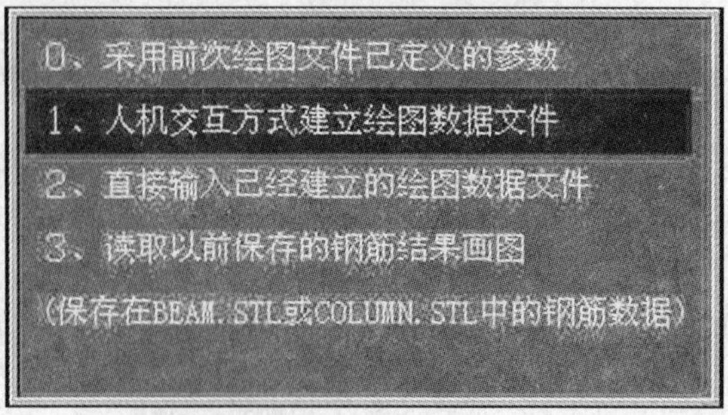

图 4-4-2

在图 4-4-3 所示对话框中输入各种参数,单击“确定”按钮。

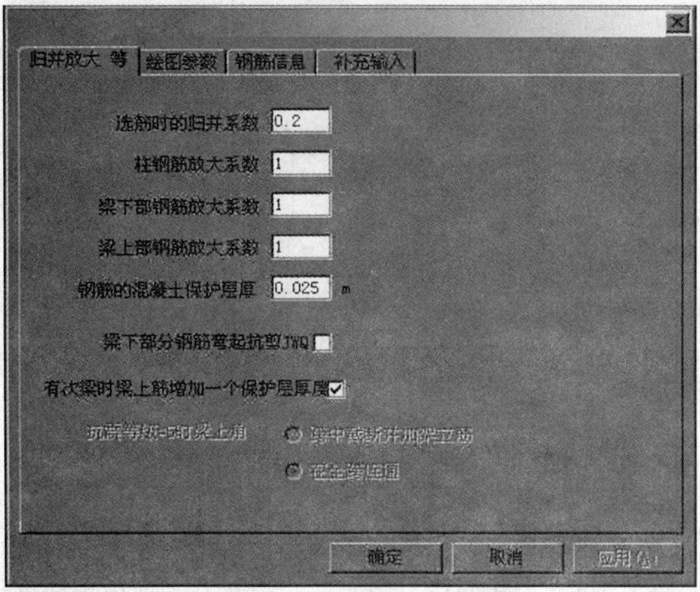

图 4-4-3

在图 4-4-4 所示对话框中定义本榀框架绘图数据文件名,此处定义文件名为“KJ09”,以后便将绘制的图形存储在名为“KJ09. T”的文件中,框架立面图形编号为“KJ09”。

图 4-4-4

在图 4-4-5 所示对话框中,单击“1. 改柱纵向钢筋”按钮。

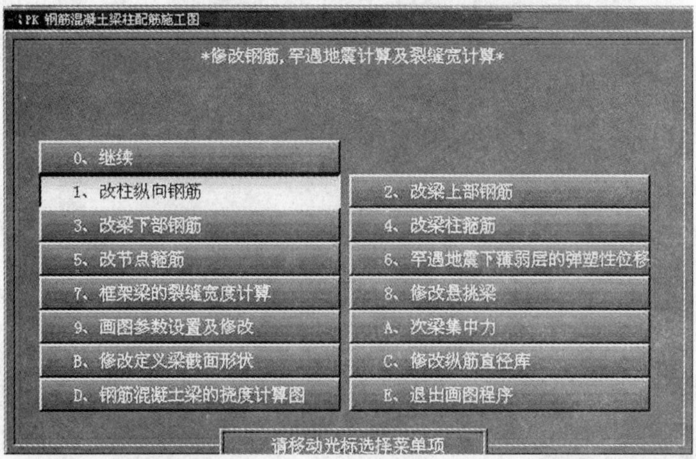

图 4-4-5

在图 4-4-6 视图区内显示出柱断面平面内的配筋，可以通过主菜单对钢筋进行修改。

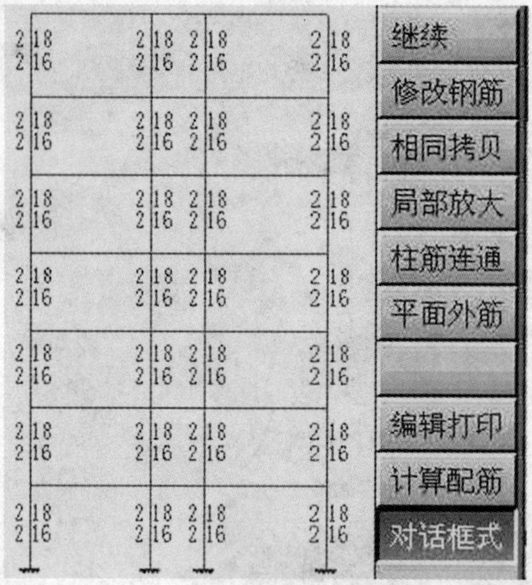

图 4-4-6

单击菜单中“修改钢筋”、“相同拷贝”按钮，可以对柱平面内钢筋进行快捷修改。平面内钢筋修改完成后，单击“平面外筋”可以进行柱断面平面外钢筋的修改，单击“柱筋连通”可以将柱内钢筋定义为不在梁标高处截断，下面以“对话框式”修改为例说明钢筋修改操作。

单击“对话框式”按钮后，点击需要修改钢筋的柱段，弹出如图 4-4-7 所示柱钢筋修改对话框，此时可以对柱主筋进行修改。

在对话框中输入修改后的钢筋根数、直径等参数，单击图 4-4-7 对话框顶部“柱箍筋”按钮。

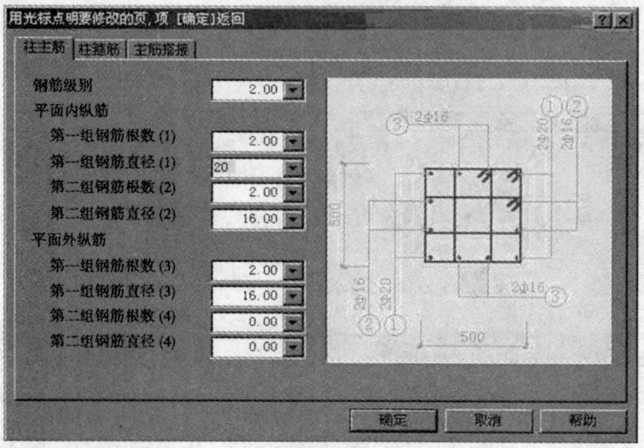

图 4-4-7

在如图 4-4-8 所示柱箍筋修改对话框内，输入箍筋参数完成箍筋修改，单击对话框顶部“主筋搭接”按钮，用同样的方法进行柱钢筋搭接方式的定义。单击“确定”按钮完成柱钢筋的修改。

可以根据设计需要依次进行“改梁上部钢筋”、“改梁下部钢筋”、“改梁柱箍筋”、“改

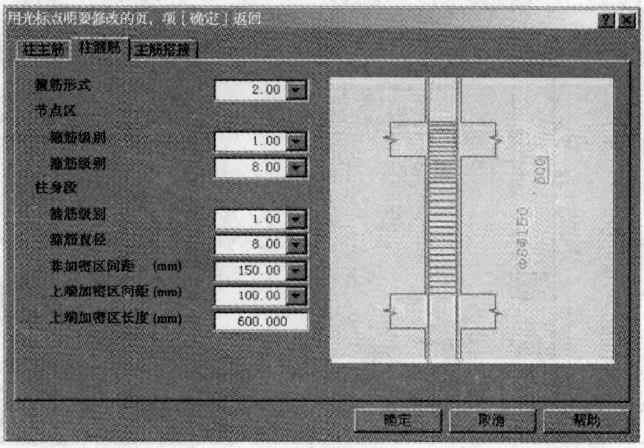

图 4-4-8

节点箍筋”等操作。

单击图 4-4-5 对话框中的“7. 框架梁的裂缝宽度计算”按钮，工作区显示框架梁裂缝宽度计算结果，如图 4-4-9 所示。

对于裂缝较大的地方，可以通过修改钢筋等手段进行调整。

图 4-4-5 对话框中的各个按钮不必全执行，可根据设计需要而定，当按设计需要完成必要的各项操作后，单击“继续”按钮，在如图 4-4-10 所示对话框中单击“归并”按钮，可

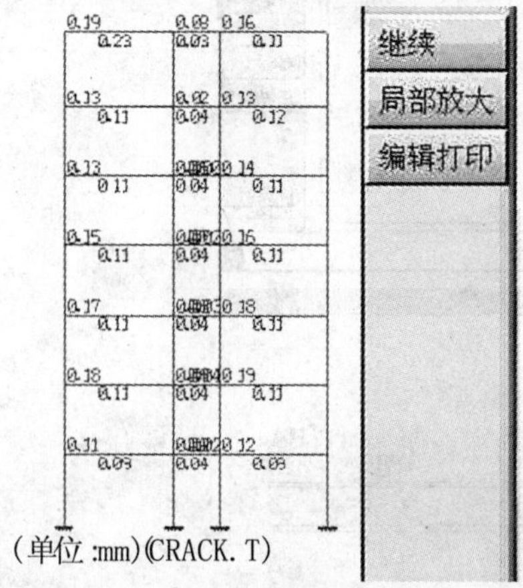

图 4-4-9

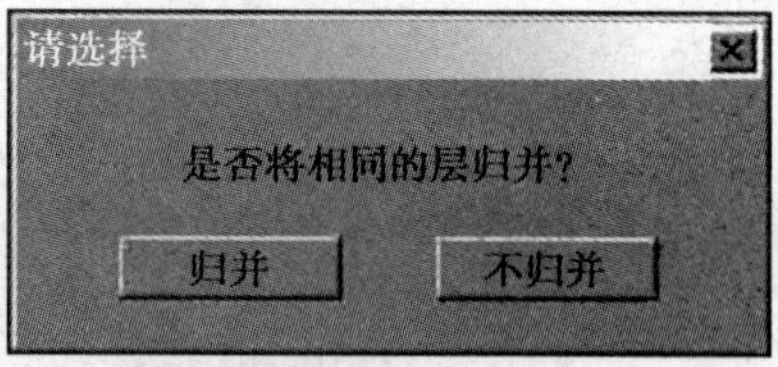

图 4-4-10

将框架相同的层归并到一层绘制，以节约图面。进入到如图 4-4-11 所示框架绘图工作状态。

利用右侧主菜单的“调整图面”按钮，移动各图块到合适位置后，单击“继续”按钮，进入框架绘图编辑状态，如图 4-4-12 所示，下部命令提示区显示该框架图文件名为“KJ09. T”。

按设计需要完成主菜单的“中文说明”等操作，并依次检查图形的轴线号和梁标高等是否正确后，单击“退出”按钮完成本张框架图的绘制，见图 4-4-13。

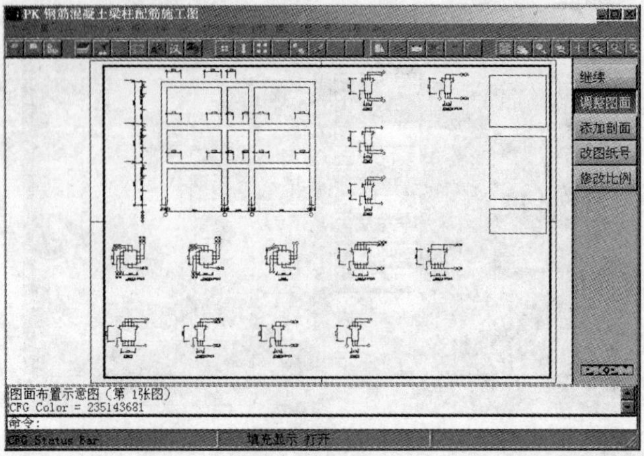

图 4-4-11

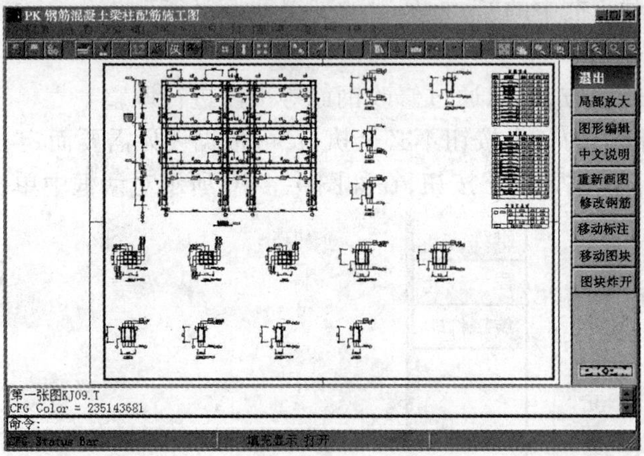

图 4- 4-12

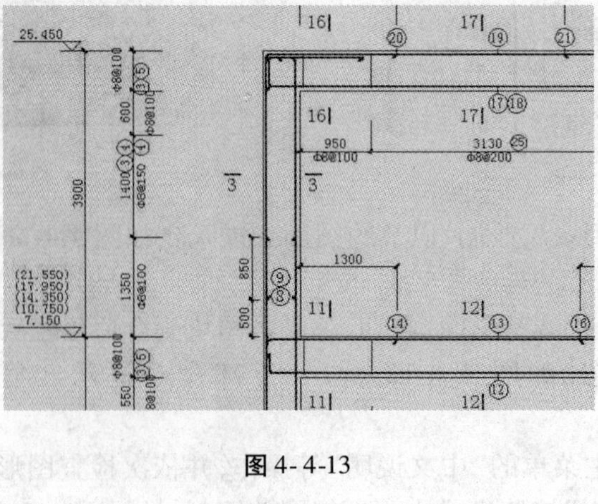

图 4- 4-13

4.5　绘制柱施工图

框架施工图除按整榀框架绘制外，还可以单独绘制柱施工图，也可以单独绘制梁施工图。

单击图 4-5-1 中的“6 绘制柱施工图”按钮。

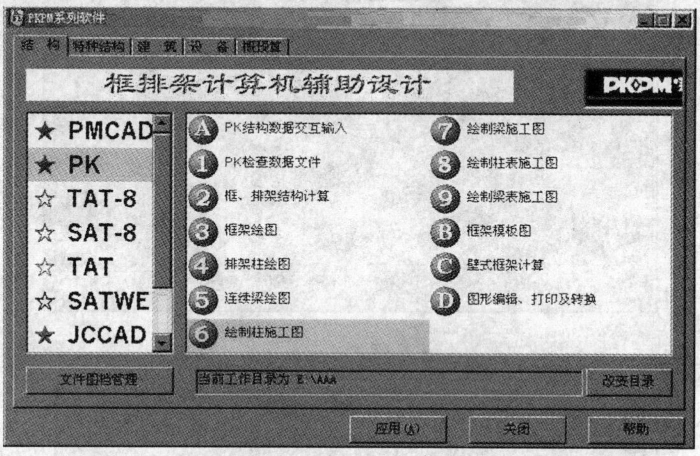

图 4-5-1

在如图 4-5-2 所示对话框中，单击选取“1. 人机交互方式建立绘图数据文件”。

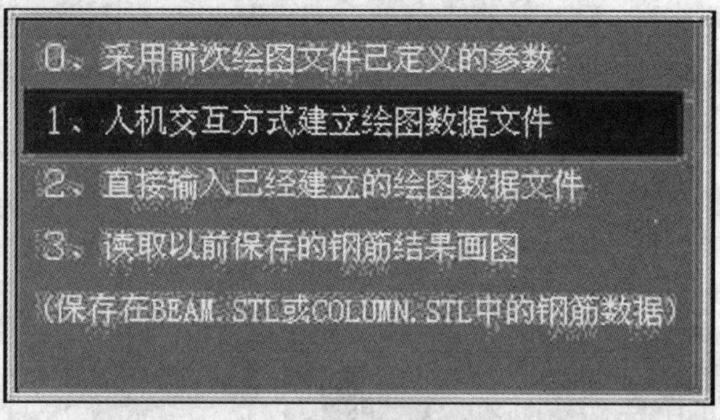

图 4-5-2

在如图 4-5-3 所示对话框中输入各种参数，单击“确定”按钮。

在如图 4-5-4 所示对话框中输入框架绘图数据文件名，此处定义文件名为“Z1”，则以后将要绘制的图形文件名为“Z1.T”。

在如图 4-5-5 所示对话框中，按前面所讲方法进行钢筋等修改定义，完成必要的各项操作后，单击“继续”按钮。

在如图 4-5-6 所示对话框中输入需要绘制的柱段数量。

单击鼠标左键，按如图 4-5-7 所示命令提示区提示，分别点取需要绘制的柱段。

在如图 4-5-8 所示对话框中输入该柱段名称，单击鼠标左键。

单击工作区右侧主菜单的“调整图面”按钮，移动各图块到合适位置后，单击“继续”按钮，进入框架柱绘图编辑状态，如图 4-5-9 所示，下部命令提示区显示该框架柱段图形

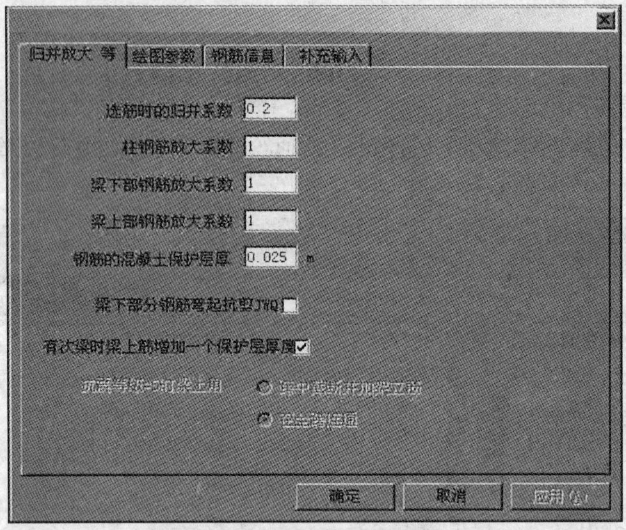

图 4-5-3

图 4-5-4

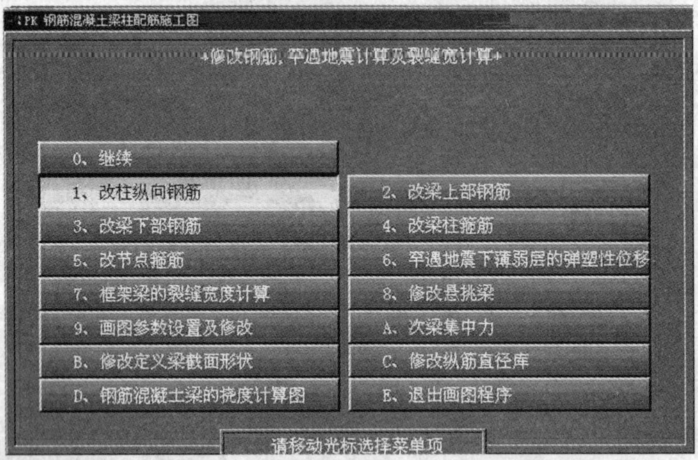

图 4-5-5

图 4-5-6

文件名为“Z1.T”。

按设计需要完成主菜单的“中文说明”等操作，单击“退出”按钮完成本张框架柱段施工图的绘制。绘制梁施工图方法参照绘制柱施工图完成，图 4-5-1 中其他菜单操作方法略。

图 4-5-7

图 4-5-8

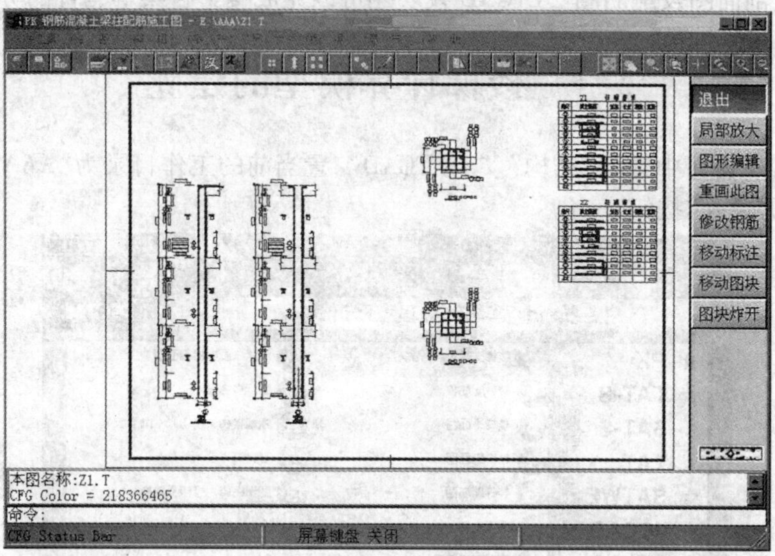

图 4-5-9

连续梁的生成及计算方法与框架的生成和计算方法相同。

第 5 章　LTCAD 模块应用

LTCAD 模块是一个集成了楼梯模型输入、结构受力分析、配筋计算及施工图绘制的楼梯专用设计系统。LTCAD 模块能够计算楼梯结构自重,并根据定义计算楼梯结构可变荷载。应用 LTCAD 可完成现浇钢筋混凝土楼梯的结构计算、配筋设计,并能够绘制楼梯平面布置图、剖面图及配筋图。LTCAD 模块还可以完成楼平台梁等构件的分析和绘图。

5.1　楼梯计算模型的建立

在图 5-1-1 窗口中选取“结构”、“☆LTCAD”,置当前的工作目录为“AAA”,双击“1 楼梯交互式数据输入”按钮。

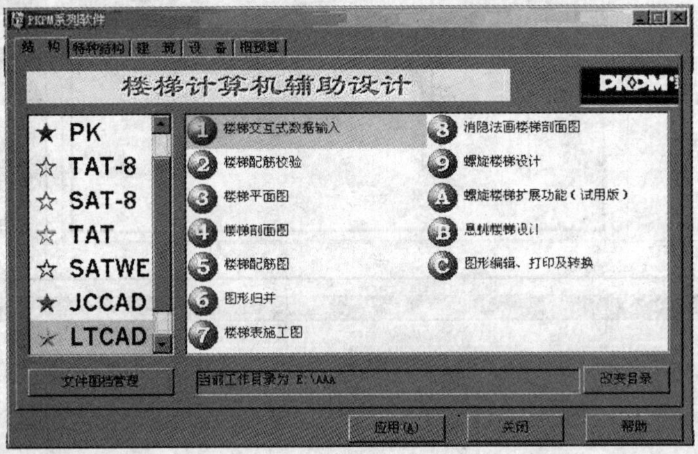

图 5-1-1

在如图 5-1-2 所示对话框中定义楼梯模型交互式输入文件名为“LT1”。

图 5-1-2

在如图 5-1-3 所示新旧文件提示对话框中回答“0”后单击鼠标左键。

图 5-1-3

在如图 5-1-4 所示对话框中定义层高等参数后,单击“确定”按钮。

单击图 5-1-5 菜单中“总信息”按钮,弹出总信息对话框,在“LTCAD 总信息 1”内输入绘图信息。

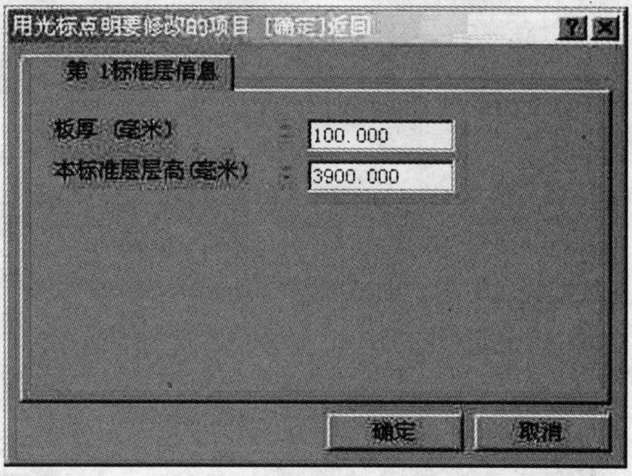

图 5-1-4

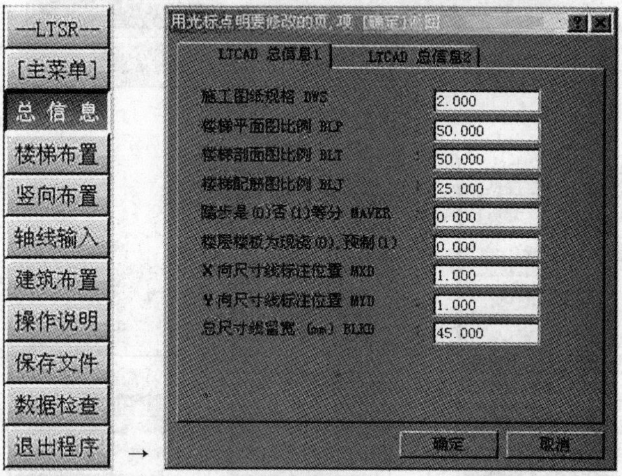

图 5-1-5

单击总信息对话框顶部的“LTCAD 总信息 2”按钮,根据设计需要在图 5-1-6 对话框中输入楼梯宽度等设计信息,单击“确定”按钮。

5.1.1　轴线输入

在如图 5-1-7 所示菜单中单击“轴线输入”→“直轴线”、“平行直线”按钮。

按[F4]键将角度捕捉控制打开,在视图工作区拉出一条垂直线,在图 5-1-8 对话框中输入复制间距,单击鼠标左键完成横轴输入。

用同样的方法进行水平轴线和梯梁轴线的绘制,将多余节点删除,参照建筑模型方法,按设计楼梯位置需要进行轴线命名,绘制好的轴网如图 5-1-9 所示。

5.1.2　建筑布置

在如图 5-1-10 所示菜单中单击“建筑布置”→“墙”→“墙定义”按钮。

按建筑模型定义的方法进行墙体定义,并将墙布置到网格上,墙体布置后进行门窗洞

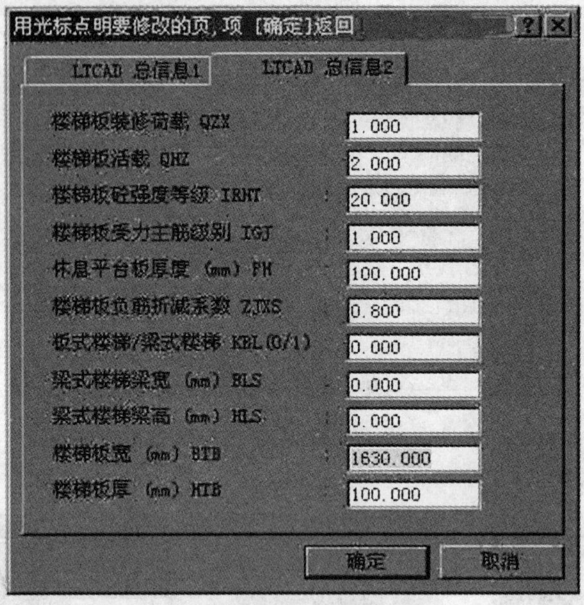

图 5-1-6

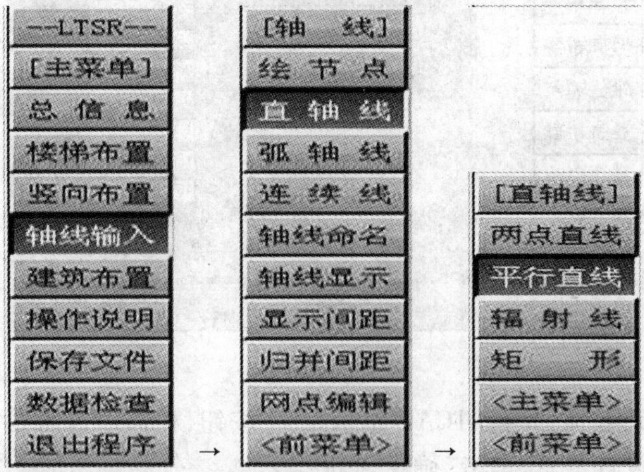

图 5-1-7

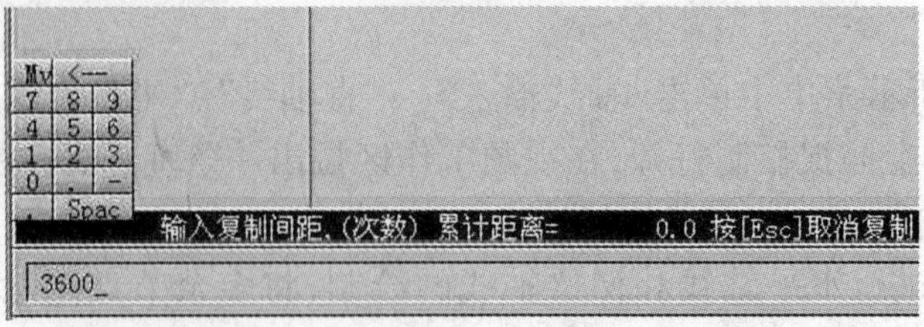

图 5-1-8

口等布置，建筑布置后如图 5-1-11 所示。

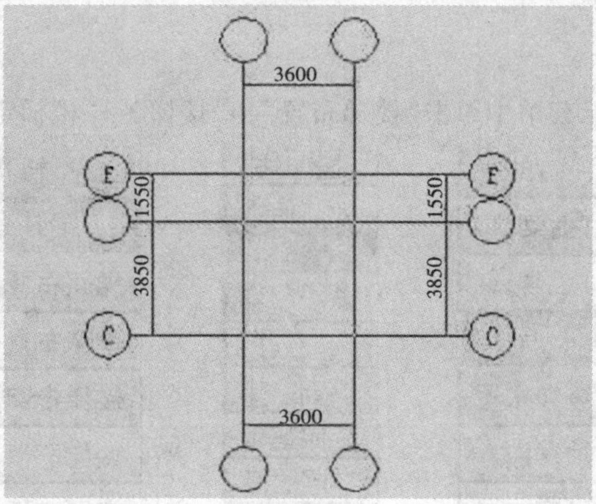

图 5-1-9

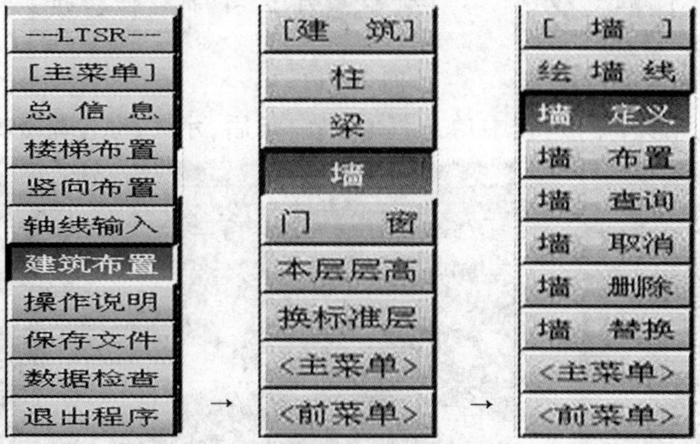

图 5-1-10

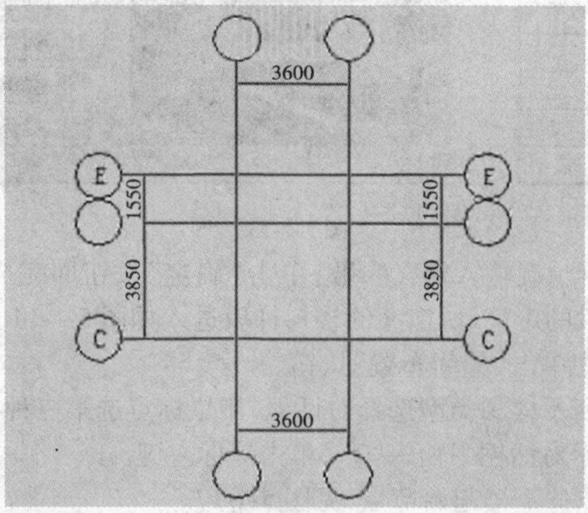

图 5-1-11

5.1.3　楼梯布置

在如图 5-1-12 所示菜单中单击“楼梯布置”→“楼梯”→“楼梯定义”按钮。

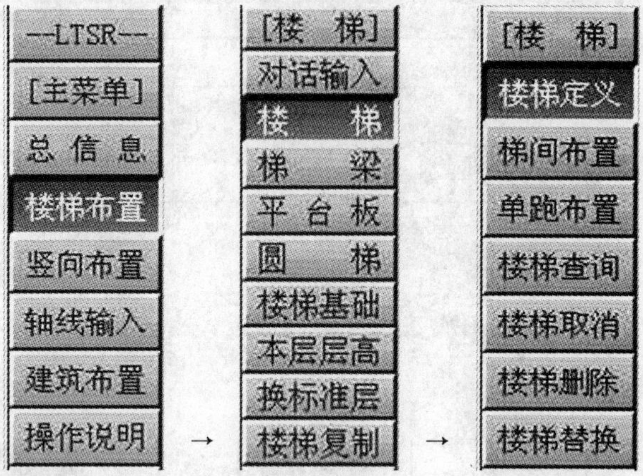

图 5-1-12

在如图 5-1-13 所示空白列表中单击任意空白条后，示图区出现楼梯定义对话框。

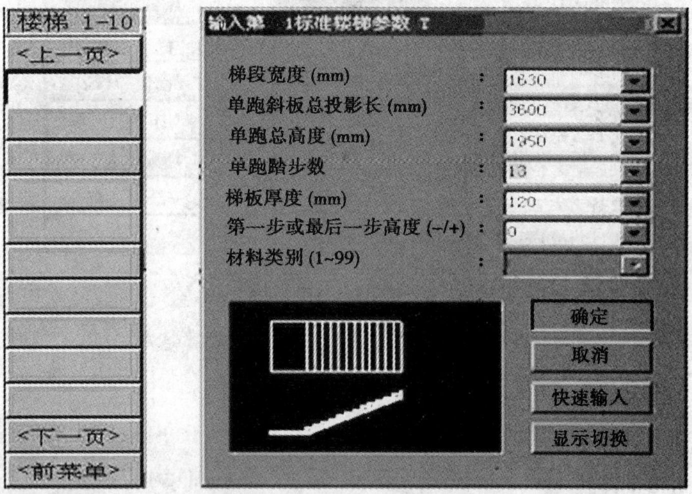

图 5-1-13

在对话框中按实际情况输入定义参数，单击“确定”按钮即完成一种梯段定义，以同样的方法进行其他梯段的定义，所定义的楼梯梯段进入如图 5-1-14 所示楼梯列表。

在图 5-1-14 菜单中单击“梯间布置”按钮。

弹出如图 5-1-15 所示楼梯类型选择对话框，用鼠标点选第三种类型。

在如图 5-1-16 所示对话框中输入“2”，单击鼠标左键。

命令提示区提示点选上楼起始节点，见图 5-1-17。

每梯段所在的节点和网格根据布置的需要合理选定，如图 5-1-18 所示，上楼起始节点选择为光标所在位置。

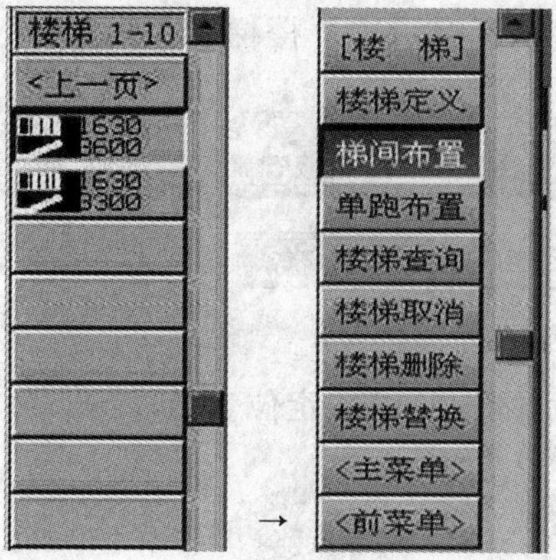

图 5-1-14

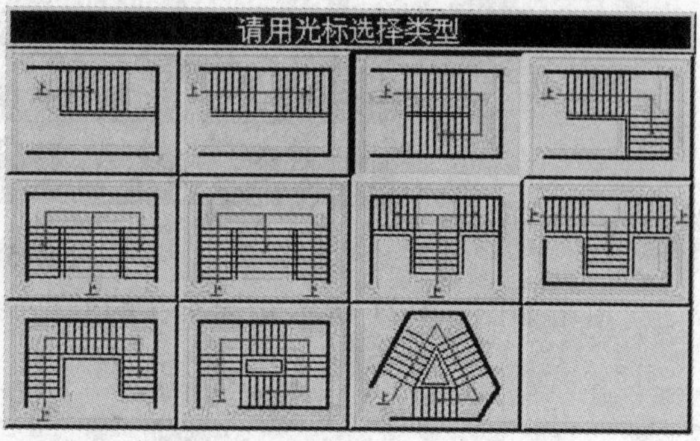

图 5-1-15

图 5-1-16

图 5-1-17

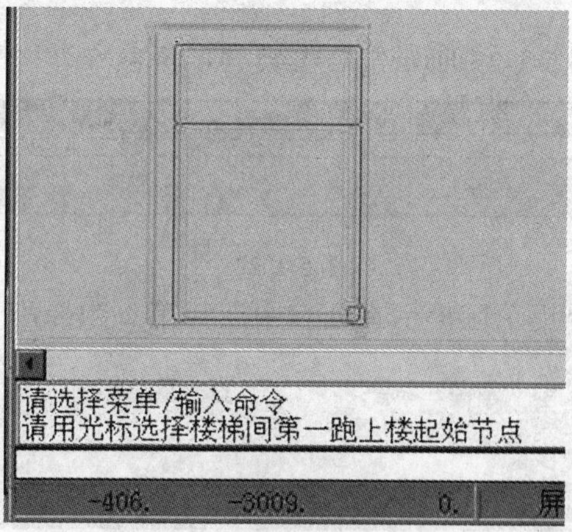

图 5-1-18

单击图中所示光标所在处的节点，如图 5-1-19 所示，命令提示区提示在楼梯列表中选择要布置的梯段。

图 5-1-19

在列表中选择梯段后,如图 5-1-20 所示,命令提示区提示选择楼梯所在网格。

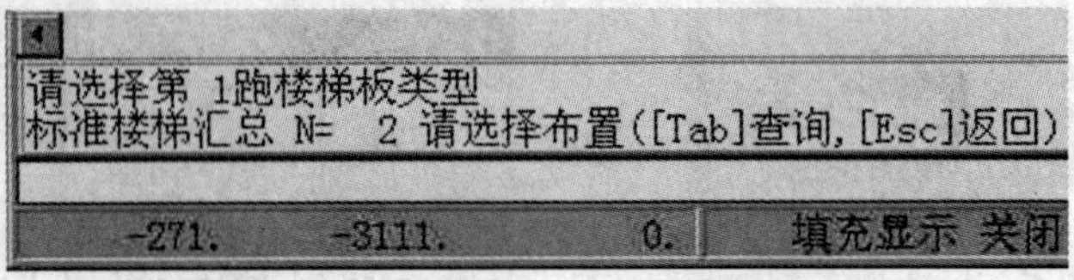

图 5-1-20

单击如图 5-1-21 所示光标所在的网格,命令提示区提示输入定位参数。

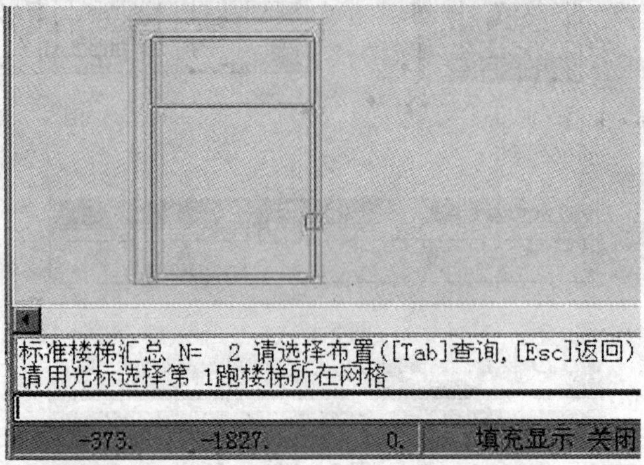

图 5-1-21

在提示区内输入如图 5-1-22 所示定位参数并单击鼠标左键。

图 5-1-22

如图 5-1-23 所示命令提示区提示在列表中选择第 2 跑梯段。

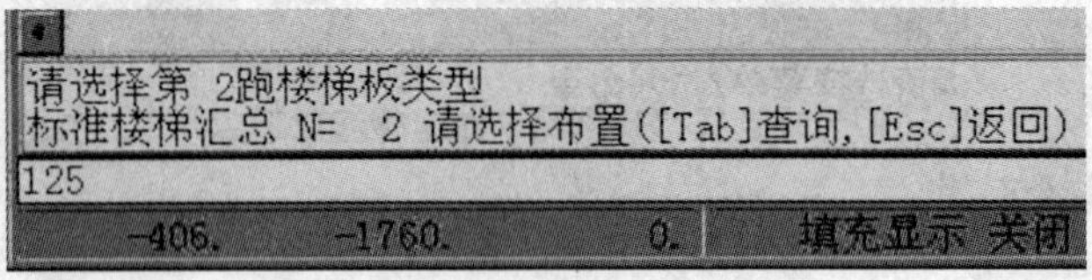

图 5-1-23

在楼梯列表中选择所需要的梯段并回车,如图 5-1-24 所示,命令提示区提示选择第 2 跑梯段所在网格。

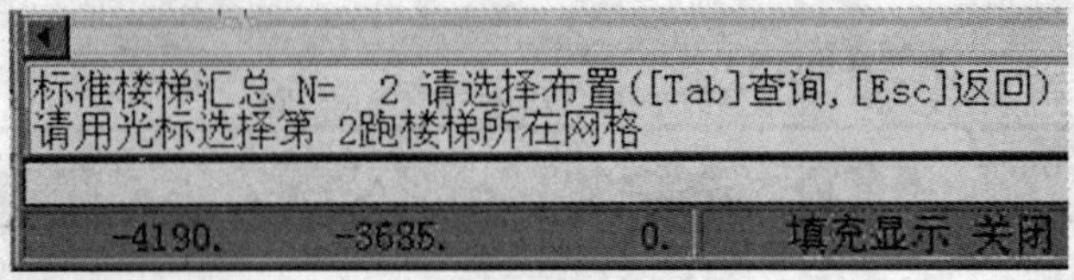

图 5-1-24

单击如图 5-1-25 所示光标所在的网格。

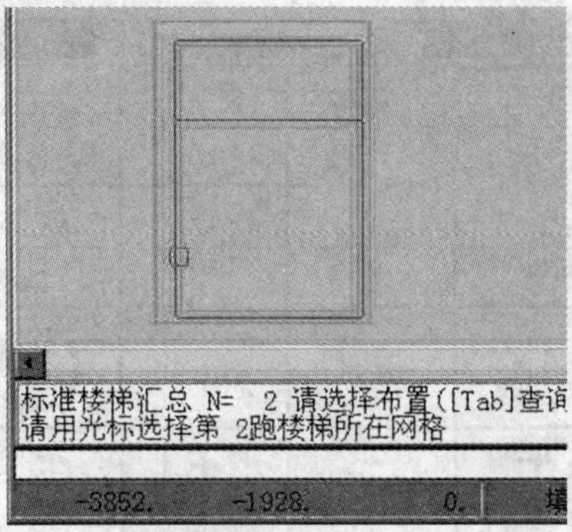

图 5-1-25

如图 5-1-26 所示命令提示区提示输入定位距离。

图 5-1-26

输入定位参数并单击鼠标左键,即完成第一标准层该楼梯间的布置,见图 5-1-27。

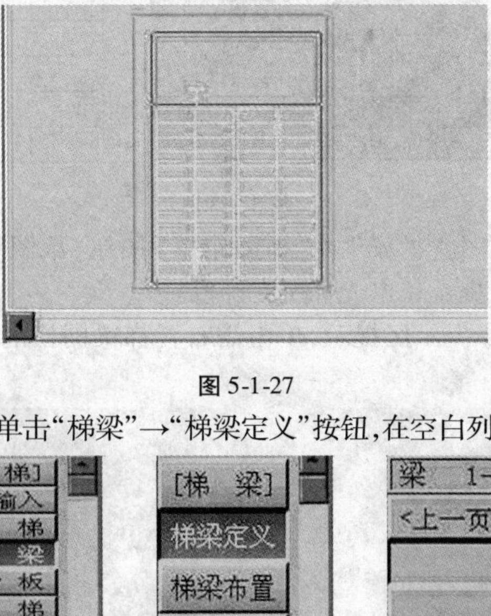

图 5-1-27

在如图 5-1-28 菜单中单击"梯梁"→"梯梁定义"按钮,在空白列表中单击任一空白条。

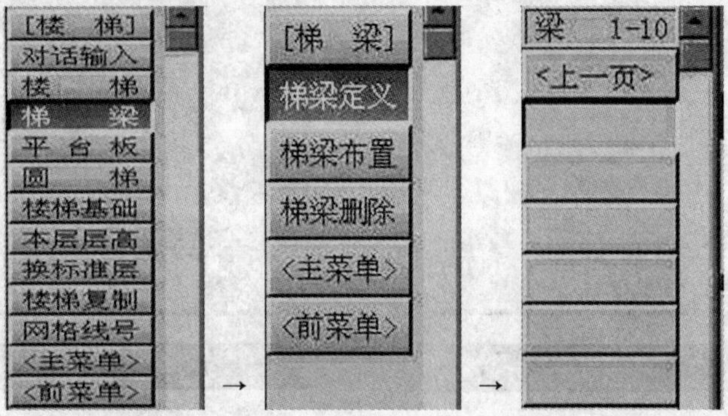

图 5-1-28

在如图 5-1-29 所示对话框中选择梯梁截面形状类别。

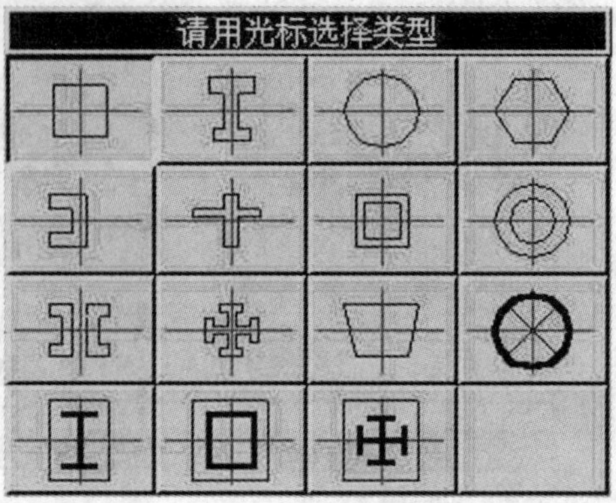

图 5-1-29

在如图 5-1-30 所示对话框中输入梯梁截面参数并单击“确定”按钮，一种梯梁定义完成。

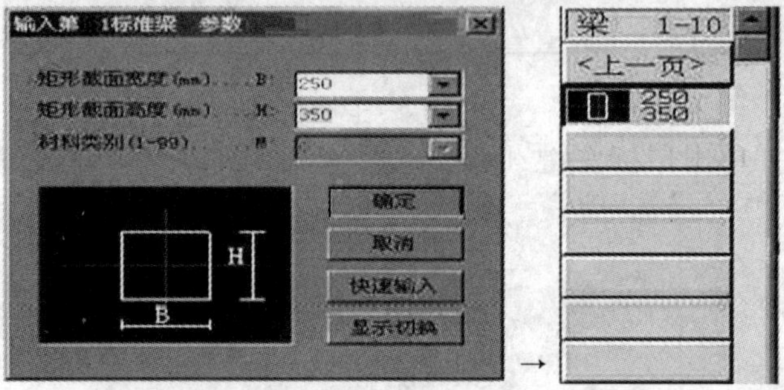

图 5-1-30

在图 5-1-28 菜单中单击“梯梁”→“梯梁布置”按钮，从图 5-1-30 列表中选择梯梁，图 5-1-31所示命令提示区提示单击光标所在梯段。

按图 5-1-32 所示命令提示区提示，单击需布置梯梁网格的起止节点，即完成一个梯梁布置。

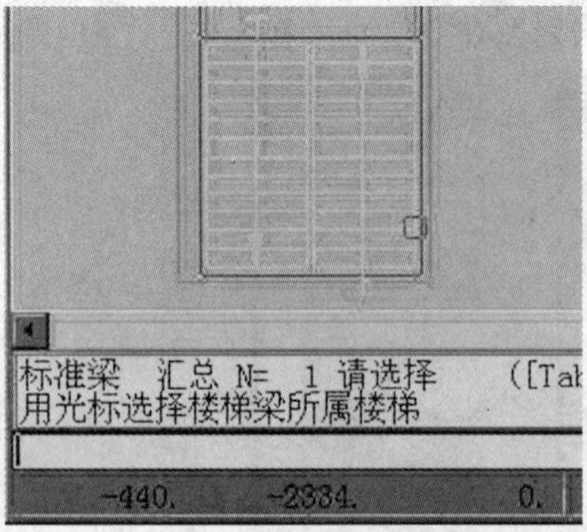

图 5-1-31

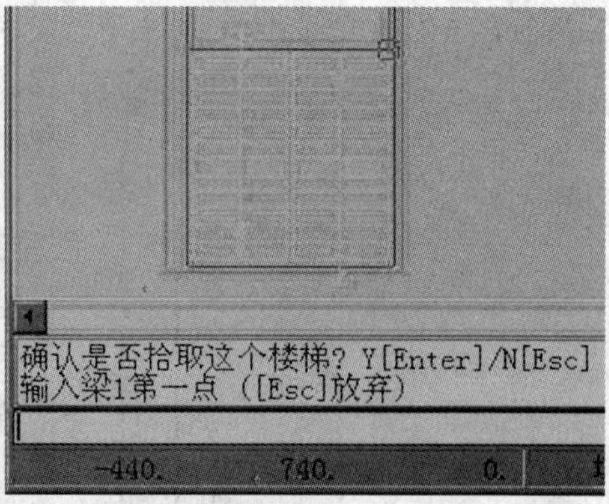

图 5-1-32

用同样的操作完成本标准层两梯梁的布置,如图 5-1-33 所示。

图 5-1-33

在如图 5-1-34 所示菜单中单击“楼梯基础”按钮,在基础参数对话框中输入参数并单击“确定”按钮。

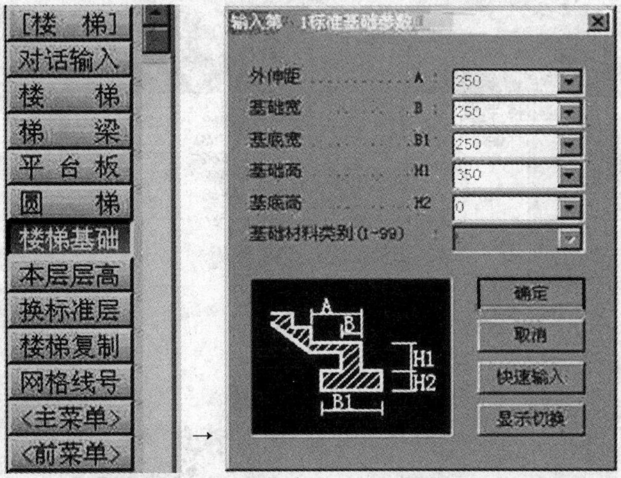

图 5-1-34

完成第 1 标准层的定义后,单击“换标准层”按钮完成其他标准层的定义,此处从略。

5.1.4　竖向布置

各标准层定义完成后,需进行各标准层的竖向布置和全楼组装,在如图 5-1-35 所示菜单中单击“竖向布置”→“楼层布置”按钮。

在如图 5-1-36 所示对话框中,输入层高并选择标准层添加到组装列表中,单击“确定”按钮。

在如图 5-1-37 所示菜单中单击“全楼组装”按钮,从对话框中选择“不简化组装”,单击“确定”按钮。

在如图 5-1-38 所示菜单中单击“保存文件”→“数据检查”→“退出程序”按钮,楼梯模型建立完成。

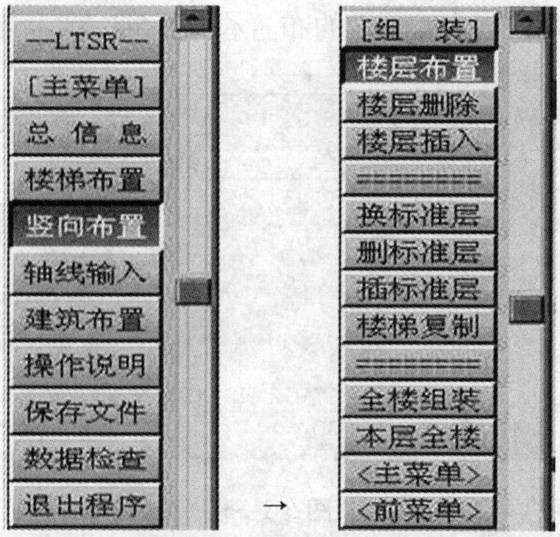

图 5-1-35

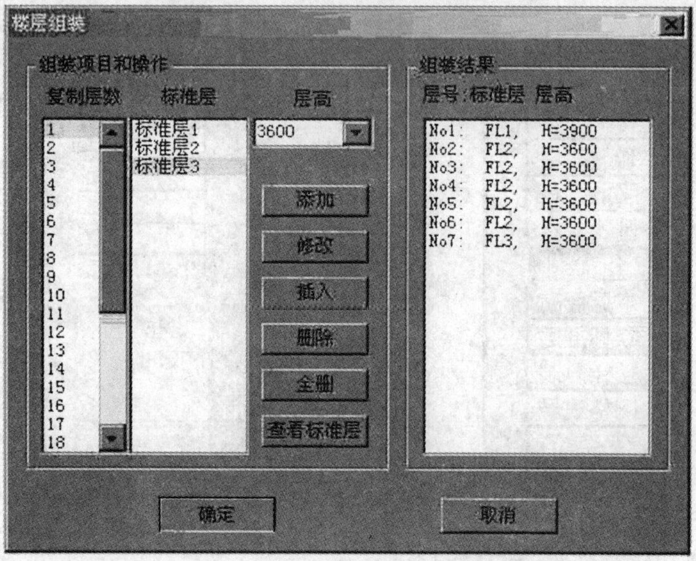

图 5-1-36

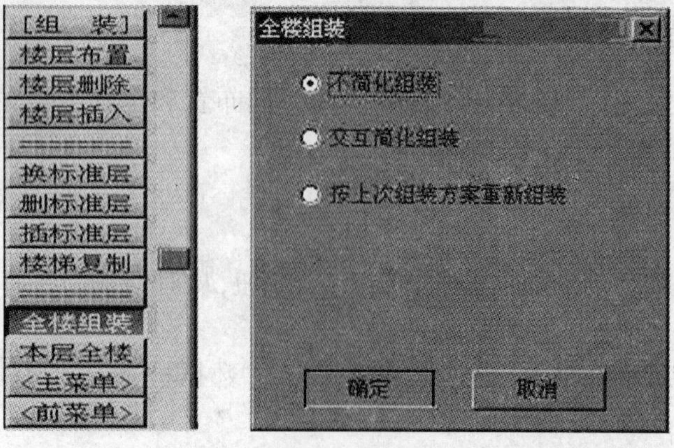

图 5-1-37

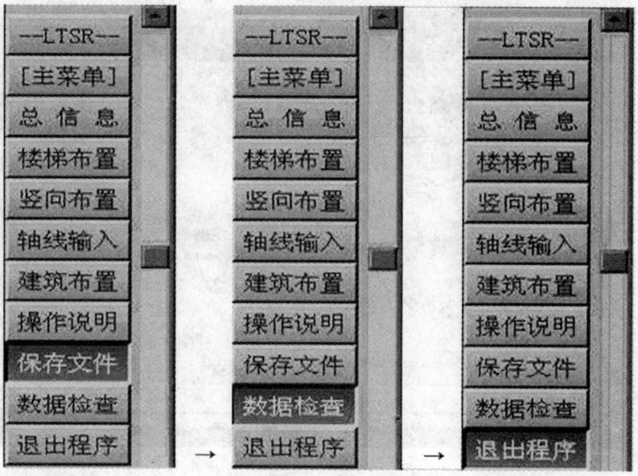

图 5-1-38

5.2　楼梯配筋校验

在图 5-2-1 窗口中选取“结构”、“☆LTCAD”，置当前的工作目录为“AAA”，双击“2 楼梯配筋校验”按钮。

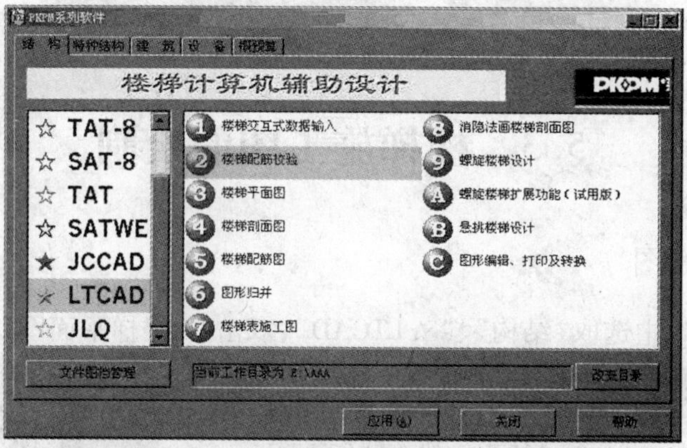

图 5-2-1

进入如图 5-2-2 所示第 1 跑楼梯配筋校核窗口。

单击主菜单中的“修改钢筋”按钮，依次进行梯板底筋和梯板负筋的修改，也可以进行梯梁钢筋的修改，下面举例说明板底钢筋的修改。

单击如图 5-2-3 所示菜单的“梯板底筋”按钮。

在钢筋修改对话框中输入图示钢筋参数，单击“确定”按钮则完成第 1 跑梯板底部钢筋的修改，按相同的方式完成其他修改后，单击图 5-2-2 所示主菜单中的“继续”按钮，依次完成其他跑梯板的配筋校核。

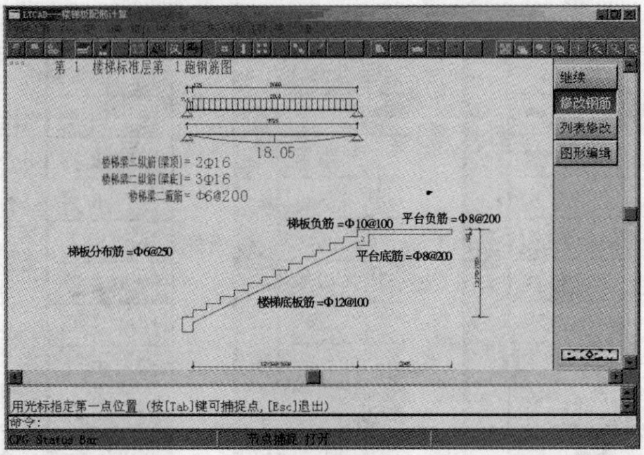

图 5-2-2

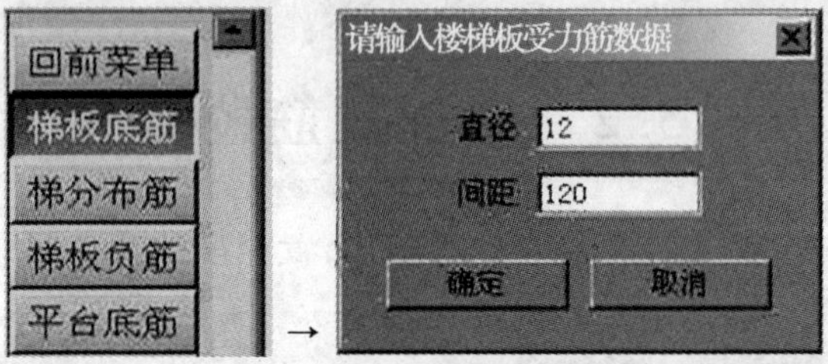

图 5-2-3

5.3　楼梯施工图的绘制

5.3.1　楼梯平面图

在图 5-3-1 窗口中选取“结构”、“☆LTCAD”,双击“3 楼梯平面图”按钮。

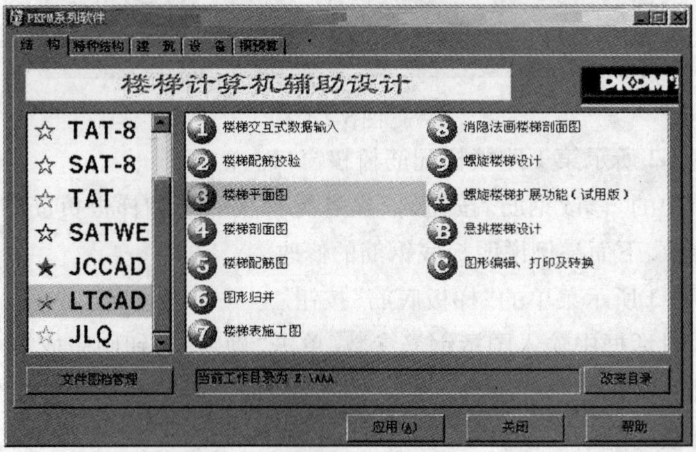

图 5-3-1

在如图 5-3-2 所示楼梯平面图绘制窗口中，进行轴线、尺寸等的标注，具体的标注方法参照本书第 2 章建筑平面施工图的绘制方法。

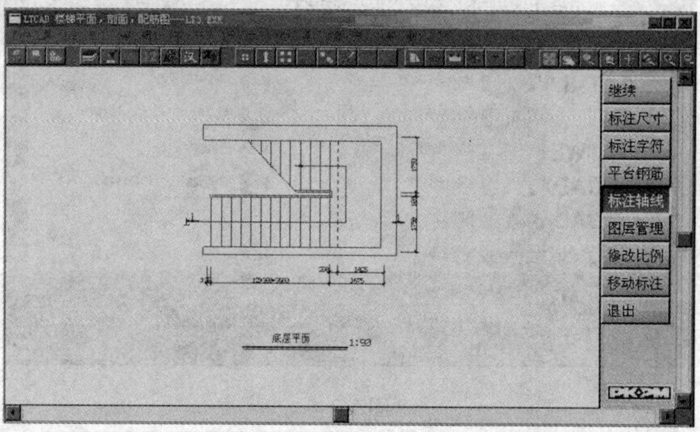

图 5-3-2

完成本层楼梯平面施工图的绘制后，在图 5-3-3 主菜单中，单击“继续”按钮依次完成其他层平面图的绘制。

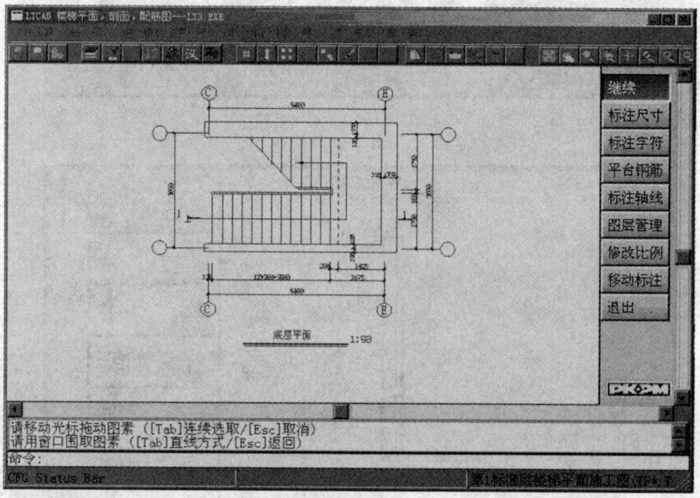

图 5-3-3

5.3.2　楼梯剖面图

在图 5-3-4 窗口中选取“结构”、“☆LTCAD”，双击“4 楼梯剖面图”按钮。

在如图 5-3-5 所示对话框中输入标高参数后，单击“确定”按钮，进入楼梯剖面图绘制状态。

在如图 5-3-6 所示楼梯剖面图绘制窗口中，按设计需要进行相应的编辑操作后，单击“存图退出”按钮，完成楼梯剖面图的绘制。

5.3.3　楼梯配筋图

在图 5-3-7 窗口中选取“结构”、“☆LTCAD”，双击“5 楼梯配筋图”按钮。

图 5-3-4

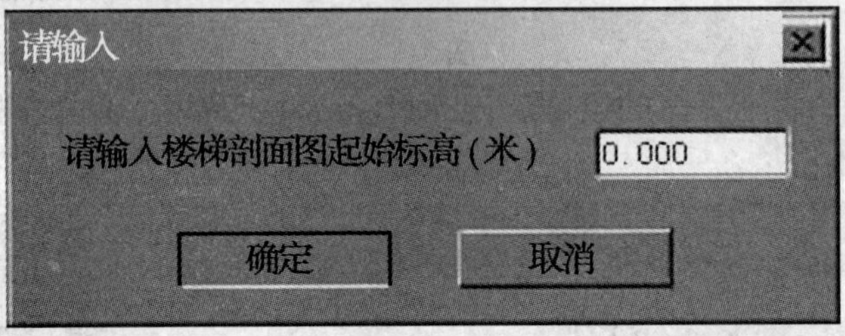

图 5-3-5

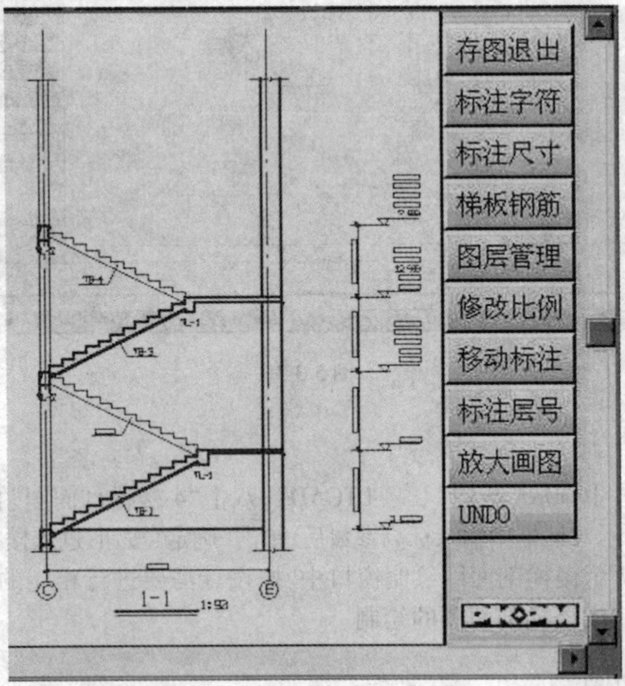

图 5-3-6

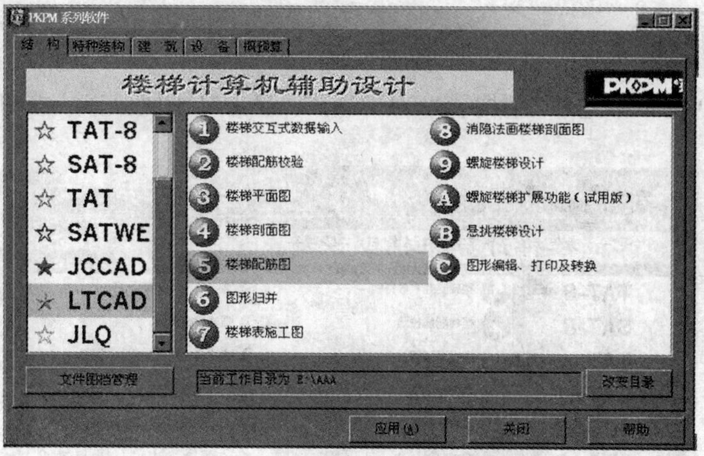

图 5-3-7

如果要同时标注平台钢筋，在如图 5-3-8 所示对话框中单击“是(Y)”按钮，进入楼梯配筋图绘制状态。

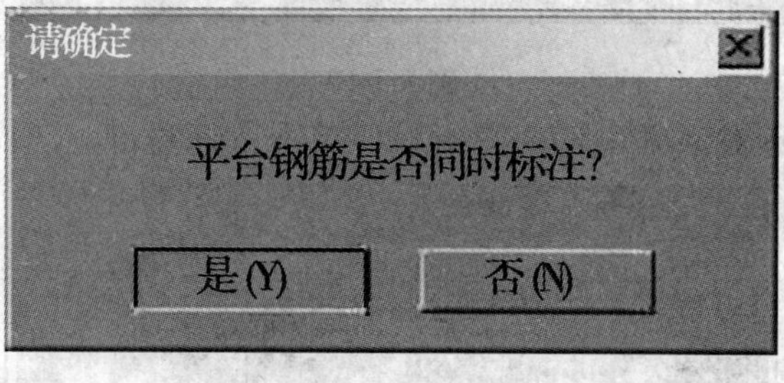

图 5-3-8

在如图 5-3-9 所示楼梯配筋图绘制状态下，按设计要求进行相应的标注等操作后，单击主菜单中的“继续”按钮，依次完成各梯板的配筋图绘制。

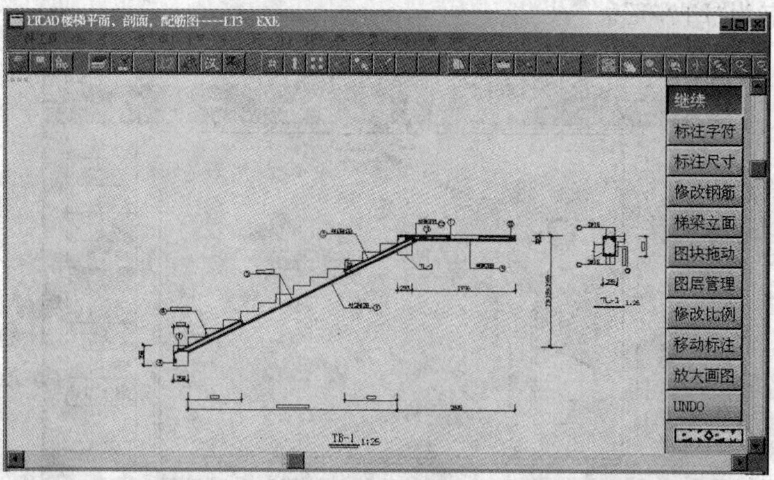

图 5-3-9

5.3.4　图形归并

在图 5-3-10 窗口中选取“结构”、“☆LTCAD”，双击“6 图形归并”按钮。

图 5-3-10

在如图 5-3-11 所示对话框中输入图纸号后单击鼠标左键。

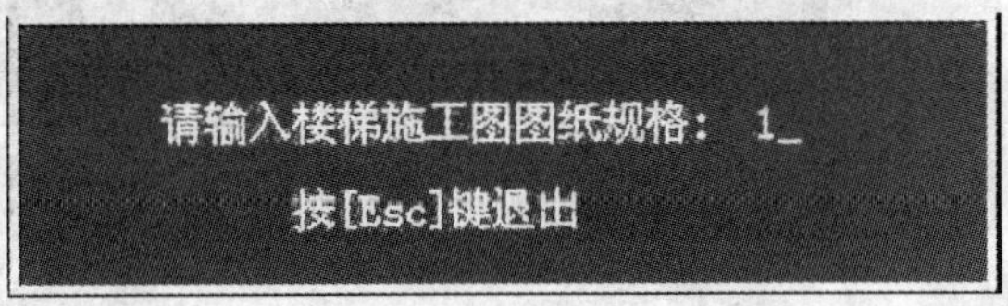

图 5-3-11

在图 5-3-12 右侧楼梯施工图列表中选择图形，将图形拖动到图面合适位置，归并后的图形文件名为“LT?. T”。

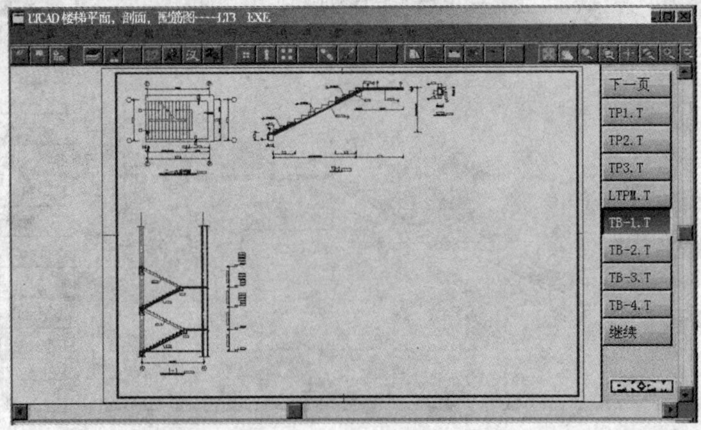

图 5-3-12

第 6 章　JCCAD 模块应用

JCCAD 模块集成了建筑结构基础模型建立、工程地质条件输入、基础结构方案布置、地基承载力计算、基础内力分析及配筋计算，最终完成基础施工图的绘制。JCCAD 可以接口 PMCAD、SATWE 等上部结构分析系统，利用结构上部分析获得的荷载数据，可以完成柱下单独基础、条形基础、十字交叉基础、地基梁、板式基础、桩基础等多种基础形式的设计。

6.1　基础计算模型的建立

对于需要进行沉降计算的工程或桩基础等其他基础形式，需要进行“地质资料输入”，本章以柱下独立基础和墙下条形基础的设计为例，介绍基础设计的基本知识，略去基础沉降计算。

在图 6-1-1 窗口中选取“结构”、“★JCCAD”，置当前的工作目录为“AAA”，双击“2 基础人机交互输入”按钮。

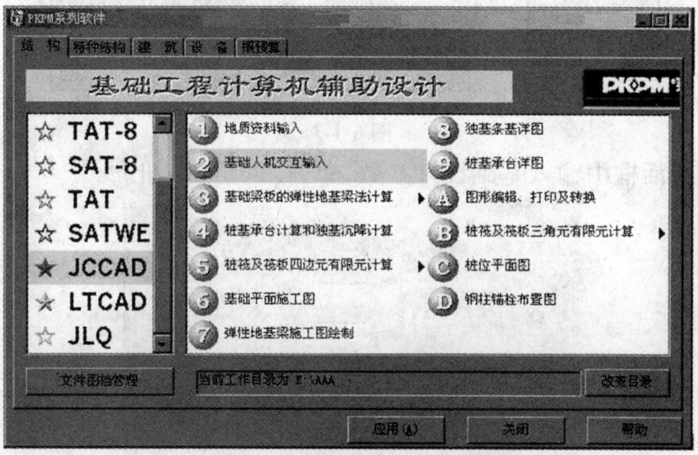

图 6-1-1

程序自动将“PMCAD”内建立的模型调入到工作区，模型中包含轴线网格、墙、柱等信息，程序处于基础人机交互输入状态。

6.1.1　参数输入

单击如图 6-1-2 所示主菜单中的“参数输入”按钮。

6.1.1.1　基本参数

在图 6-1-3 菜单中单击“基本参数”按钮，弹出基本参数对话框，在对话框中按工程地质报告和设计要求，输入地基承载力计算参数后，单击对话框顶部“基础设计参数”按钮。

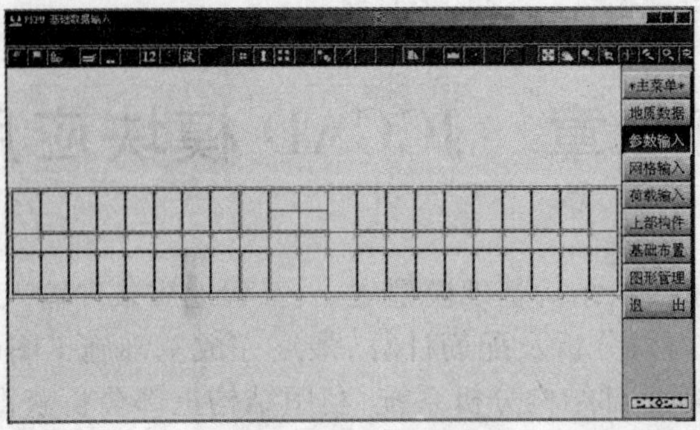

图 6-1-2

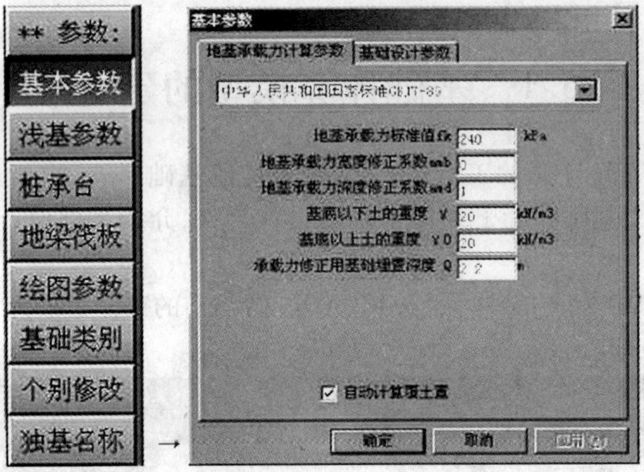

图 6-1-3

在图 6-1-4 对话框中输入基础设计参数,单击“确定”按钮。

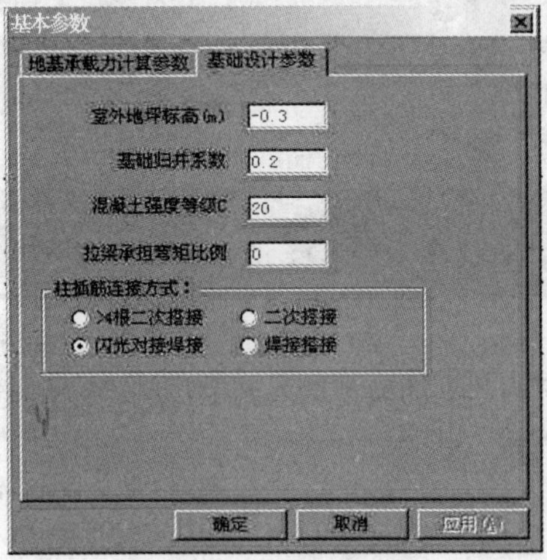

图 6-1-4

6.1.1.2 浅基参数

在图 6-1-5 菜单中单击“浅基参数”按钮,在弹出的浅基参数对话框中,按设计要求输入参数,单击“确定”按钮。

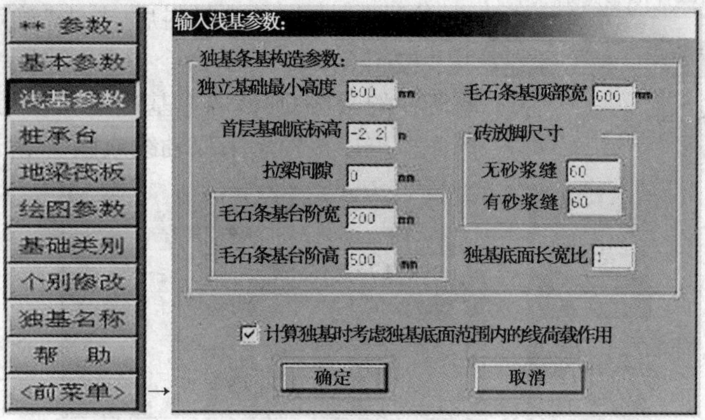

图 6-1-5

在图 6-1-6 菜单中单击“绘图参数”按钮,在弹出的绘图参数对话框中,按设计要求输入参数,单击“确定”按钮。

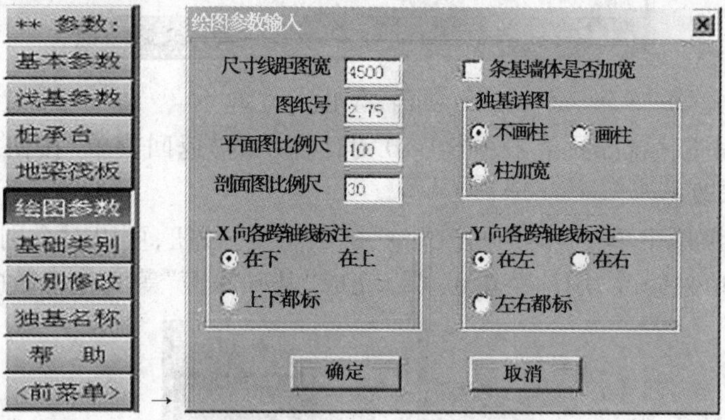

图 6-1-6

在图 6-1-7 菜单中单击“基础类别”→“独基形式”按钮。

在弹出如图 6-1-8 所示对话框中选择独基形式后,单击“确定”按钮。

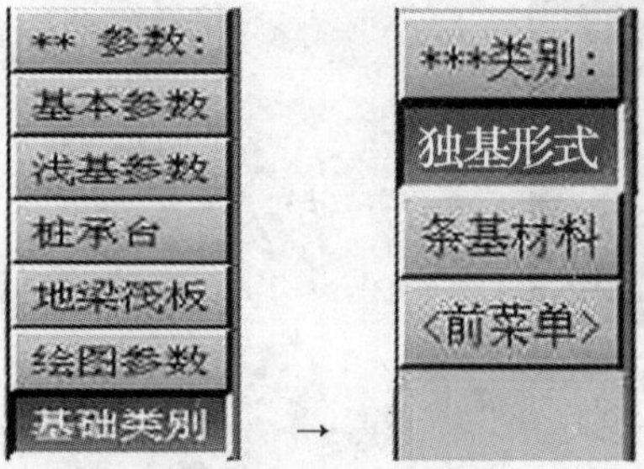

图 6-1-7

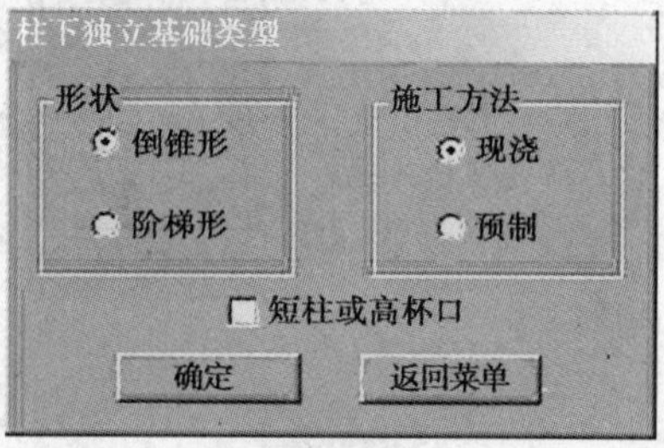

图 6-1-8

按图 6-1-9 所示命令提示区提示,在模型中点击柱所在的节点,则该柱下基础形式改为所定义的类型,此操作也可以按提示采取轴线或围区等定义方式。

定义结束单击鼠标右键,单击图 6-1-8 对话框中的“返回菜单”按钮。

图 6-1-9

单击图 6-1-10 菜单中的“条基材料”按钮,在弹出的对话框中选择条基材料后,单击“确定”按钮。

按图 6-1-11 所示命令提示区提示,在模型中点击墙所在的网格,则该墙下基础形式改为定义的类型,该操作也可以按提示采取轴线或围区等定义方式。

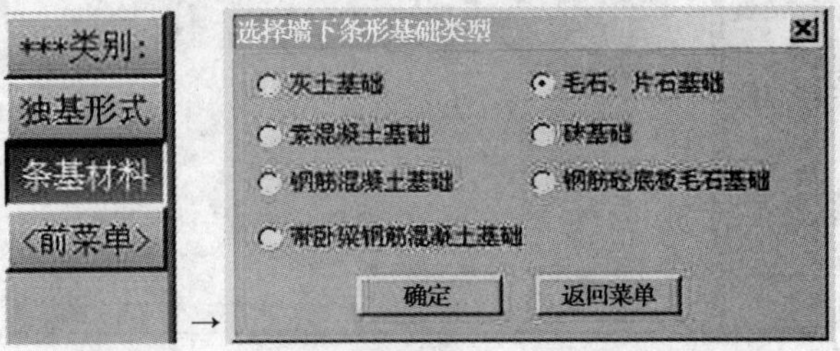

图 6-1-10

图 6-1-11

定义结束单击鼠标右键,单击图 6-1-10 对话框中的“返回菜单”按钮。

6.1.1.3　个别修改

在图 6-1-12 菜单中单击“个别修改”→“基础高度”按钮,可以对个别与其他基础高度不同的基础进行单独修改,用该菜单也可以完成“基础深度”等其他参数的个别修改。

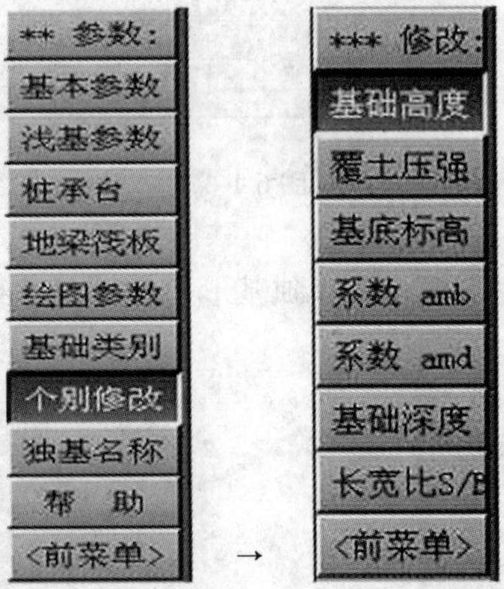

图 6-1-12

6.1.2　荷载输入

6.1.2.1　荷载参数

在图 6-1-13 菜单中单击“荷载输入”→“荷载参数”按钮。

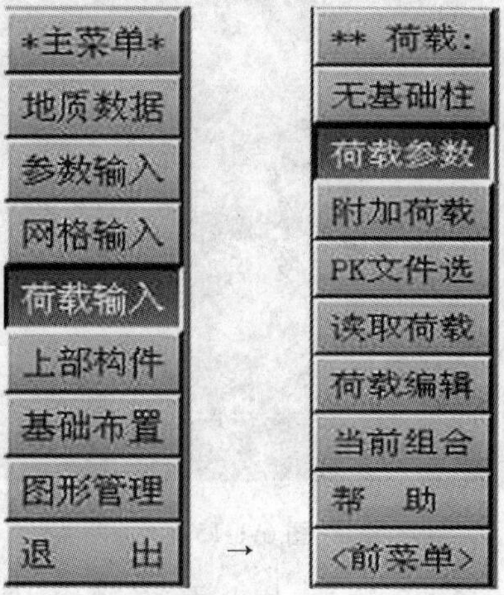

图 6-1-13

在弹出的如图 6-1-14 所示的对话框中输入荷载参数，单击“确定”按钮。

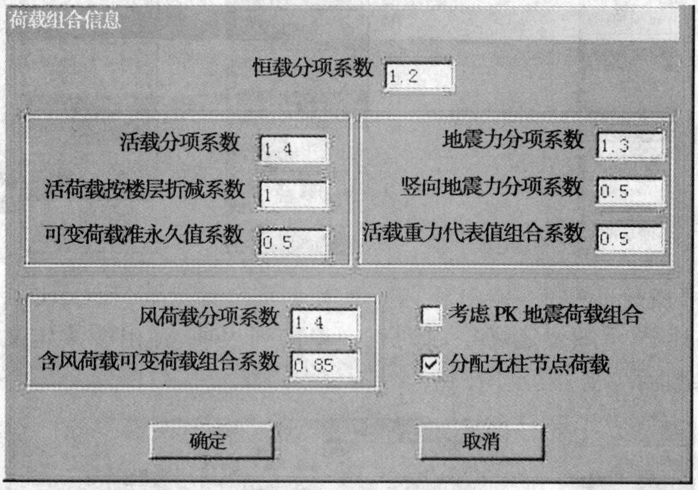

图 6-1-14

6.1.2.2　读取荷载

可以利用“附加荷载”按钮进行人工计算荷载的输入，也可以读取“PMCAD”等计算荷载，此处以读取荷载为例。

在图 6-1-15 菜单中单击“读取荷载”按钮，在弹出的荷载选择对话框中选择“PM 荷载”，单击“确定”按钮，则“PMCAD”中计算的柱、墙荷载自动布置到基础模型中。

读取的荷载应进行人工检查，对于计算不准确的荷载，可以单击图 6-1-16 菜单中的“荷载编辑”按钮进行修改。

6.1.3　上部构件

6.1.3.1　圈梁

在图 6-1-17 菜单中单击“上部构件”→“圈梁”→“定义类别”按钮。

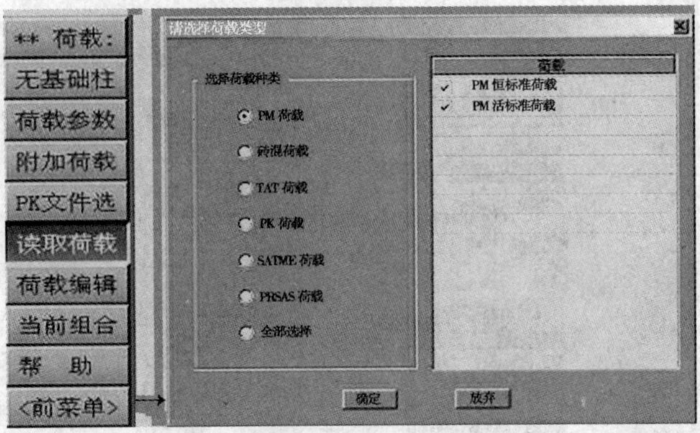

图 6-1-15

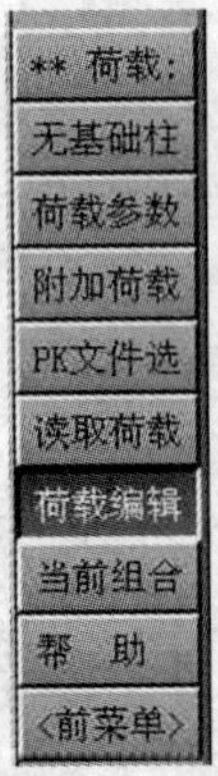

图 6-1-16

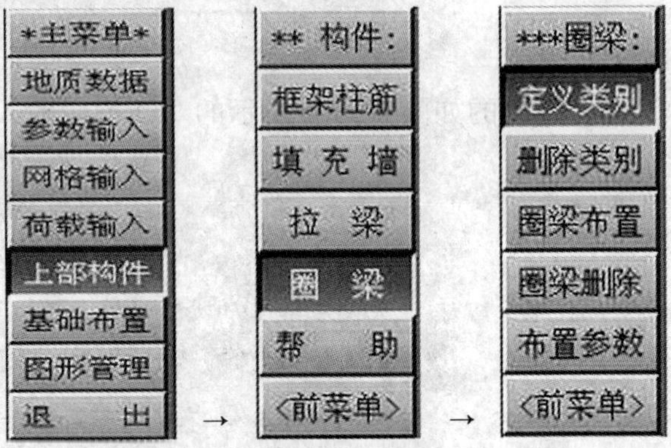

图 6-1-17

在如图 6-1-18 所示圈梁定义空白列表中单击列表项，弹出圈梁定义对话框，在对话框中输入圈梁参数后单击“确定”按钮。

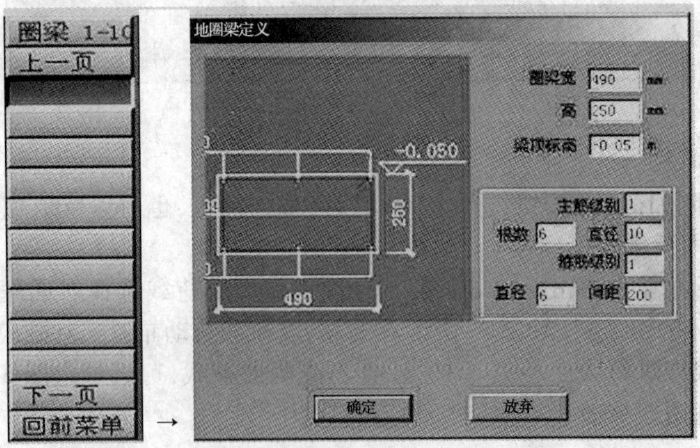

图 6-1-18

在图 6-1-19 菜单中单击“圈梁布置”按钮，在圈梁类型列表中选择圈梁类别，用光标点击要布置圈梁的网格，将圈梁布置到网格上。如果圈梁相对于墙体有偏心，在布置前还应进行“布置参数”定义，不进行参数定义则圈梁中心线与墙体中心线重合。

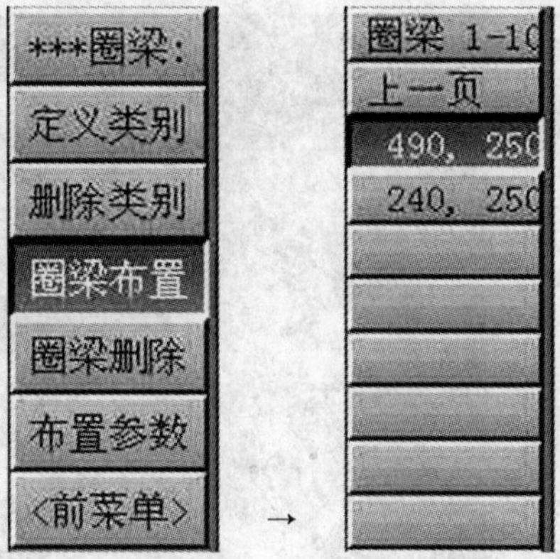

图 6-1-19

布置圈梁后的模型见图 6-1-20。

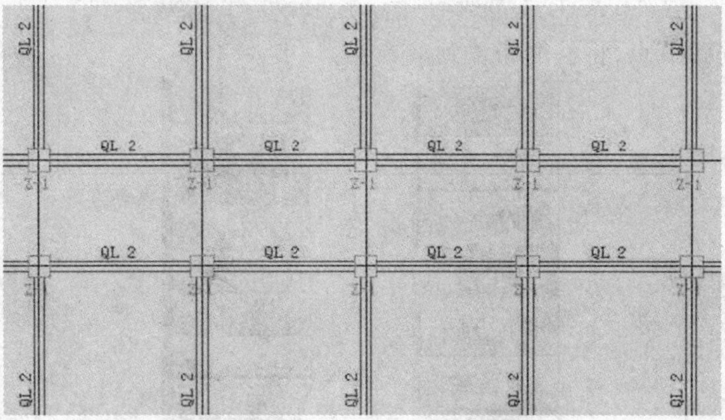

图 6-1-20

6.1.3.2　框架柱筋

在图 6-1-21 菜单中单击“上部构件”→“框架柱筋”→“定义类别”按钮。

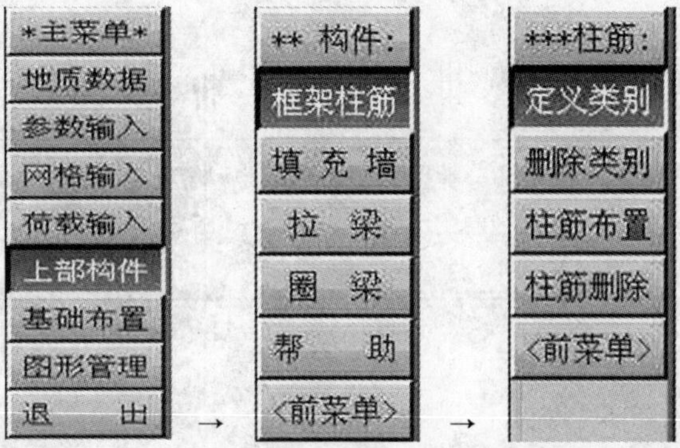

图 6-1-21

在如图 6-1-22 所示定义空白列表中单击列表项，弹出柱筋定义对话框，在对话框中按框架计算结果输入柱筋参数，单击“确定”按钮。

在图 6-1-23 菜单中单击“柱筋布置”按钮，在柱筋类型列表中选择柱筋类别，用光标

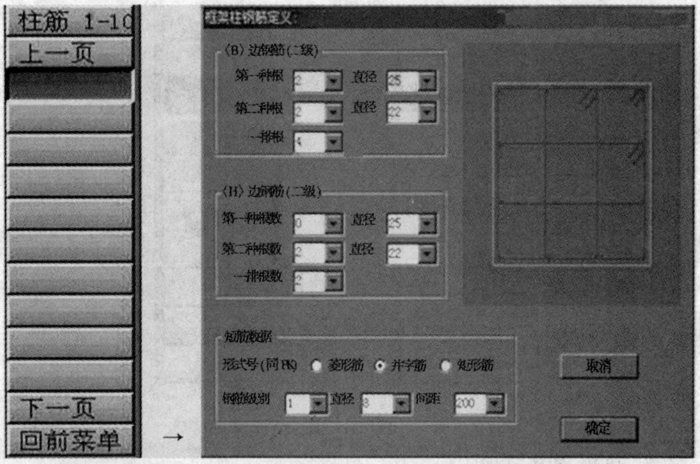

图 6-1-22

点击要布置柱筋的节点,将柱筋布置到节点上。

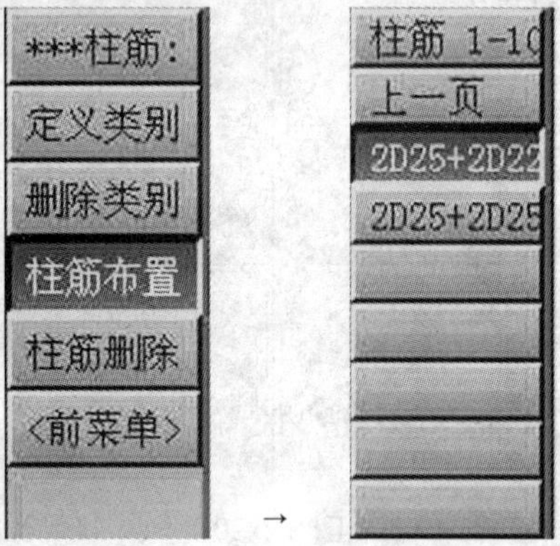

图 6-1-23

布置柱筋后的模型见图 6-1-24。

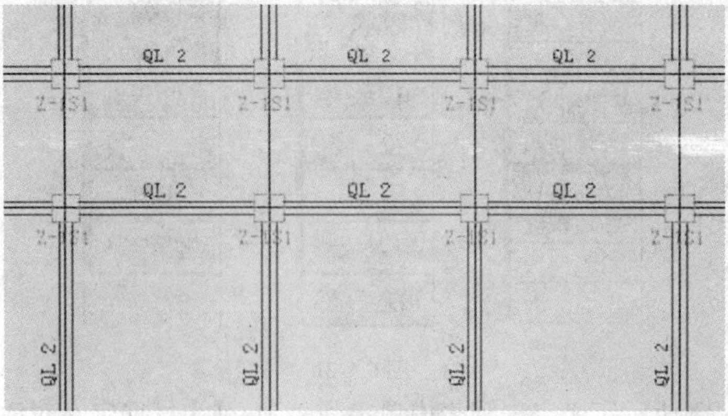

图 6-1-24

6.1.4　基础布置

6.1.4.1　基础验算

在图 6-1-25 菜单中单击"基础布置"→"基础验算"按钮。

图 6-1-25

在如图 6-1-26 所示对话框出现后单击鼠标左键，程序将自动进行碰撞检查。

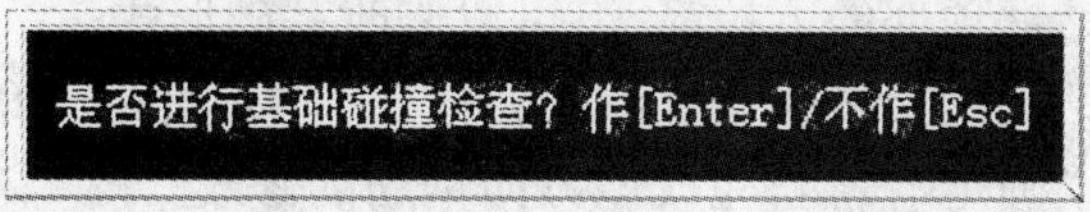

图 6-1-26

按前面菜单编辑输入的荷载和地基承载力参数，基础验算后自动生成基础类别，并自动将基础布置到模型中。

对于程序计算得到的基础类型，一般要进行人工的检查和修改，下面介绍具体操作。

6.1.4.2　柱下独基

在图 6-1-27 菜单中单击"柱下独基"→"定义类别"按钮，在独基类别列表中选择一种类型。

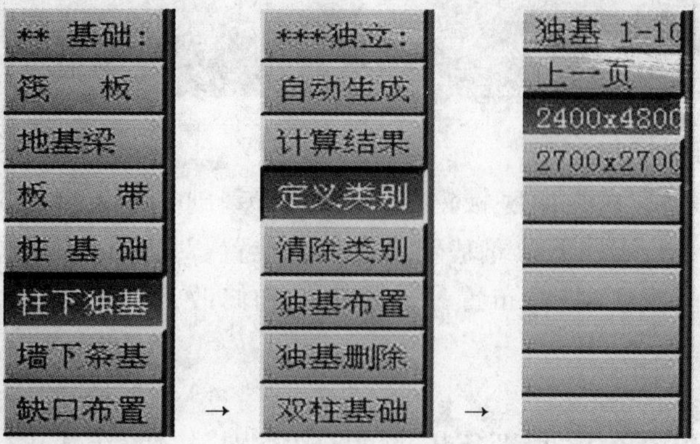

图 6-1-27

弹出如图 6-1-28 所示独基类型修改对话框，在对话框中可以修改基础长、宽、高等尺寸，也可以修改基础底面标高。

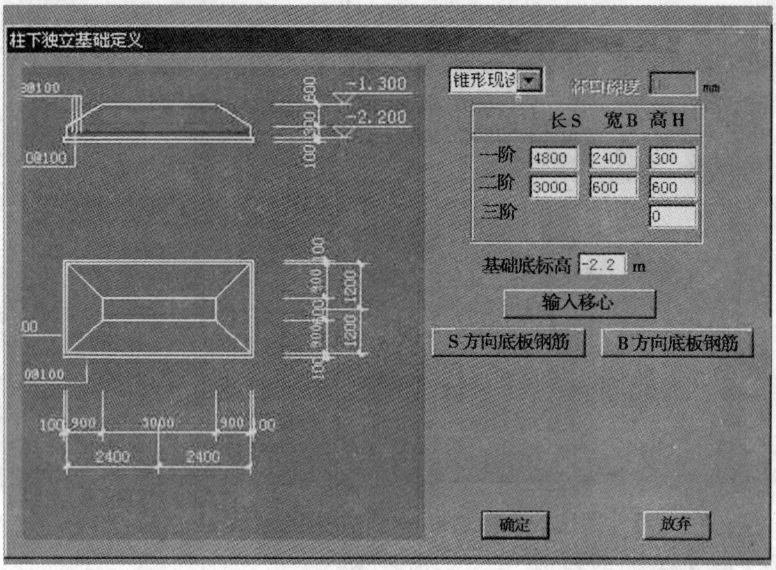

图 6-1-28

单击图 6-1-29 对话框顶部的下拉箭头，可以修改基础形式。

单击图 6-1-29 对话框的“S 方向底板钢筋”按钮，在如图 6-1-30 所示对话框中输入调整后的钢筋参数，单击“确定”按钮，完成该方向钢筋的修改。

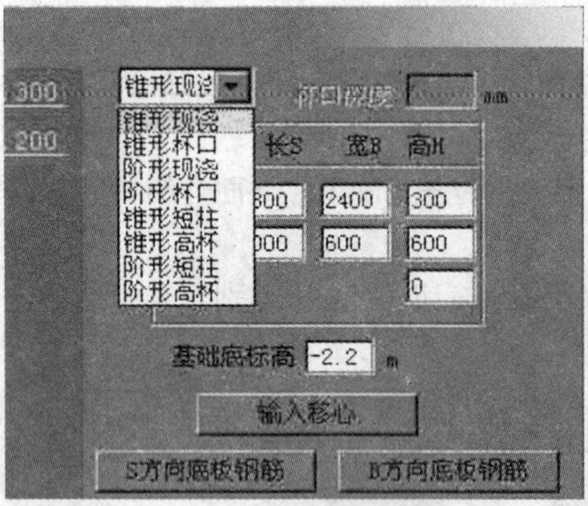

图 6-1-29

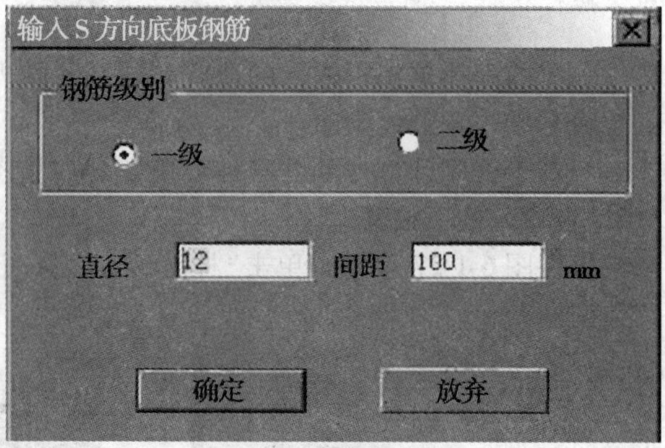

图 6-1-30

用同样的方法完成“B 方向底板钢筋”修改，对基础类型定义完成后，模型中的基础随之自动更新。程序默认柱下独立基础均为中心位置，对于有偏心设计的基础，可以根据需要利用“移心设置”按钮，进行布置参数的定义和修改，再对需要单独设置的基础重新进行布置。

6.1.4.3 墙下条基

在图 6-1-31 菜单中单击“墙下条基”→“定义类别”按钮，在条基类别列表中选择一种类型。

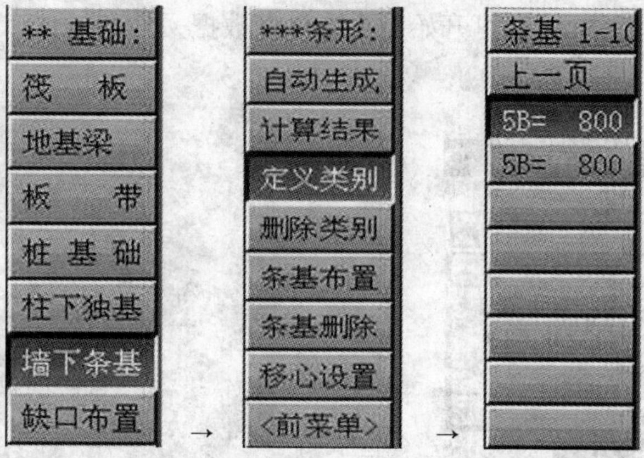

图 6-1-31

弹出如图 6-1-32 所示条基类型修改对话框，在对话框中可以修改基础宽、高等尺寸，也可以修改基础底面标高。

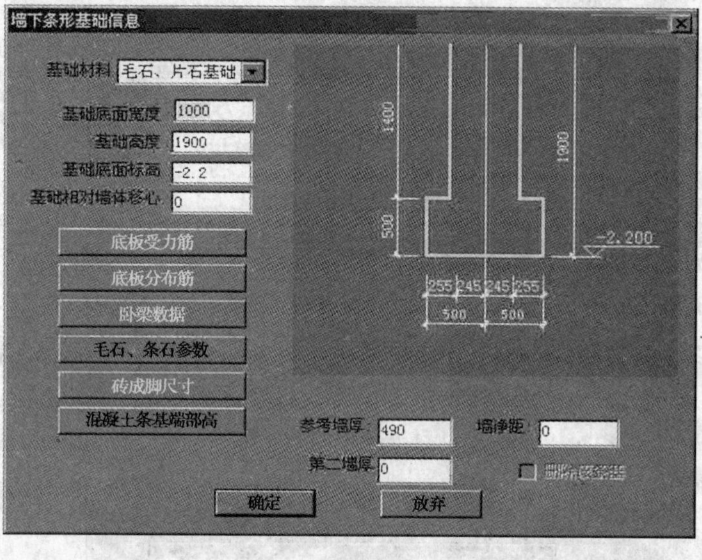

图 6-1-32

单击图 6-1-33 对话框顶部的下拉箭头，可以修改基础形式。

单击图 6-1-33 对话框的“毛石、片石基础”，在如图 6-1-34 所示对话框中输入调整后的条基参数，单击“确定”按钮。

用同样的方法完成其他条基的修改，模型中的基础按类型的修改随之自动更新。程序默认墙下条形基础均为墙体中心位置，对于有偏心设计的基础，可以根据需要利用“移心设置”按钮，进行布置参数的定义和修改，再对相对于墙体有偏心的基础重新进行布置。

单击图 6-1-35 菜单中的“退出”按钮，完成基础设计建模和计算。

如果要对模型或计算结果进行重新修改定义，可以在图 6-1-1 窗口中双击“2 基础人机交互输入”按钮，在图 6-1-36 对话框中选择“读取旧数据文件”选项，单击“确定”按钮，则上次计算结果调入工作区，即可开始对上次保存数据文件的操作。

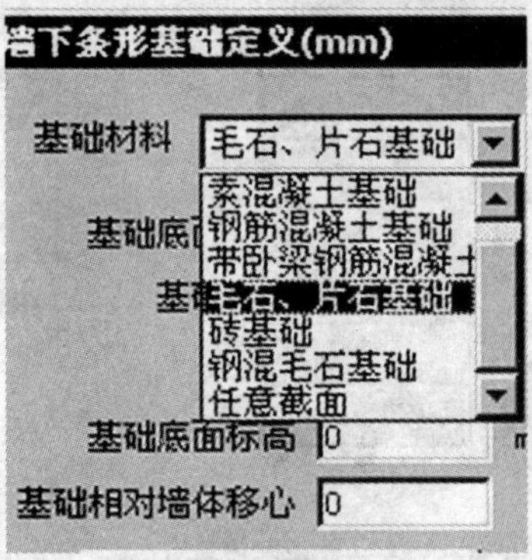

图 6-1-33

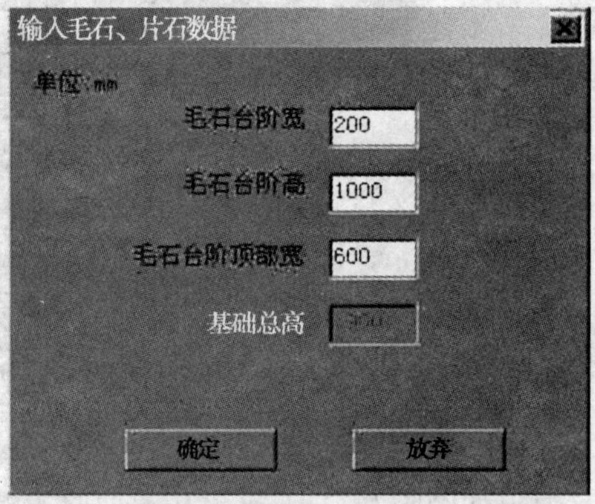

图 6-1-34

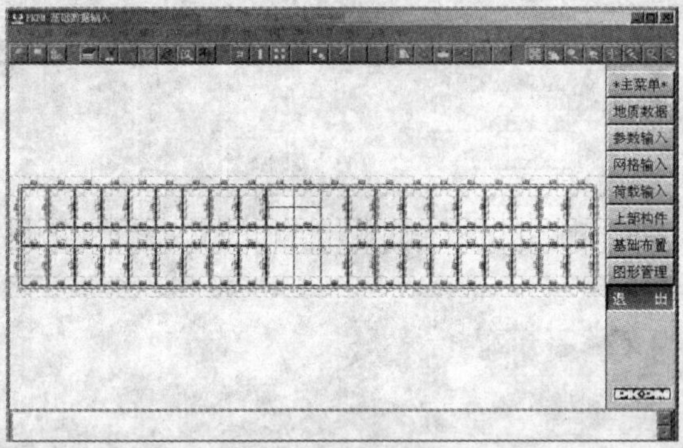

图 6-1-35

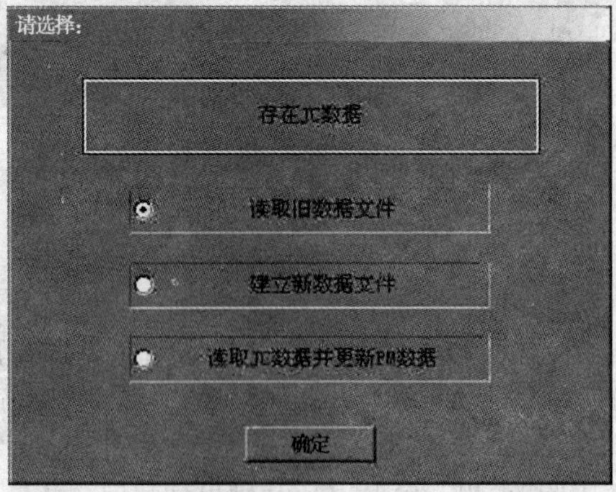

图 6-1-36

对基础模型及计算结果进行编辑修改后，单击主菜单中的“退出”按钮，结束进一步修改。

注：在图 6-1-36 对话框中选择“建立新数据文件”后，单击“确定”按钮，则上次已经定义的基础模型数据将被清除。

6.2 基础平面施工图的绘制

6.2.1 绘图准备

在图 6-2-1 窗口中选取“结构”、“★JCCAD”，置当前的工作目录为“AAA”，双击“6 基础平面施工图”按钮。

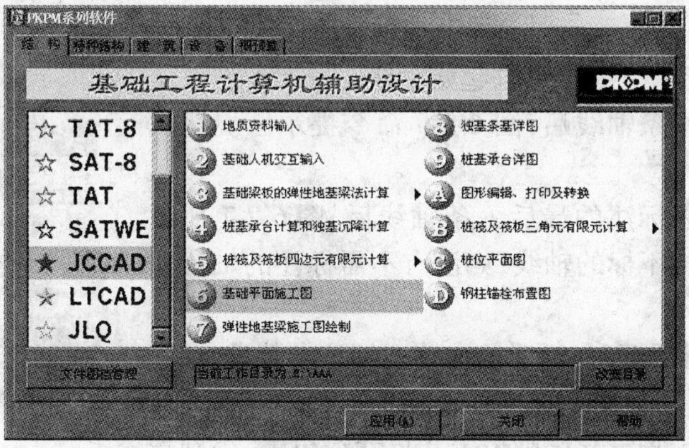

图 6-2-1

视图工作区显示图框及图形的大小和位置，可以利用主菜单中的“改图纸号”和“调整图面”按钮来修改图纸大小和图形位置，单击图 6-2-2 菜单中的“绘图参数”按钮，在弹出的对话框中选择绘图内容后单击“确定”按钮。

图 6-2-2

单击图 6-2-2 主菜单中的“继续”按钮，进入绘图状态，见图 6-2-3。

6.2.2 标注

6.2.2.1 标注轴线

在图 6-2-4 菜单中单击“标注轴线”→“交互标注”按钮。

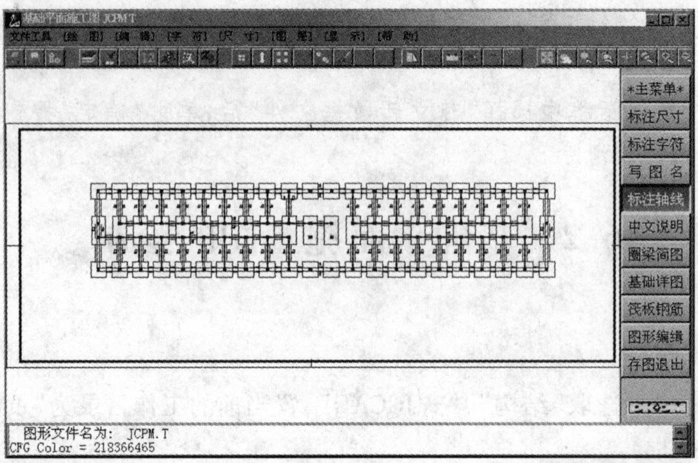

图 6-2-3

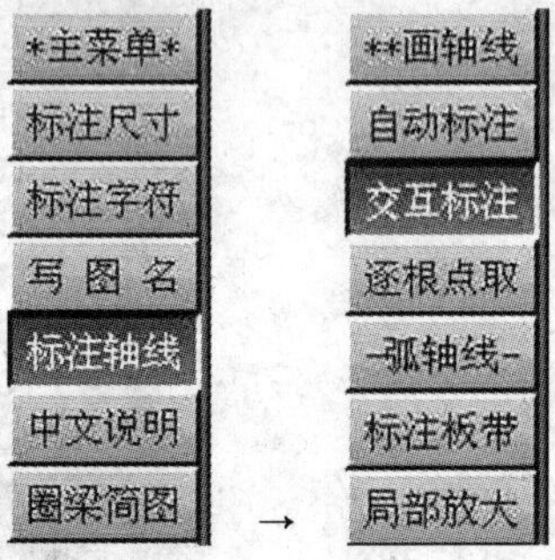

图 6-2-4

图 6-2-5 命令提示区提示点取起始轴线。

用光标单击第一条轴线后，图 6-2-6 命令提示区提示点取终止轴线。

用光标单击所要标注的最后一条轴线后，图 6-2-7 所示命令提示区提示去掉不标的轴线，如没有不需标注的轴线单击鼠标右键。

弹出图 6-2-8 对话框，在对话框中输入标注参数后，单击鼠标左键。

命令提示区提示指定起始画位置和尺寸线位置，分别指定位置完成轴线标注，如图6-2-9所示。

图 6-2-5

图 6-2-6

图 6-2-7

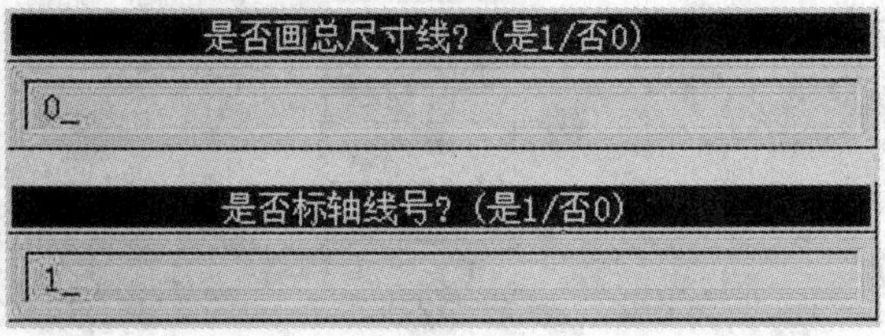

图 6-2-8

注：轴线标注根据实际情况还可以采用逐根点取等方式。

6.2.2.2 标注尺寸

1) 条基尺寸

在如图 6-2-10 所示菜单中单击“标注尺寸”→“条基尺寸”按钮。

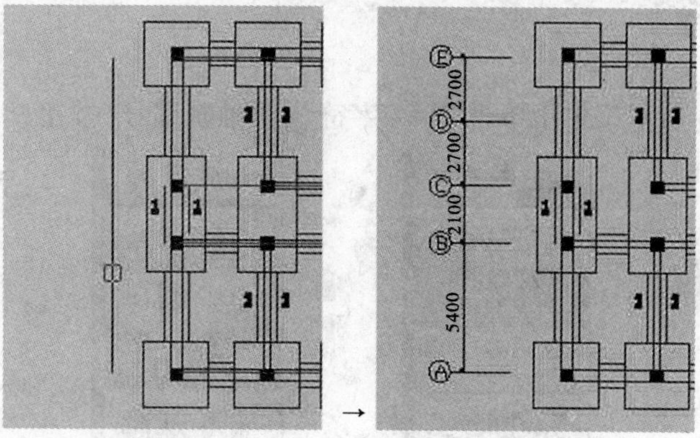

图 6-2-9

命令提示区提示移动光标点取需要标注尺寸的条基,见图 6-2-11,用光标点取墙所在的轴线,则条基尺寸标注完成。

2)独基尺寸

在如图 6-2-10 所示菜单中单击“标注尺寸”→“独基尺寸”按钮,用光标点取独基,则独基尺寸标注完成,见图 6-2-12。

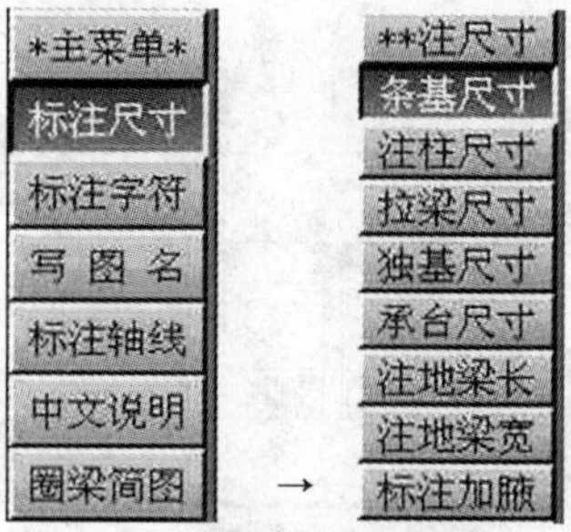

图 6-2-10

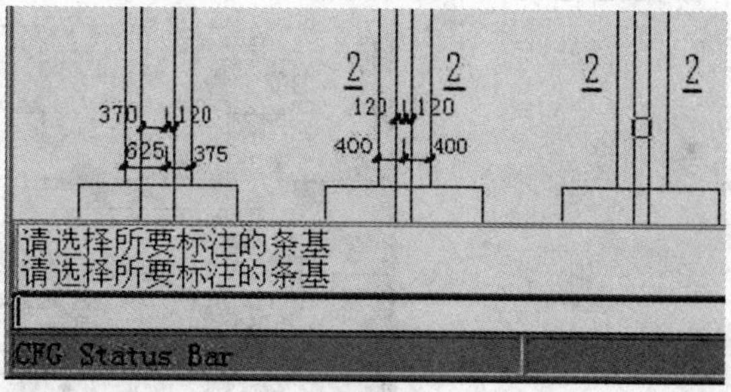

图 6-2-11

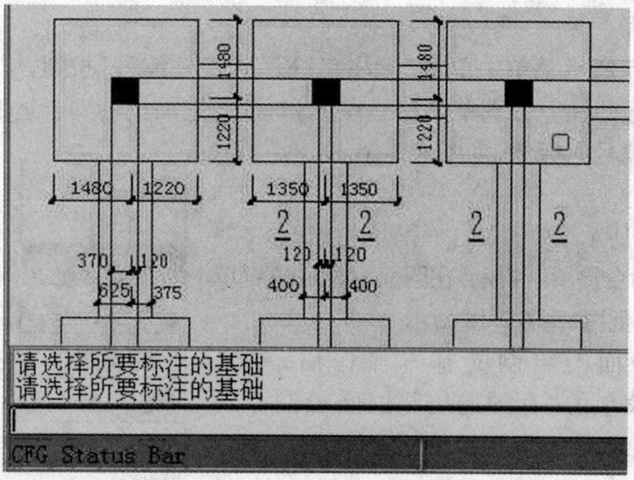

图 6-2-12

6.2.2.3　标注字符

1）独基编号

在如图 6-2-13 所示菜单中单击“标注字符”→“独基编号”按钮。

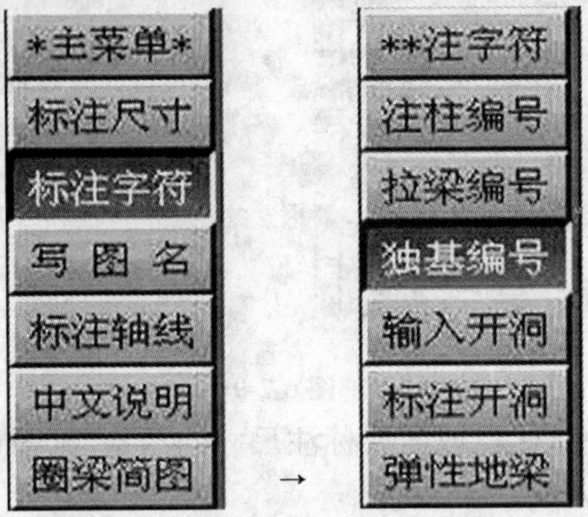

图 6-2-13

在要标注编号的基础上分别单击鼠标左键和右键，拖动鼠标到合适的位置后，单击鼠标左键完成一个独基编号的标注，见图 6-2-14。

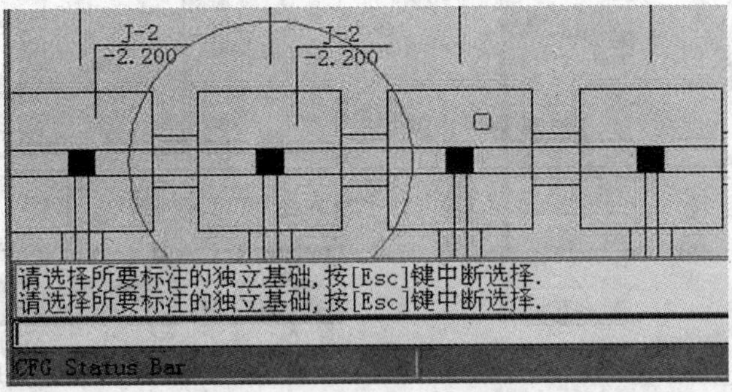

图 6-2-14

2）标注柱编号

在如图 6-2-15 所示菜单中单击“标注字符”→“注柱编号”按钮。

在要标注编号的柱上分别单击鼠标左键和右键，拖动鼠标到合适的位置后，单击鼠标左键完成一个柱编号的标注，见图 6-2-16。

6.2.2.4　写图名

在如图 6-2-17 所示菜单中单击“写图名”按钮。

按屏幕底部命令提示区提示，在图面上合适位置单击鼠标左键，图名标注如图 6-2-18 所示。

完成基础平面图绘制的基本操作后，单击图 6-2-17右侧主菜单的“存图退出”按钮，绘制好的基础平面图名为“JCPM. T”。

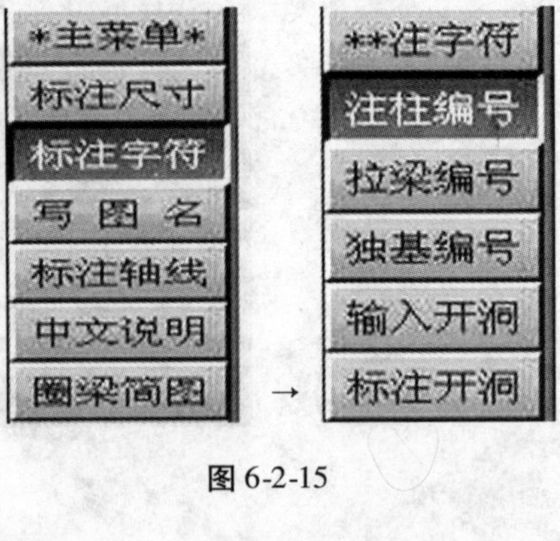

图 6-2-15

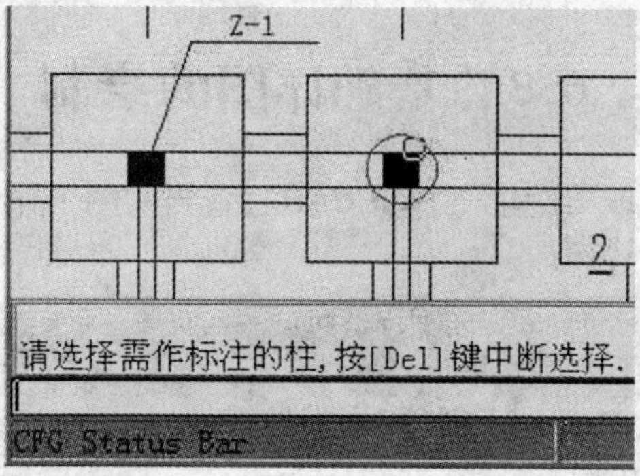

图 6-2-16

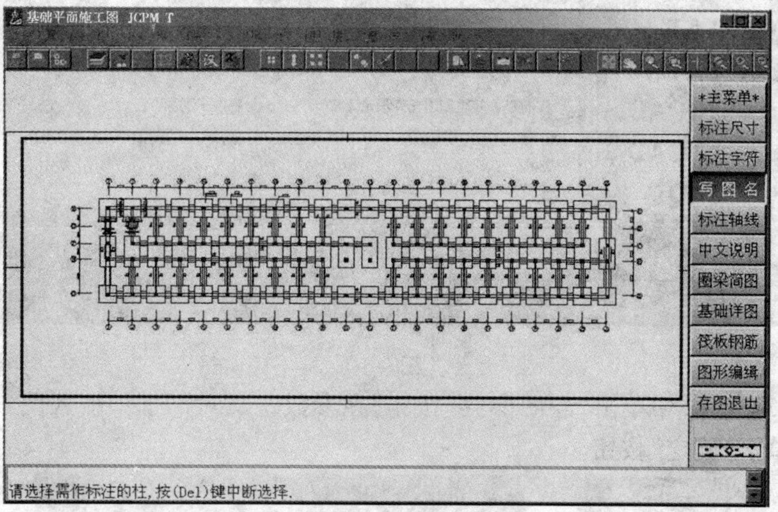

图 6-2-17

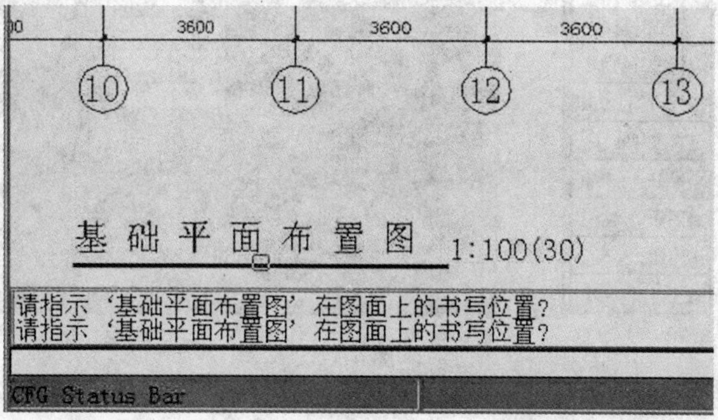

图 6-2-18

6.3　基础详图的绘制

在图 6-3-1 窗口中选取“结构”、“★JCCAD”,置当前的工作目录为“AAA”, 双击“8 独基条基详图”按钮。

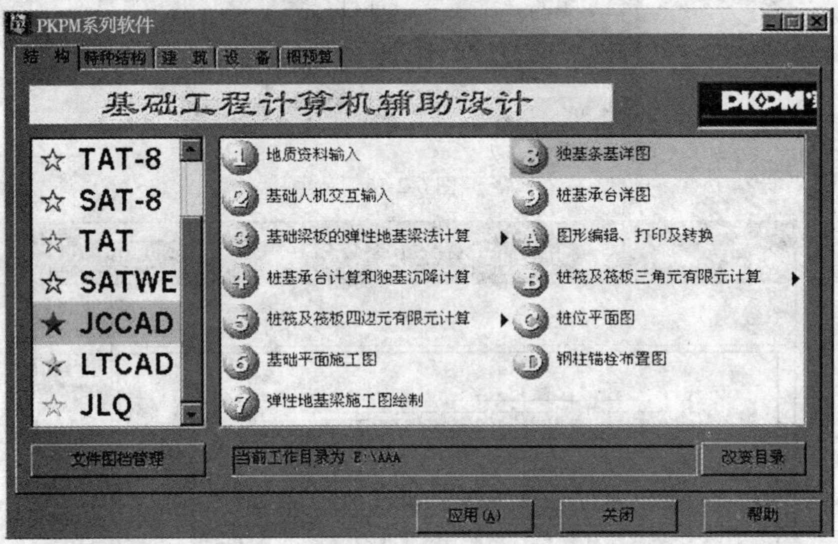

图 6-3-1

在图 6-3-2 菜单中单击“绘图参数”按钮,在参数定义对话框中输入图纸号及大样设计等参数,单击“确定”按钮。

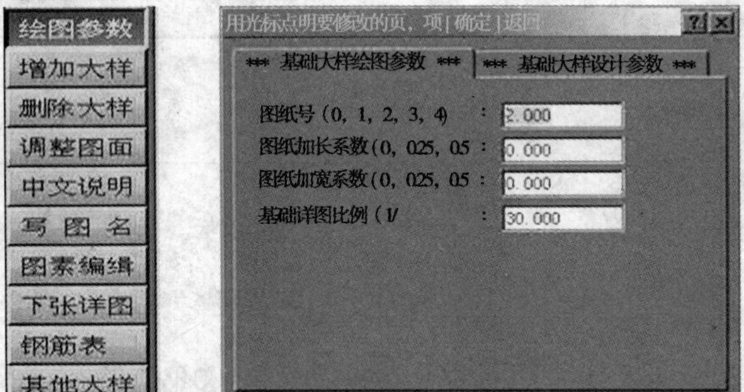

图 6-3-2

在图 6-3-3 菜单中单击“增加大样”按钮,在列表中选择大样绘制到图面中。

单击图 6-3-4 菜单中的“回前菜单”,如果一张图绘制满,需要绘制另一张详图,单击“下张详图”按钮,详图绘制完成后单击“退出”按钮,所绘制的详图文件名为“JCXT?.T”。

详图文件名“JCXT?.T”中的“?”表示详图的顺序号,例如有三张详图,编号分别为“JCXT1.T”、“JCXT2.T”、“JCXT3.T”。

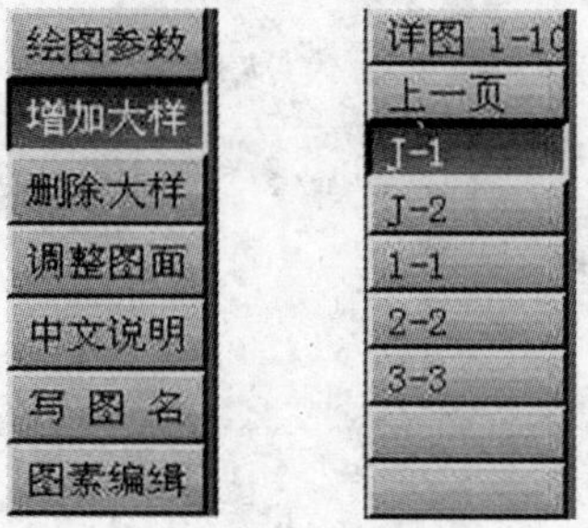
绘图参数
增加大样
删除大样
调整图面
中文说明
写 图 名
图素编辑
详图 1-1
上一页
J-1
J-2
1-1
2-2
3-3

图 6-3-3

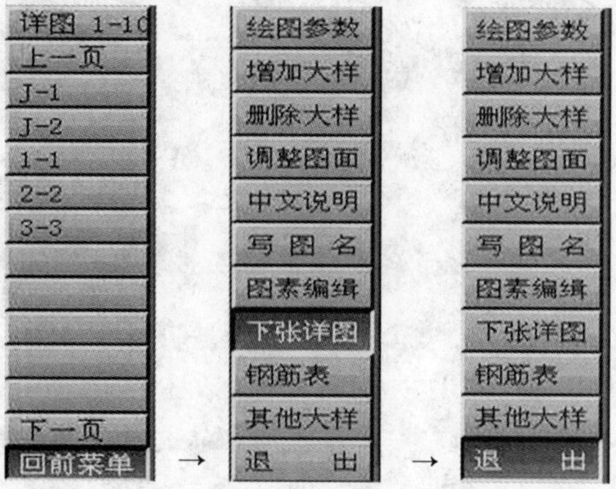
详图 1-1
上一页
J-1
J-2
1-1
2-2
3-3
下一页
回前菜单
绘图参数
增加大样
删除大样
调整图面
中文说明
写 图 名
图素编辑
下张详图
钢筋表
其他大样
退　　出
绘图参数
增加大样
删除大样
调整图面
中文说明
写 图 名
图素编辑
下张详图
钢筋表
其他大样
退　　出

图 6-3-4

第 4 篇　建筑设备设计

第7章 HPM模块应用

HPM模块是建筑采暖设计模块,应用该模块可以完成采暖设计条件图的生成,进行采暖负荷计算分析,建立采暖系统模型,并完成采暖平面图和系统图的绘制,还可以进行采暖材料的统计及采暖设计总说明、图纸目录的生成等工作。

采暖设计模块(HPM)启动画面见图7-0-1。

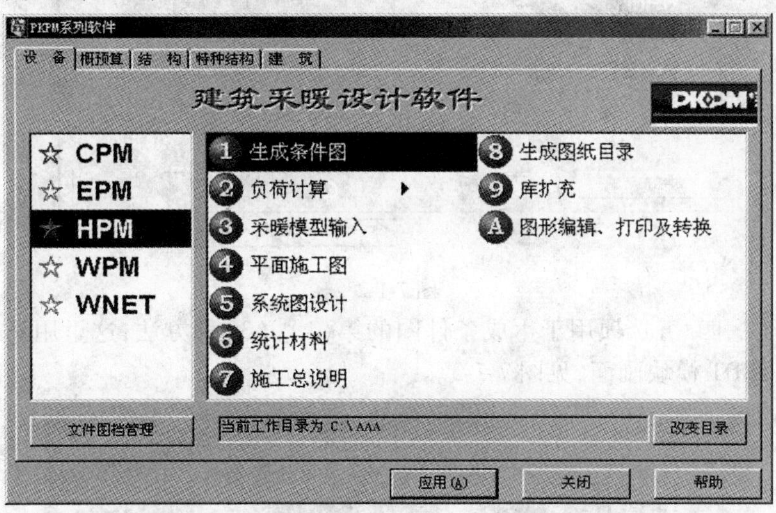

图7-0-1

7.1 生成条件图

生成条件图的过程是为采暖设计提供一个底图(条件图),以便把采暖系统画上去。这项工作实际是由PKPM一个单独的SBDT(建筑设备底图软件)模块完成的,但由于其与采暖设计模块(HPM)已完全整合,因此感觉不到它是单独的模块,它不需要解密锁即可工作。另外,SBDT模块也为WPM(建筑给排水设计软件)、CPM(通风空调设计软件)、EPM(建筑电气软件)提供建筑条件图。

SBDT模块提供了三种生成条件图的方法:

(1)用SBDT建立建筑模型,然后生成条件图。

(2)直接利用APM或PMCAD的数据,自动生成设备底图。

(3)把AutoCAD建筑图(DWG文件)转换成本系列的设备底图。

注:第(1)、(3)种方法是在没有APM或PMCAD数据可利用的情况下才使用,由于本书目的是介绍PKPM软件的全套工作过程,因此这两种方法在此只提一下,不予详细介绍,有兴趣的读者可参看PKPM系列软件说明书。

下面来看如何直接利用APM或PMCAD(结构设计软件)的数据,自动生成设备底图。

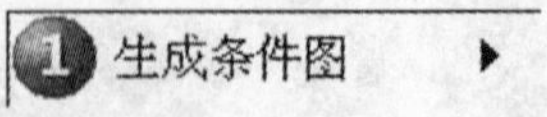

图 7-1-1

采暖设计模块(HPM)启动画面已经介绍了,在其"1 生成条件图"选项的右端有一个小三角,见图 7-1-1,这表明其下还有选项,点取它,会出现如图 7-1-2 所示的画面。

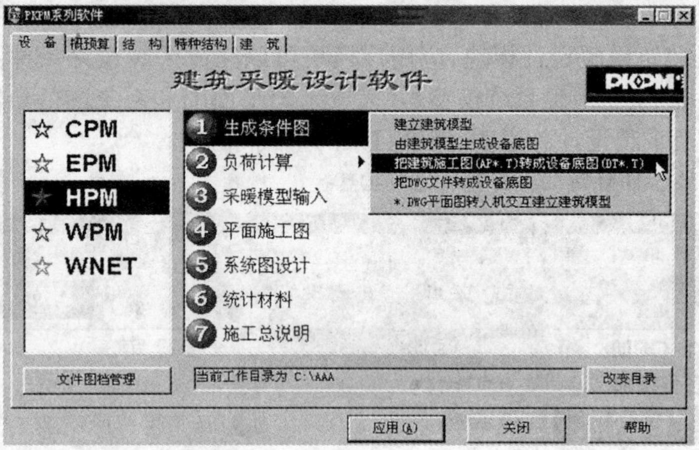

图 7-1-2

其中,一、二、四、五选项用于生成条件图的第(1)、(3)种方法,这里用不到。点取第三选项,出现 SBDT 模块画面,见图 7-1-3。

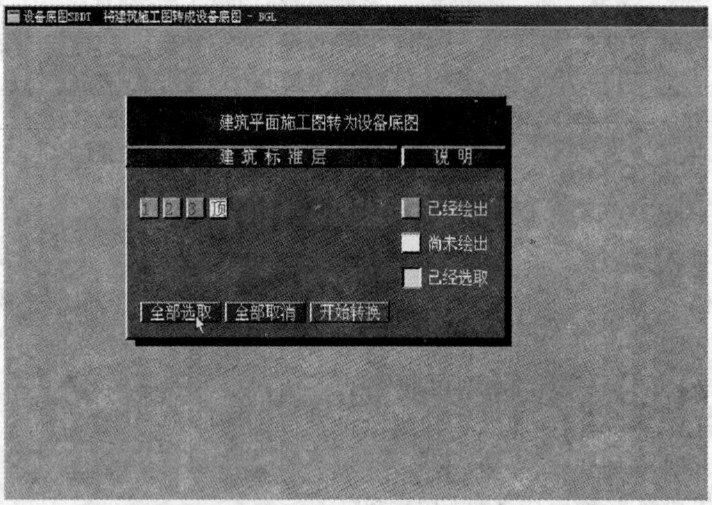

图 7-1-3

这里列出了各个标准层号以及顶层号,都是可点取的。在第一次设计时一般点取"全部选取"选项,将全部标准层和顶层都选取上,然后点取"开始转换"选项,出现如图 7-1-4所示的画面。

注:顶层在后边的工作中是不出现、不涉及的,但它是构成建筑必不可少的要素,因此也必须转换。

点取"图层开闭"选项,出现如图 7-1-5 所示的画面。用鼠标点取各个构件名即可改变各个构件的开关状态。选取完,按[Esc]键或鼠标右键,退出“图层开闭”状态,然后点取“<开始>”选项,SBDT 模块即开始生成设备底图,这个过程是自动的。转换完后,软件自动退到采暖设计模块(HPM)启动画面,进行下面的设计——负荷计算。

图 7-1-4

图 7-1-5

7.2　负荷计算

负荷计算选项的右端也有一个小三角,点取它,会出现如图 7-2-1 所示的画面。

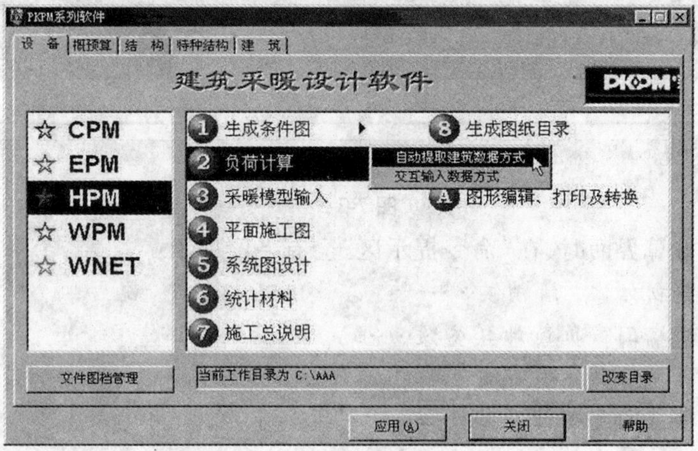

图 7-2-1

有两个选项:“自动提取建筑数据方式”、“交互输入数据方式”。点取“自动提取建筑数据方式”选项,出现一个对话框,如图 7-2-2 所示。

注:“工程名”一般默认(不用加.T 扩展名)。由于是直接利用 APM 或 PMCAD 的数据自动生成的设备底图,因此工程名是建筑或结构专业命名的,默认即可。

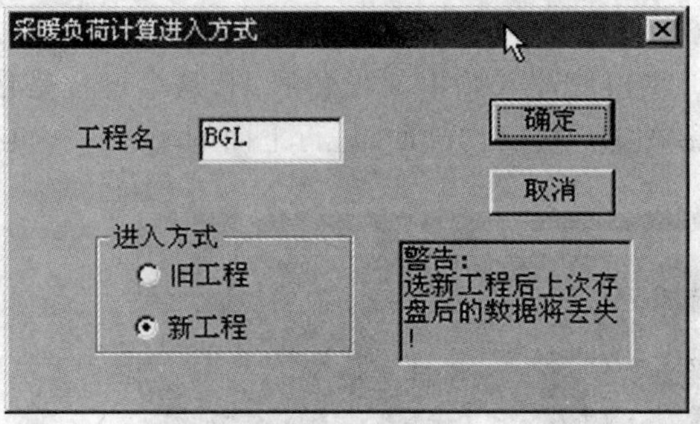

图 7-2-2

“进入方式”有两个选项,若是第一次计算负荷或是不想要以前计算的负荷,选“新工程”;若是想修改以前计算的负荷,选“旧工程”。在右下侧有警告项,可参看。

选完按“确定”按钮即进入负荷计算界面,见图 7-2-3。

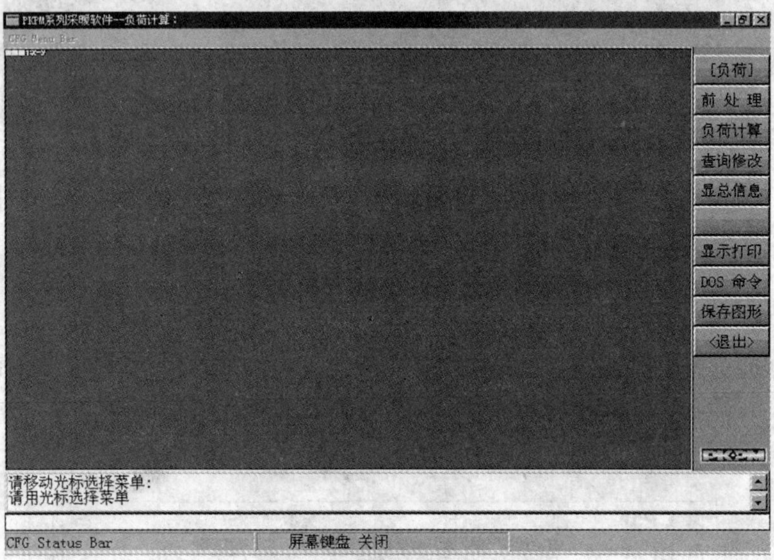

图 7-2-3

刚进入负荷计算界面时,在“命令提示区”会有一段提示:

正在计算墙窗初始化,请稍候……

正在定义全楼墙门窗负荷计算参数……

全楼墙门窗负荷计算参数定义完毕!

正在定义全楼房间负荷计算参数……

全楼房间负荷计算参数定义完毕!

请移动光标选择菜单:

请用光标选择菜单

这是系统在以默认的参数对墙窗进行初始化,不用管它,等墙窗初始化完成,即可进行负荷计算了。点取右侧“[负荷]”菜单的“前处理”命令,如图 7-2-4 所示,进入“[前处理]”菜单,如图 7-2-5 所示。

图 7-2-4

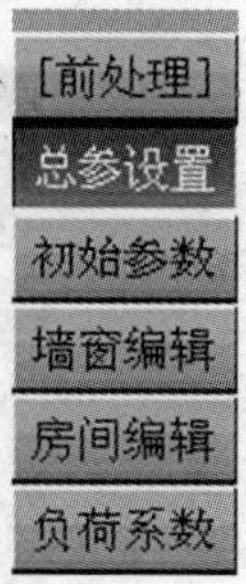

图 7-2-5

点取"总参设置"命令，弹出"采暖负荷计算总体参数设置"对话框，如图 7-2-6 所示。

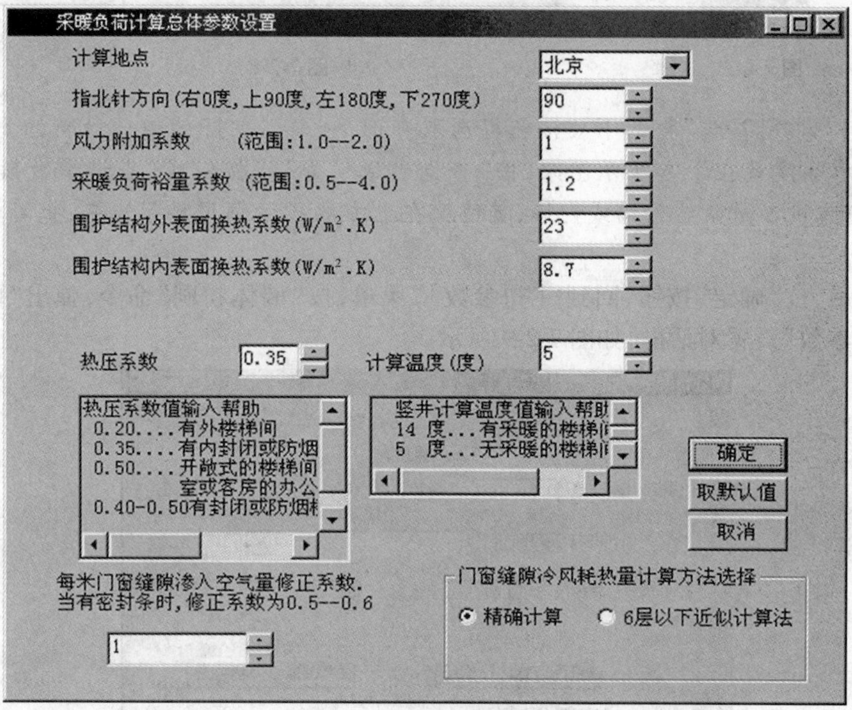

图 7-2-6

注："计算地点"收录了《采暖通风与空气调节设计规范》(GBJ19—87)中给出的全部城市和地区的气象参数，默认的是"北京"，按下拉按钮可选取城市，本设计为"鸡西"。

"计算温度(度)"指的是楼梯间(竖井)的计算温度。

其他一看就明白或有说明，就不一一解释了。

全部选好后，按"确定"按钮，回到"[前处理]"菜单，按"初始参数"命令，进入"[初参数]"菜单，如图 7-2-7 所示。

点取"墙"命令，弹出"墙体初始化参数"设置对话框，如图 7-2-8 所示。

注：这里墙体的导热系数指的是墙主体材料的导热系数，不包括内外抹灰层，系统默认的外墙和内墙的导热系数均为 0.81W/(m·K)。若实际的墙体材料与此有差别，可在

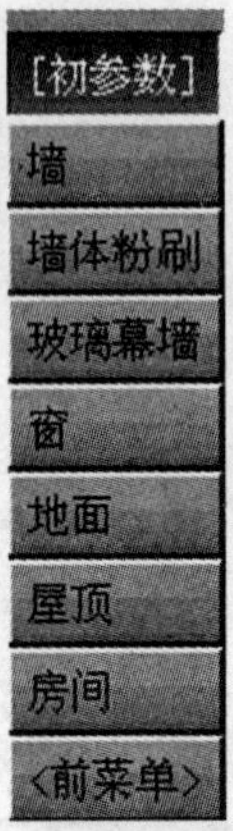

图 7-2-7

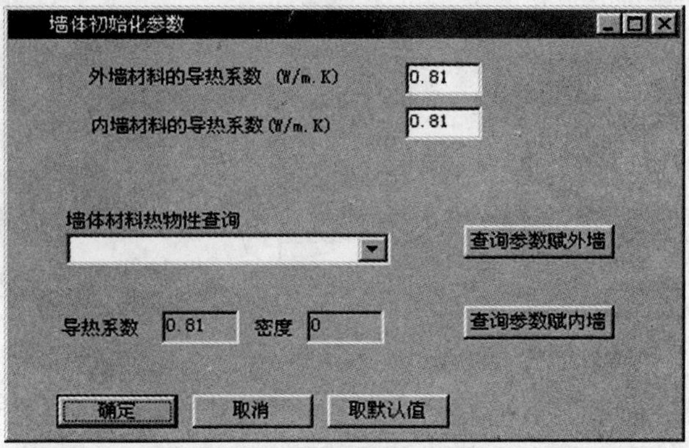

图 7-2-8

"墙体材料热物性查询"框的下拉按钮框选取查询,选取了实际的墙体材料的类别后,其导热系数和密度就在下方显示出来,按"查询参数赋外墙"按钮或"查询参数赋内墙"按钮,可把查询的参数赋给外墙或内墙,其值就在上方的显示框里显示出来;也可经手算后直接填入。

选好后,按"确定"按钮,回到"[初参数]"菜单,按"墙体粉刷"命令,弹出"内外粉刷层初始化参数"设置对话框,如图 7-2-9 所示。

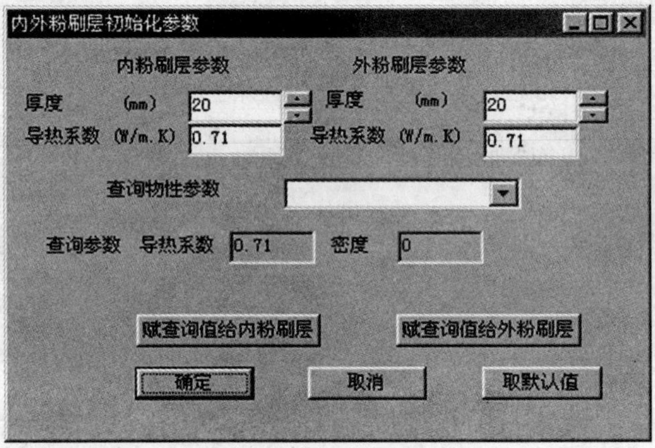

图 7-2-9

其值与"墙体初始化参数"设置基本一样,应填入实际值。实际值可查询得到,也可经手算后直接填入。

选好后,按"确定"按钮,回到"初参数"菜单,由于本设计没有玻璃幕墙,略过"玻璃幕墙"命令,按"窗"按钮,弹出"内外窗初参数设置"对话框,见图 7-2-10。

注:"缝隙长度"应向建筑专业人员询问后按实际数值填入。

"外窗类型"和"内窗类型"的选择,先按"查询选择"按钮,再在下方的下拉按钮框选取,选好后其类型自动添入"外窗类型"和"内窗类型"的类型框里。

选好后,按"确定"按钮,回到"[初参数]"菜单,按"地面"命令,弹出"地面初始化参

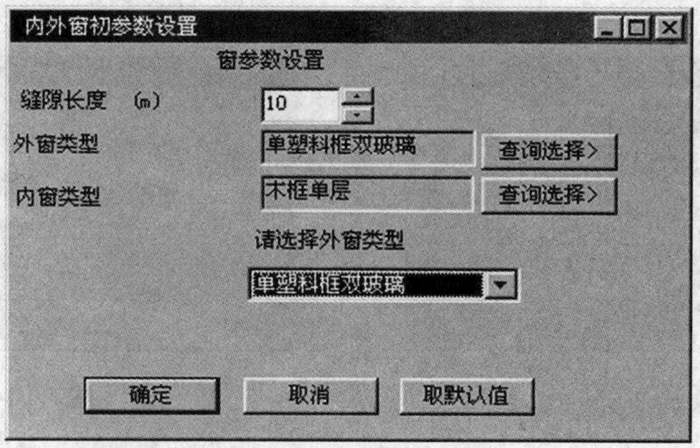

图 7-2-10

数输入”对话框，如图 7-2-11 所示。

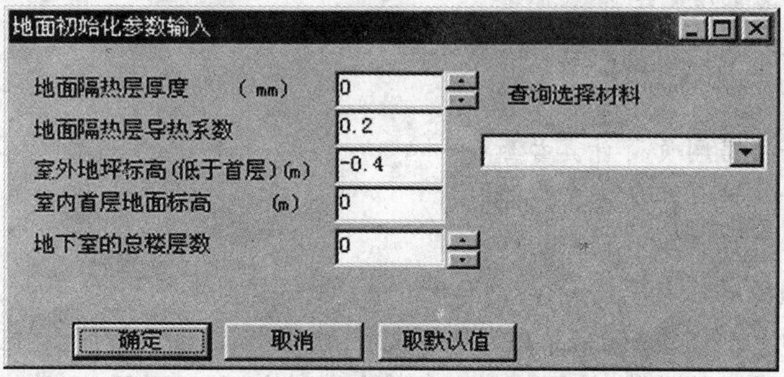

图 7-2-11

按实际数值填入即可。

选好后，按“确定”按钮，回到“[初参数]”菜单，按“屋顶”按钮，弹出“屋顶参数设置”对话框，见图 7-2-12。

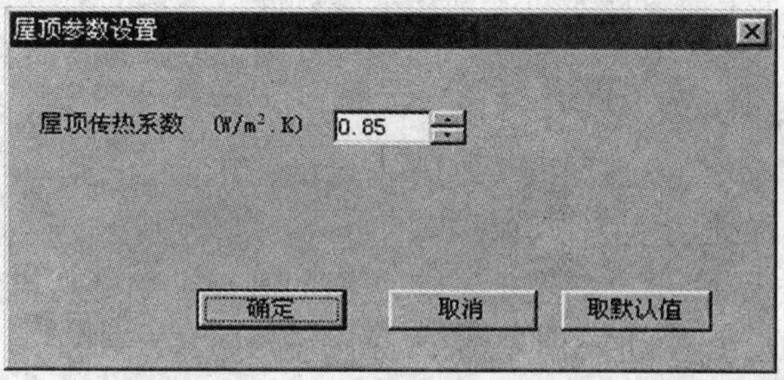

图 7-2-12

按实际数值填入即可。

选好后，按“确定”按钮，回到“[初参数]”菜单，按“房间”按钮，弹出“房间参数的设置”对话框，见图 7-2-13。

按实际要求房间温度和得失热量填入即可。

选好后，按“确定”按钮，回到“[初参数]”菜单。至此全部初始参数已设置完成，下面要做的是对全楼进行热工参数初始化。按“<前菜单>”按钮，弹出初始化确认对话框,见图 7-2-14。

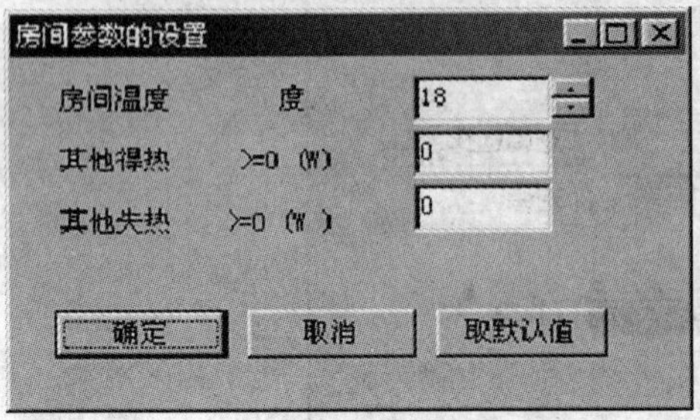

图 7-2-13

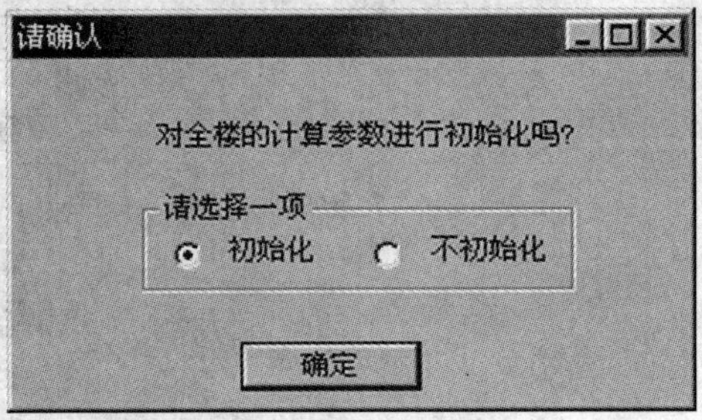

图 7-2-14

点选“初始化”后,按“确定”按钮,软件即会对全楼进行热工参数初始化,在“命令提示区”会有一段提示:

正在计算,请稍候……

正在定义全楼墙门窗负荷计算参数……

全楼墙门窗负荷计算参数定义完毕!

正在定义全楼房间负荷计算参数……

全楼房间负荷计算参数定义完毕!

请移动光标选择菜单:

请用光标选择屏幕菜单

当出现“请用光标选择屏幕菜单”的提示后,软件会退回“[负荷]”菜单,但这只是对全楼进行了热工参数初始化,设置的热工参数全楼一样,而对于某些有沉降缝或要求温度不同或有其他不同热工参数要求的房间,还需要对其进行个别热工参数编辑。

点取如图 7-2-4 所示“[负荷]”菜单的“前处理”命令,进入“[前处理]”菜单,见图 7-2-5。我们看到在“总参设置”、“初始参数”下面还有三个命令:“墙窗编辑”、“房间编辑”、“负荷系数”,这三个命令就是对个别热工参数进行编辑的命令。

点取“墙窗编辑”命令,进入“[墙窗]”菜单,见图 7-2-15。这时只是右侧的菜单区发生变化,上方的下拉菜单区还没发生变化。

点取“选标准层”命令,出现如图 7-2-16 所示的画面。由于本设计只有三个标准层,因此这里列出了三个标准层号。

点取“LAYER 1”命令,出现如图 7-2-17 所示的画面。第一标准层出现在图形区,同时上方的下拉菜单区也出现,共有六个命令,见图 7-2-18。

由于这部分是个别编辑,平时用得不多,很多功能一看就能懂,而且本设计也不涉及,在此只为读者概括介绍一些。

“房间编辑”与“墙窗编辑”基本相似。

还要提一下的是图 7-2-15 中的“基本计算”功能,点取“基本计算”命令,进入“[计算]”菜单,如图 7-2-19 所示。

这里可以计算维护结构的 λ、K 值。

点取“当量 λ 值”命令,弹出修改“墙体总层数”的对话框,见图 7-2-20。

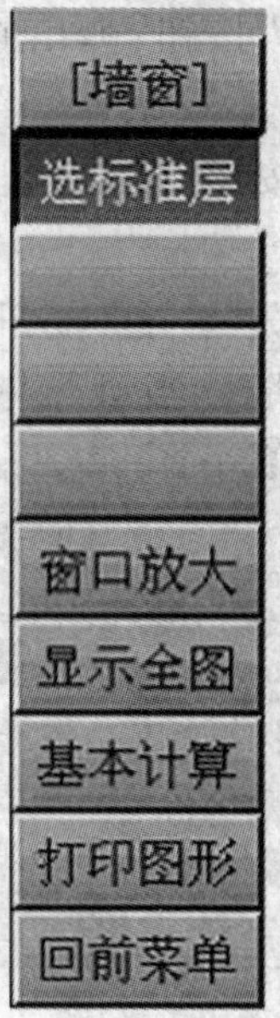

图 7-2-15

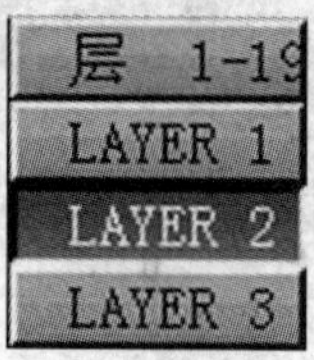

图 7-2-16

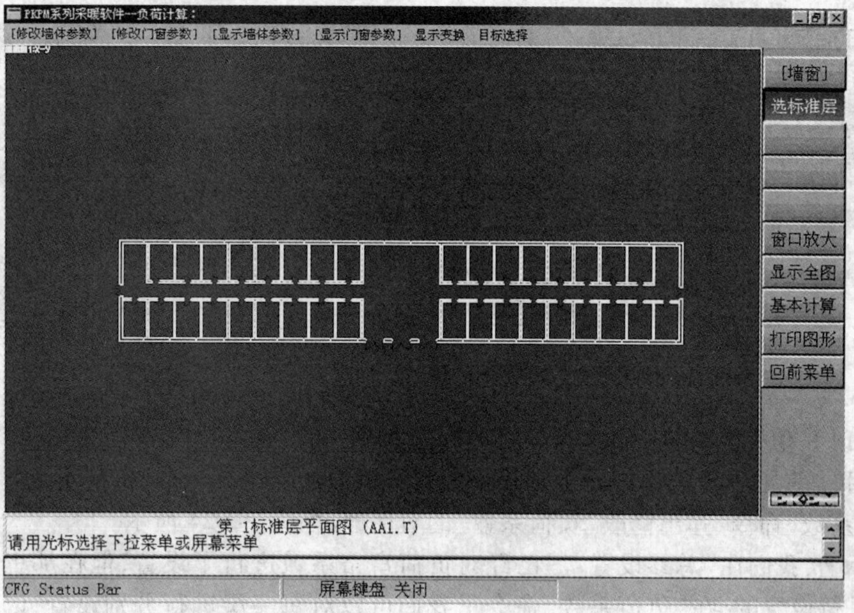

图 7-2-17

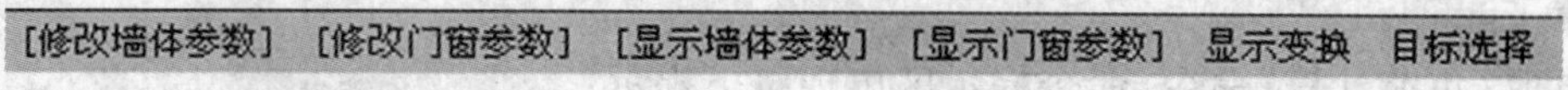

图 7-2-18

图 7-2-19

输入实际的墙体总层数后按“确定”按钮，弹出修改“墙体厚度”的对话框，见图 7-2-21。

输入实际的墙体厚度后按“确定”按钮，弹出修改“墙体材料导热系数”的对话框，见图 7-2-22。

输入实际的墙体材料导热系数后按“确定”按钮，这时墙体当量导热系数、墙体综合传热系数已经算完，弹出“墙体当量导热系数”、“墙体综合传热系数”的显示对话框，见图 7-2-23。框内的数值即为实际的墙体当量导热系数、墙体综合传热系数。

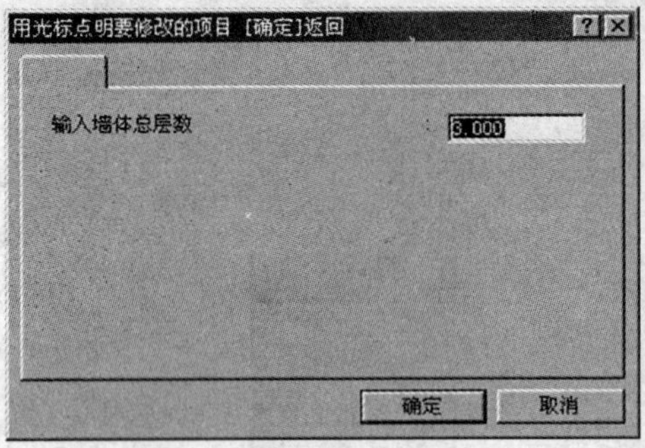

图 7-2-20

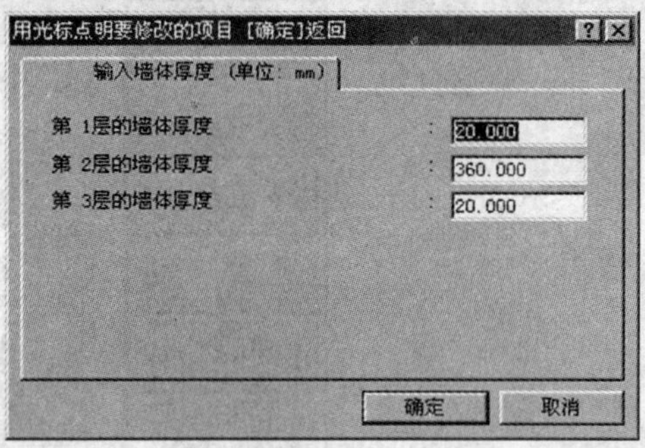

图 7-2-21

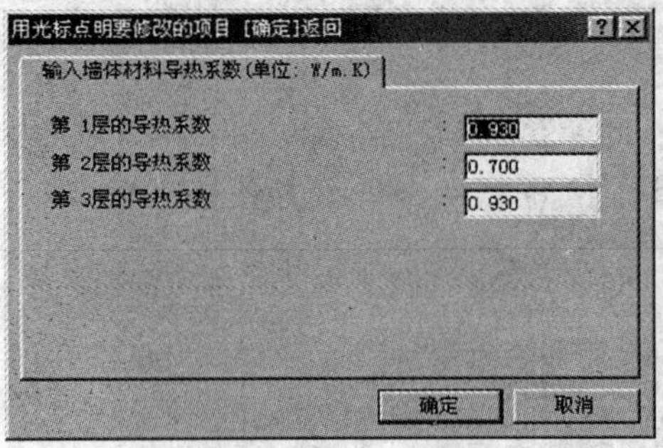

图 7-2-22

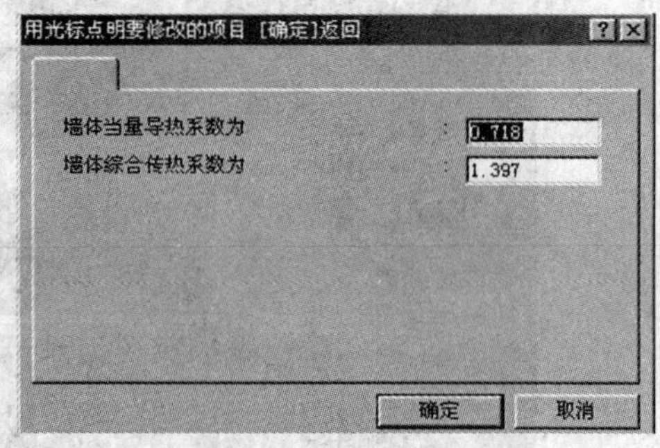

图 7-2-23

“屋顶 K 值”命令与“当量 λ 值”命令基本相似。

利用“[前处理]”菜单进行个别热工参数编辑的命令还有一个“负荷系数”命令。点取“负荷系数”命令，弹出修改“负荷系数”的对话框，如图 7-2-24 所示。

实际上，我们在“总参设置”里已经对负荷富裕系数进行了设置，但在那里我们是在总体上进行设置的，在“负荷系数”命令里我们可以对每一层进行分别设置，以使设计与实际情况尽量相符。

至此，“前处理”工作全部完成，点取“<前菜单>”，回到“[负荷]”菜单，可以进行负荷计算了。

点取“负荷计算”命令，命令提示区出现以下提示：

请输入起始楼层号与终止楼层号[1　7]：隐含[Enter]

在这里可以选择要进行负荷计算的楼层号，一般是要对全楼进行计算的，所以按

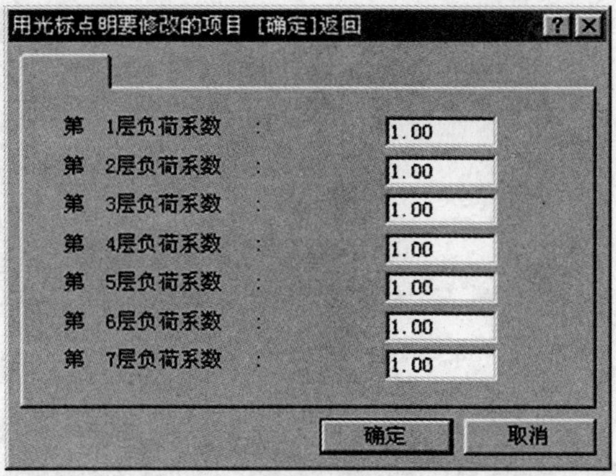

图 7-2-24

[Enter]键或鼠标左键。命令提示区出现以下提示：

正在提取第 1 层的建筑数据……
正在提取第 2 层的建筑数据……
正在提取第 3 层的建筑数据……
正在提取第 4 层的建筑数据……
正在提取第 5 层的建筑数据……
正在提取第 6 层的建筑数据……
正在提取第 7 层的建筑数据……
正在进行负荷计算，请稍候……
正在计算第 1 层的采暖负荷……
正在计算第 2 层的采暖负荷……
正在计算第 3 层的采暖负荷……
正在计算第 4 层的采暖负荷……
正在计算第 5 层的采暖负荷……
正在计算第 6 层的采暖负荷……
正在计算第 7 层的采暖负荷……
负荷计算结束.
请用光标选择菜单

至此,“负荷计算”工作完成,以下就是对已计算完的负荷进行查询、修改和保存了。

点取“[负荷]”菜单的“查询修改”命令,进入“[查改]”菜单,其与“房间编辑”和“墙窗编辑”基本相似,只是在选楼层时选的是物理层号,而不是标准层号,如图 7-2-25 所示。

点取“[负荷]”菜单的“显总信息”命令,弹出“显示全楼信息”对话框,如图 7-2-26 所示。

点取“[负荷]”菜单的“保存图形”命令,软件即对所计算的每一层的负荷进行分层保存,见图 7-2-27。

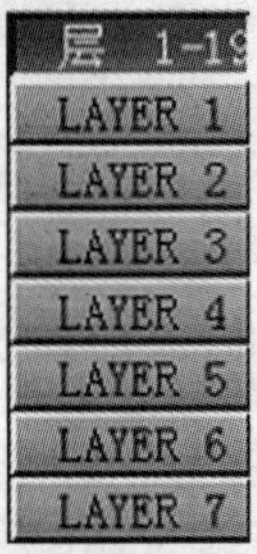

图 7-2-25

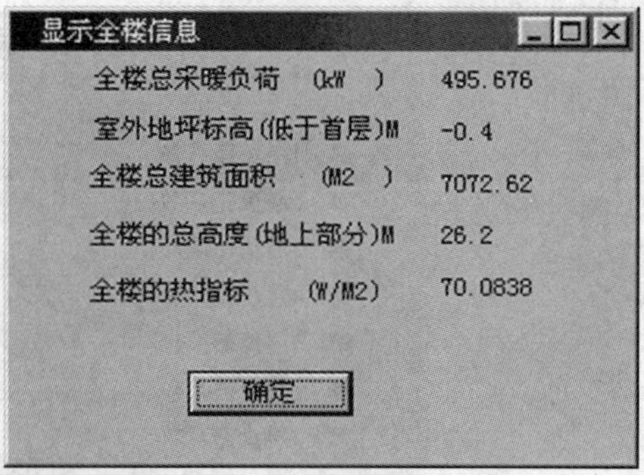

图 7-2-26

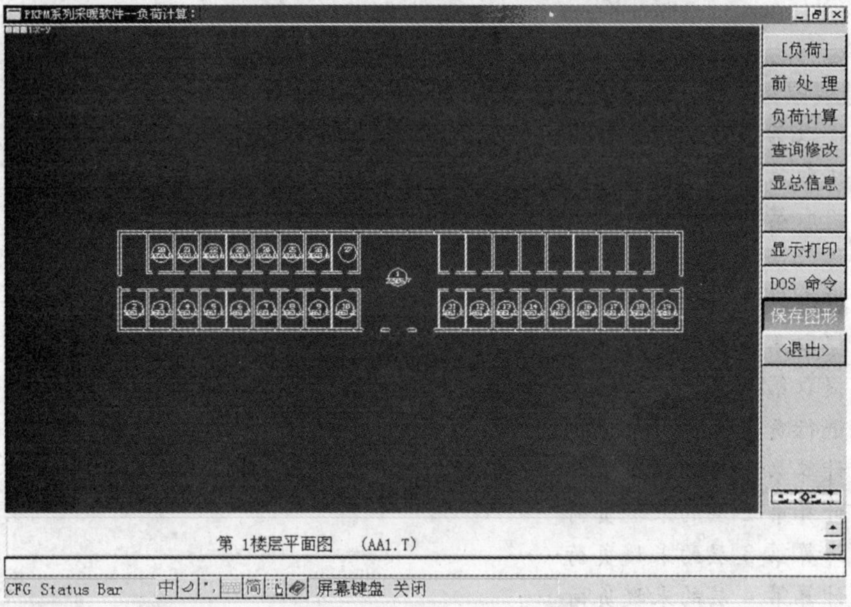

图 7-2-27

注：图中每个房间内的数值即为其负荷。软件会自动把负荷计算结果以图形的形式保存于工作目录下，文件名为：

FH1. T、FH2. T、FH3. T……

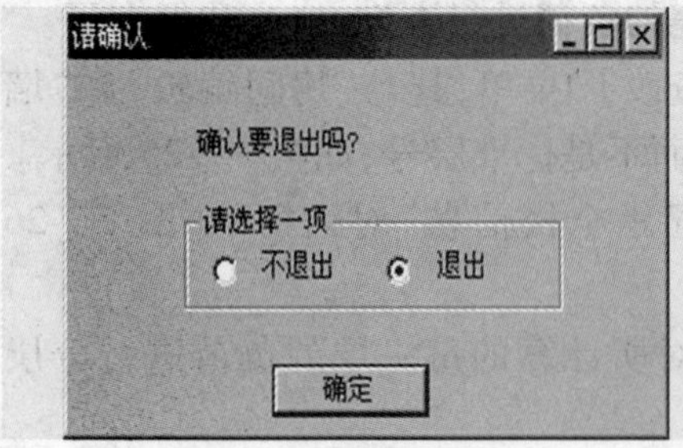

图 7-2-28

FH 后的数字表示的是物理楼层数，FH1. T 表示的是第一层的负荷，FH2. T 表示的是第二层的负荷，以此类推。

最后按"[负荷]"菜单的"＜退出＞"按钮，弹出"确认"对话框，见图 7-2-28。

点选"退出"按钮，按"确定"按钮，软件退回采暖设计模块(HPM)启动画面，进行下面的设计——采暖模型输入。

7.3　采暖模型输入

双击启动画面的“采暖模型输入”命令，进行采暖模型输入。

首先弹出一个“选择进入方式”对话框，见图 7-3-1。

由于是第一次进行采暖模型输入，点选“新文件”后按“确定”按钮，进入采暖模型输入主界面，其右侧命令菜单区见图 7-3-2。

点取“[采暖]”菜单的“平面输入”命令，软件将会把第 1 标准层输入进来，见图 7-3-3。

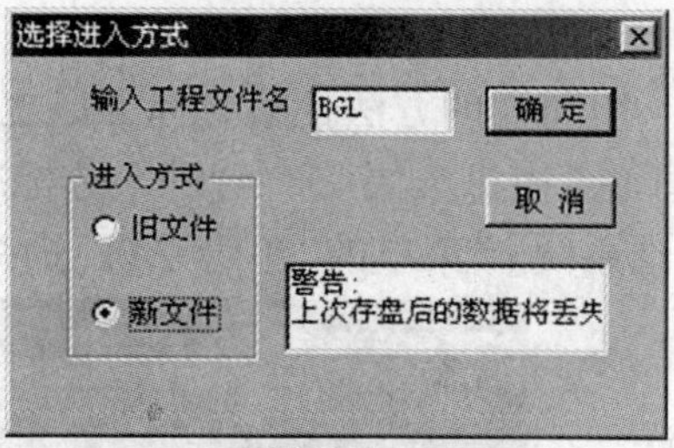

图 7-3-1

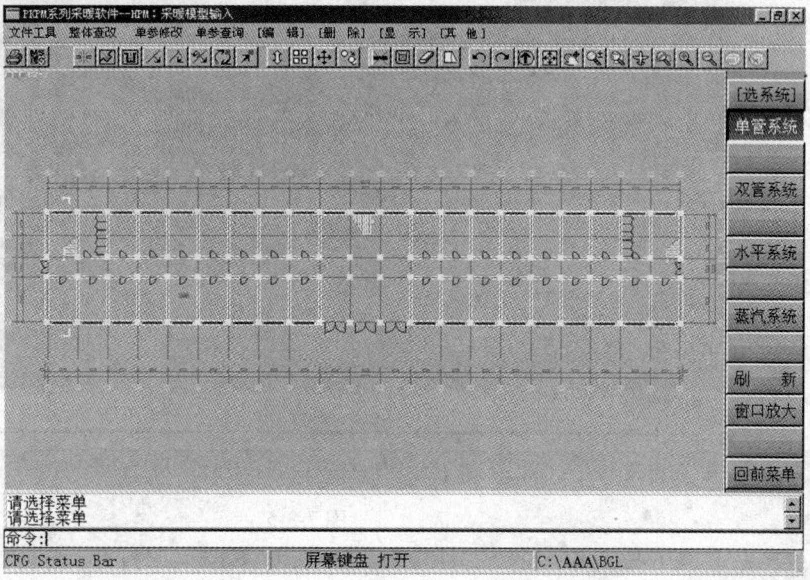

图 7-3-2　　图 7-3-3

注：若“平面输入”后看不到任何图形，可能是建筑专业设定的比例与你设定的比例不同，按 F6 键或快捷按钮▣即可。

此时实际上已经可以进行采暖模型输入了，但由于采暖系统的特点，首层有回水管、顶层有供水管，一般来说最好是把所有标准层都先输入进来，然后从中间的标准层入手布置散热器、立管、支管等所有标准层都有的设备，然后再分别布置首层的回水管、顶层的供水管等独有的设备。

因此，点取“[选系统]”菜单的“回前菜单”命令，回到“[采暖]”菜单，点取“[采暖]”菜单的“换标准层”命令，进入选标准层菜单，见图 7-3-4。

图 7-3-4

选择“floor：1”下面的空选择条，命令提示区会出现以下提示：

标准层数：1 当前标准层号：1 请选择修改，按[Esc]退出

层复制（[Enter]/[Esc]）？

此时由于我们并没有输入任何采暖模型，因此按[Esc]键或鼠标右键，命令提示区会出现以下提示：

当前标准层号：2

请选择菜单

请选择菜单

用同样的方法把第3标准层也输入进来，然后退回到“[采暖]”菜单，点取“[采暖]”菜单的“换标准层”命令，进入选标准层菜单，选择第二标准层，进行采暖模型输入。点取“[选系统]”菜单的“单管系统”命令，进入单管系统模型输入，见图7-3-5。

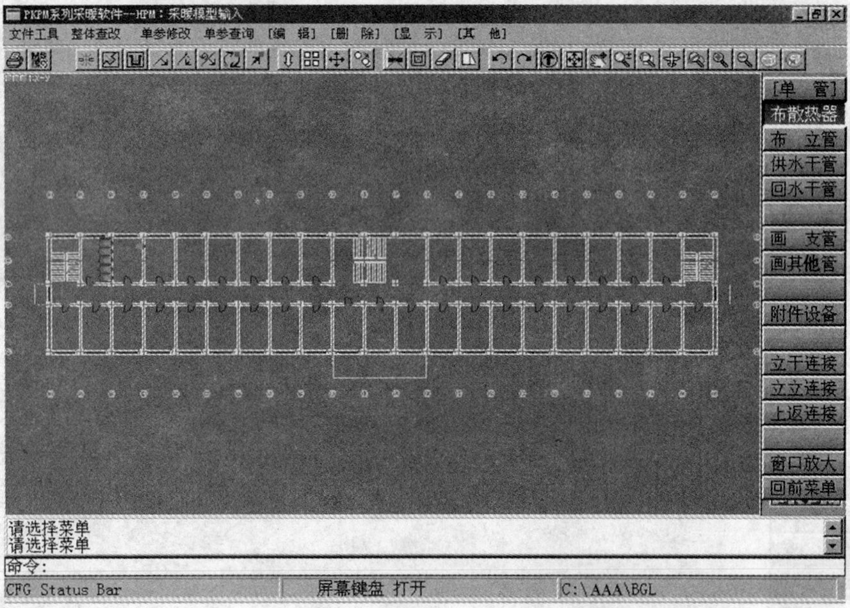

图 7-3-5

首先点取下拉菜单区的“文件工具”命令，将下拉菜单打开，点取“参数设置”命令，见图7-3-6。

点取“参数设置”命令后，弹出“参数设置”对话框，见图7-3-7。

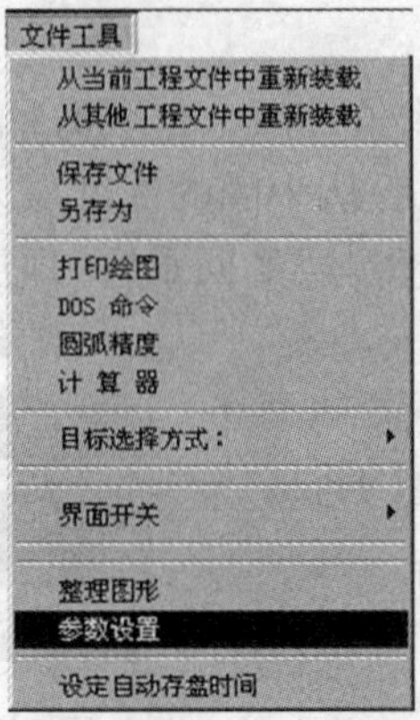

图 7-3-6

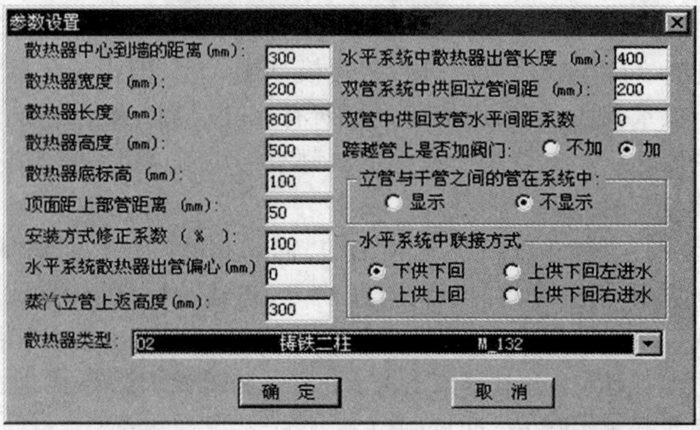

图 7-3-7

在“参数设置”对话框中将“散热器形式”项选为“02 铸铁二柱 M_132”。其他的选项都不用改动。按“确定”按钮后回到单管系统模型输入界面，此时正式进行模型输入。

点取“[单管]”菜单的“布散热器”命令，弹出“布置散热器”对话框，见图 7-3-8。

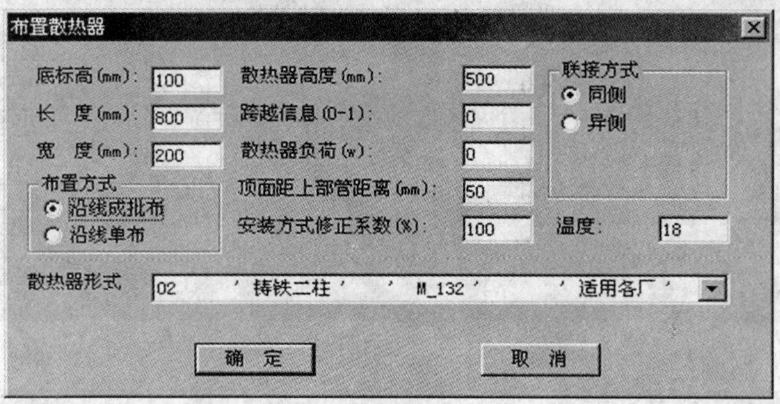

图 7-3-8

我们看到，由于已经在“参数设置”中将“散热器形式”项选为“02 铸铁二柱M_132”，此时在“散热器形式”项里就是“02 铸铁二柱 M_132”，而不是系统默认的“01 铸铁四柱 4_813”。

注：需要解释的是“布置方式”下的两个选项：“沿线成批布”、“沿线单布”。点选“沿线成批布”，用鼠标确定了一条直线后，软件将沿着这条直线为所有与之平行且相近的外墙上的外窗分别布置一个散热器；点选“沿线单布”，用鼠标确定了一条直线后，软件将沿着这条直线平行方向上单布一个散热器，可以用鼠标左右拉动以确定散热器的位置。

先点选“沿线成批布”，按“确定”按钮，出现一个光标，用光标点选一条内侧墙线，见图 7-3-9。

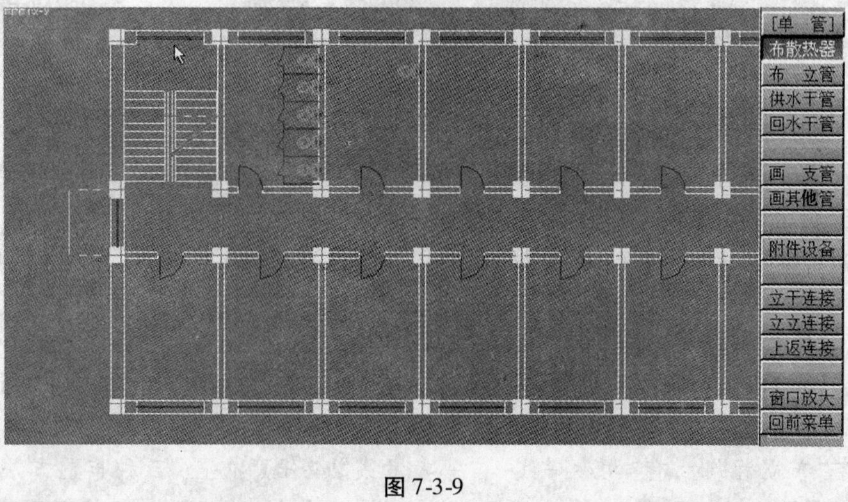

图 7-3-9

再一次确认后，散热器即沿着与这条直线平行的外窗边分别布置完毕，见图 7-3-10。

“沿线成批布”全部完成后，如图 7-3-11 所示。

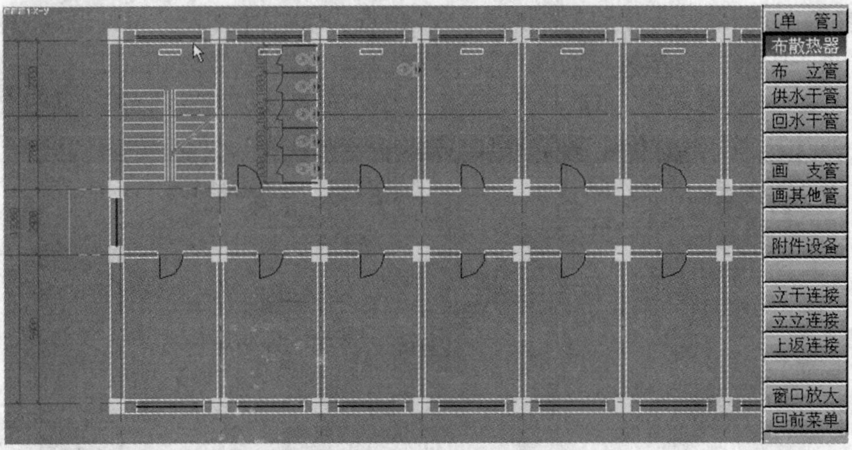

图 7-3-10

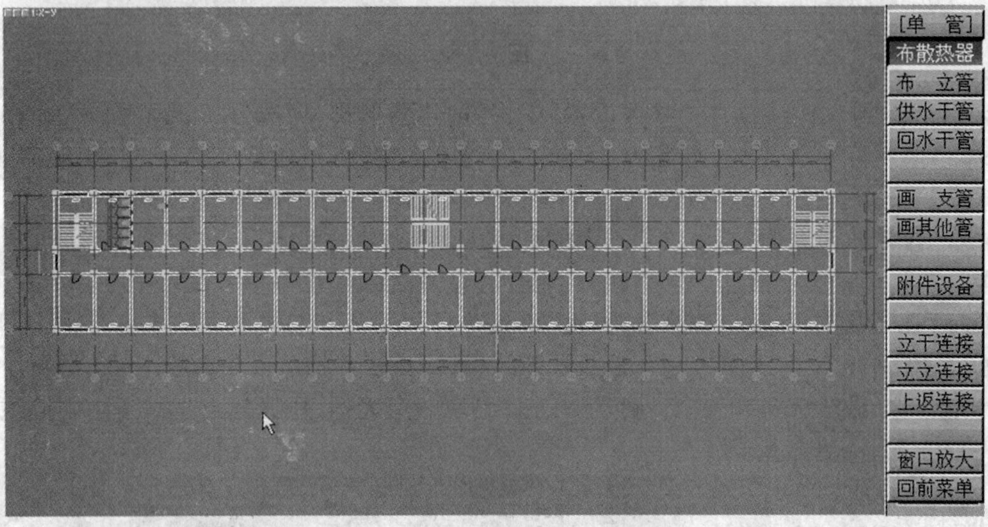

图 7-3-11

此时在东西两侧仍需布置散热器,这就要用到"沿线单布"了。

再次点取"[单管]"菜单的"布散热器"命令,弹出"布置散热器"对话框,点选"沿线单布",按"确定"按钮,出现一个光标,用光标点选西侧一条内侧墙线,选完后即出现一个散热器图形,可以用鼠标左右拉动以确定散热器的位置,见图 7-3-12。

东侧外墙的散热器也按上述方法布置完毕。

至此散热器布置完毕,下面开始"布立管"。

点取"[单管]"菜单的"布立管"命令,进入"[布立管]"菜单,如图 7-3-13 所示。

对于单管系统,立管均为供水立管(从平面图剖面位置看)。

注:在"布立管"时,有"两参考线"、"一参考线"、"任意布置"三种布置方法。在墙角用"两参考线"方式布置;在特殊情况下用"任意布置"方式布置;一般情况下用"一参考线"方式布置。

点取"[布立管]"菜单的"一参考线"命令,出现一个光标,用光标点选西侧一条内侧

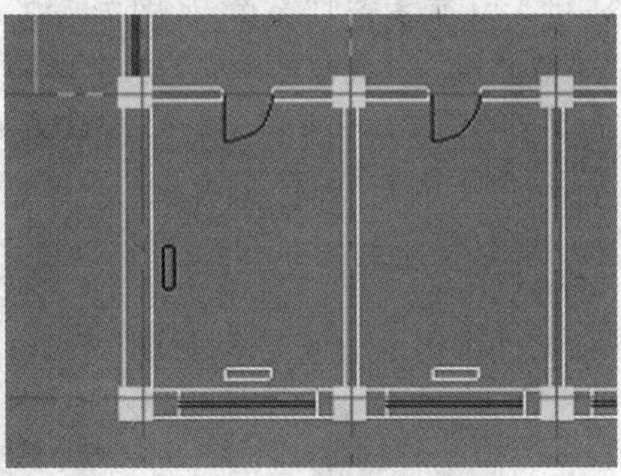

图 7-3-12

图 7-3-13

墙线，选完后即出现一个立管图形，如图 7-3-14 所示。

在按了鼠标左键确认后，弹出“布置立管”对话框，见图 7-3-15。

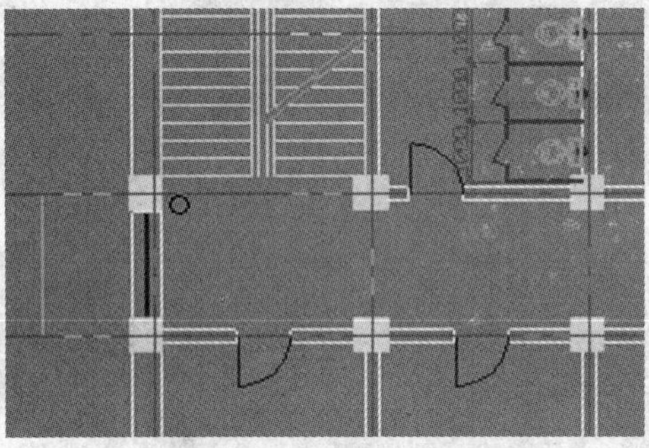

图 7-3-14

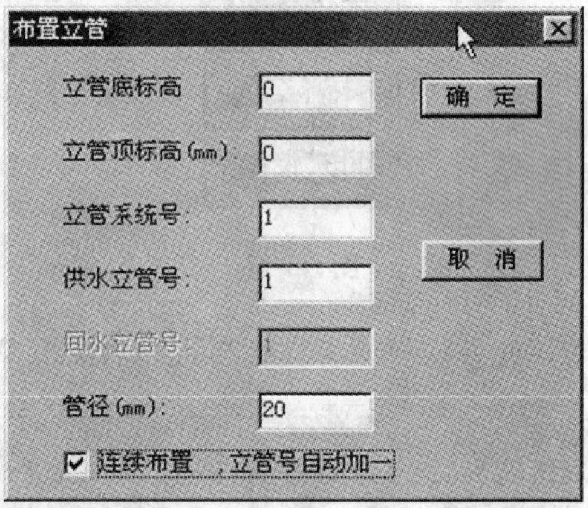

图 7-3-15

“管径”先不用设置，点选“连续布置，立管号自动加一”，按“确定”按钮，即出现一个立管图形，拖动鼠标以确定立管的位置。确定位置后按鼠标左键立管即布置上了。用此方法将所有立管布置完成后如图 7-3-16 所示。

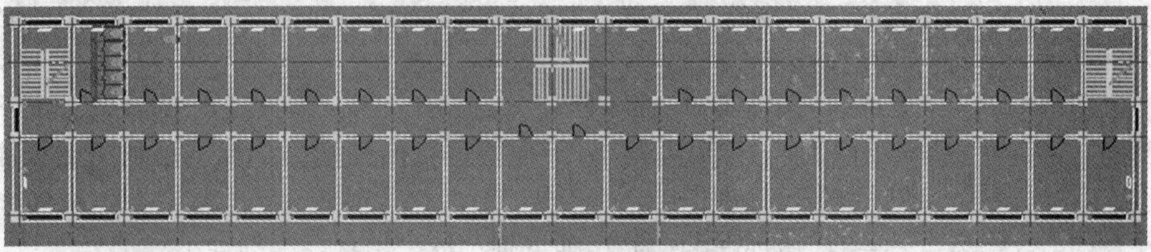

图 7-3-16

注：在布置立管时，有时采暖系统要分成几个系统，此时应注意使同一系统的立管编号连续，以避免出现后边水力计算甚至不能进行水力计算的麻烦。

立管布置完后，点取“[布立管]”菜单的“回前菜单”命令，回到“[单管]”菜单，开始“画支管”。

点取“[单管]”菜单的“画支管”命令，进入“[画支管]”菜单，如图 7-3-17 所示。

注：在“画支管”时，有“一点画管”、“多点画管”、“窗口画管”、“斜窗口画”、“围区画管”五种布置方法。一般情况下我们用“一点画管”方式比较多；对于“多点画管”，是在支管有拐弯时使用；“窗口画管”、“斜窗口画”、“围区画管”三种方法比较相似，都可以大范围画支管，但较易出错，可以试用。

点取“[画支管]”菜单的“一点画管”命令，出现一个光标，用光标在一组立管和散热器之间点选，选完后即在这组立管和散热器之间画出了一根支管，见图 7-3-18。

图 7-3-17

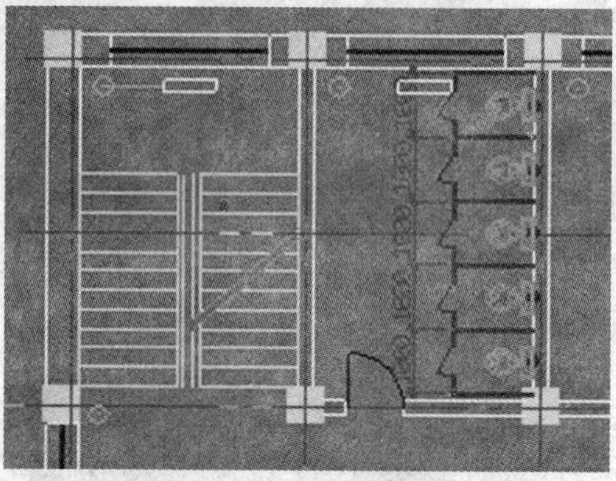

图 7-3-18

用此方法将所有支管布置完后见图 7-3-19。

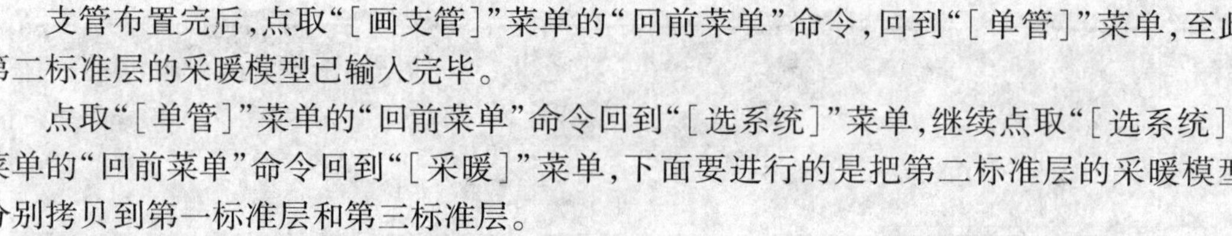

图 7-3-19

支管布置完后，点取“[画支管]”菜单的“回前菜单”命令，回到“[单管]”菜单，至此第二标准层的采暖模型已输入完毕。

点取“[单管]”菜单的“回前菜单”命令回到“[选系统]”菜单，继续点取“[选系统]”菜单的“回前菜单”命令回到“[采暖]”菜单，下面要进行的是把第二标准层的采暖模型分别拷贝到第一标准层和第三标准层。

点取“[采暖]”菜单的“拷标准层”命令，命令提示区会出现以下的提示：

仅拷贝立管吗？（[Enter]/[Esc]）

由于我们是要把第二标准层的采暖模型全部拷贝到第一标准层和第三标准层，不仅包括立管，还有支管和散热器，因此按[Esc]键或鼠标右键，命令提示区会出现以下的提示：

输入拷贝依据的标准层号,按[Esc]退出

这里我们依据的是第二标准层,因此输入数字“2”,这时在图形区显示出采暖模型已输入完毕的第二标准层,命令提示区会出现以下的提示:

依据这一标准层吗?([Enter]/[Esc])

按[Enter]键或鼠标左键确认后,命令提示区会出现以下的提示:

全复制/窗口复制/围区复制——[Enter]/[Tab]/[Esc]

按[Enter]键或鼠标左键确认后,命令提示区会出现以下的提示:

输入拷贝目标的标准层号,按[Esc]退出

输入第一标准层号“1”,按[Enter]或鼠标左键确认后,在图形区显示出第一标准层,命令提示区会出现以下的提示:

拷贝到这一标准层吗?([Enter]/[Esc])

按[Enter]键或鼠标左键确认后,命令提示区会出现以下的提示:

拷贝完毕,输入下一标准层

输入拷贝目标的标准层号,按[Esc]退出

输入第三标准层号“3”,按[Enter]键或鼠标左键确认后,在图形区显示出第三标准层,命令提示区会出现以下的提示:

拷贝到这一标准层吗?([Enter]/[Esc])

按[Enter]键或鼠标左键确认后,命令提示区会出现以下的提示:

拷贝完毕,输入下一标准层

输入拷贝目标的标准层号,按[Esc]退出

至此我们已完成采暖模型的拷贝工作,按[Esc]键退回到“[采暖]”菜单,由于第一、三标准层还有供、回水管没画,还有一些需要修改的地方,因此下面我们就要对第一、三标准层进行进一步的绘制修改。

点取“[采暖]”菜单的“换标准层”命令,点取“floor:3”的命令条,进入第三标准层。这时在图形区显示出第三标准层,右侧菜单区也进入“[选系统]”菜单。

注:由于刚才我们最后拷贝到的标准层是第三标准层,所以“现标准层”就是第三标准层,使用“[采暖]”菜单的“平面输入”命令也可进入第三标准层。

现在的第三标准层已经绘制好立管、支管、散热器了(从第二标准层拷贝过来的),需要我们绘制供水干管以及附属的设备,一般不会有太多需修改的地方。

注:使用拷贝方式不仅快捷,而且最主要的是上下标准层的立管能够对齐。其实软件也是要求必须这么绘制立管的。

点取“[选系统]”菜单的“单管系统”命令,进入“[单管]”菜单。点取“[单管]”菜单的“供水干管”命令,出现一个光标,用光标在适宜的地方点一下,见图 7-3-20,是在供水主干立管附近点的。

在点取的同时,会弹出“输入布置横管参数”对话框,见图 7-3-21,该对话框要求输入供水干管的各种参数。

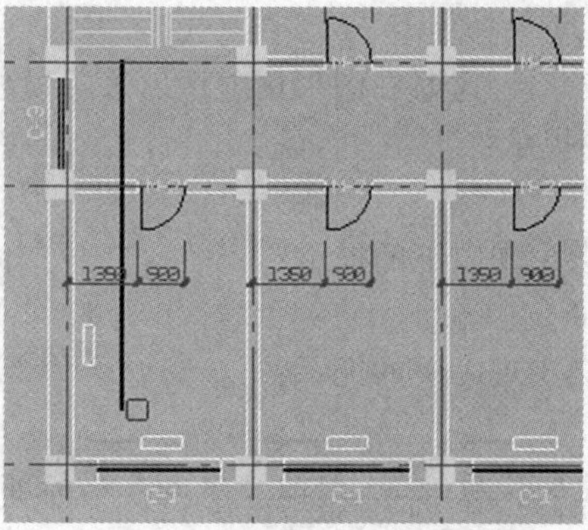

图 7-3-20

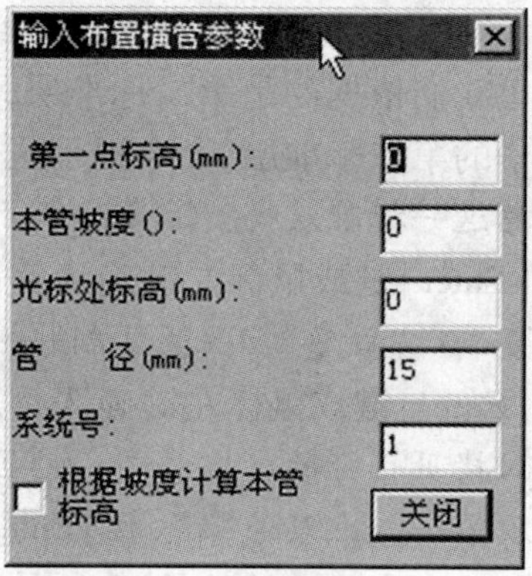

图 7-3-21

注:这里需要解释一下的是,对于实际的供暖系统,供水干管是不能与顶棚同标高的,也是必须有坡度的。而在设计绘制施工图、系统图阶段,供水干管与顶棚同标高,不设坡度,基本不影响水力计算,又可以减少很多的设计绘制麻烦,尤其在使用本软件的过程中更明显。

因此,"第一点标高"应该输入该标准层的标高,"本管坡度"不用改变,还是"0","光标处标高"也应输入该标准层的标高,即与"第一点标高"相同,"管径"还未进行水力计算,不用管,"系统号"采用默认的就行。

全部填完,即可绘制供水干管了。绘制完供水干管后见图 7-3-22。

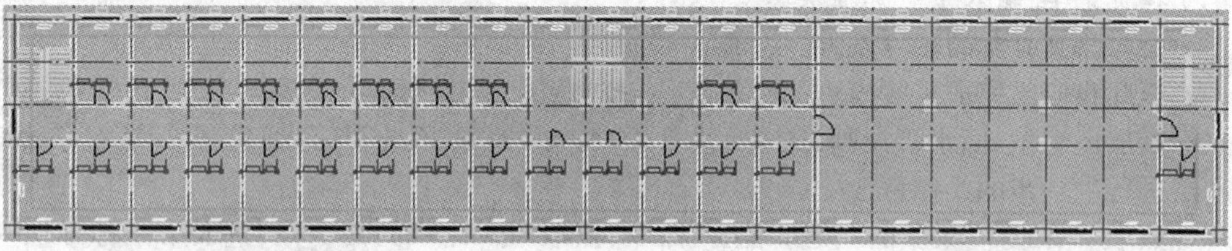

图 7-3-22

绘制完供水干管后,按[Esc]键或鼠标右键退回到"[单管]"菜单,下面开始将立管和供水干管连接起来。

点取"[单管]"菜单的"立干连接"命令,弹出"立干连接"对话框,见图 7-3-23。

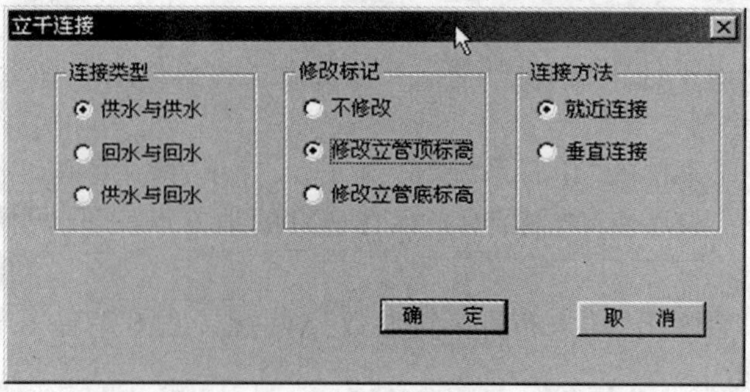

图 7-3-23

注:这里应该注意对单管系统的供水与回水的理解,从我们的观察角度来说,所有立管均为供水管,所以“连接类型”应点选“供水与供水”。

当连接立管和供水干管时,“修改标记”一般应点选“修改立管顶标高”。

“连接方法”选默认的“就近连接”即可。

全选完按“确定”按钮,出现一个光标,用光标在适宜的地方点一下,拉出一个窗口将所要连接的立管和供水干管圈在里面,按鼠标左键确认后,软件即将立管和供水干管连接起来,见图 7-3-24。这里连接的是供水主干立管和供水干管。

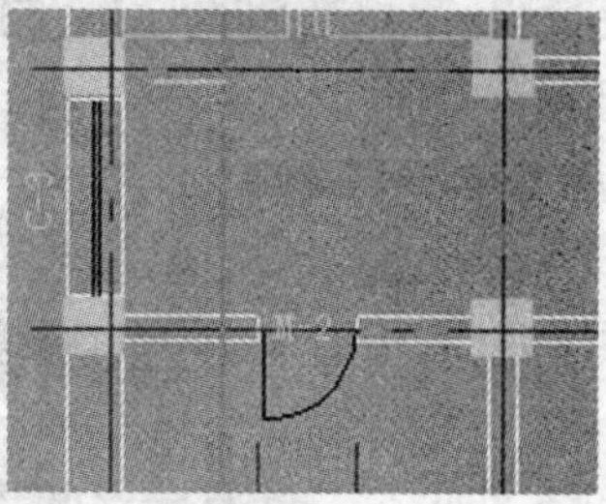

图 7-3-24

用同样的方法将所有的立管和供水干管连接起来,连完后见图 7-3-25。

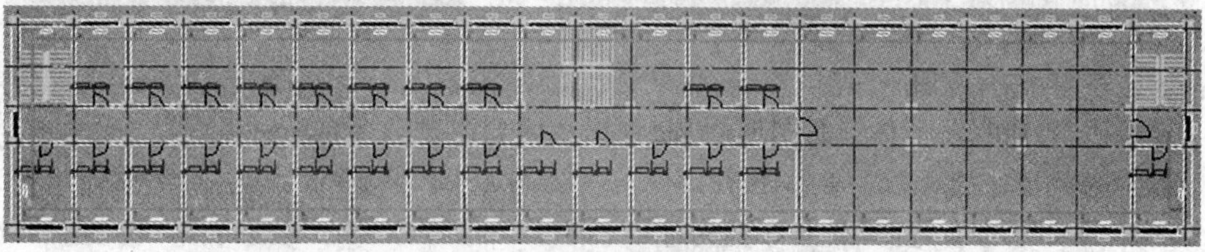

图 7-3-25

将所有的立管和供水干管连完后,按[Esc]键或鼠标右键退回到“[单管]”菜单,下面开始绘制阀门和自动排气阀等附属设备。

点取“[单管]”菜单的“附件设备”命令,弹出设备“请选择图库页”对话框,见图 7-3-26。

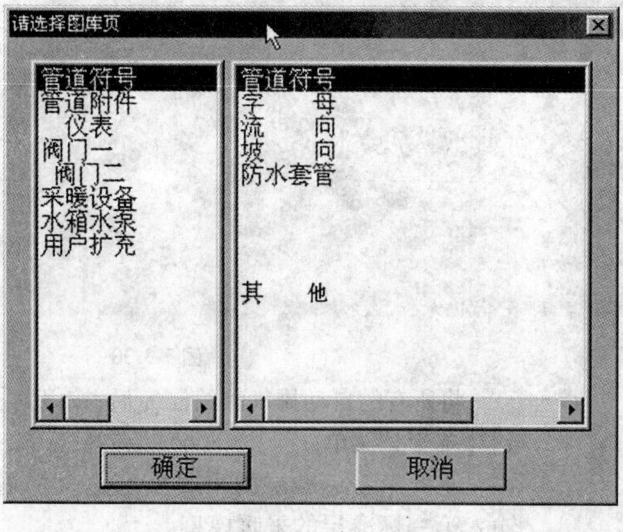

图 7-3-26

注:本软件是可以进行图库管理的,即将绘制好的图形以一定规则存到图库目录下即可,详见软件说明书。

首先绘制自动排气阀。先点选左侧的“阀门一”,再点选右侧的“自动排气阀”,见图 7-3-27。

选完后，按“确定”按钮，弹出图形选项块，见图 7-3-28。

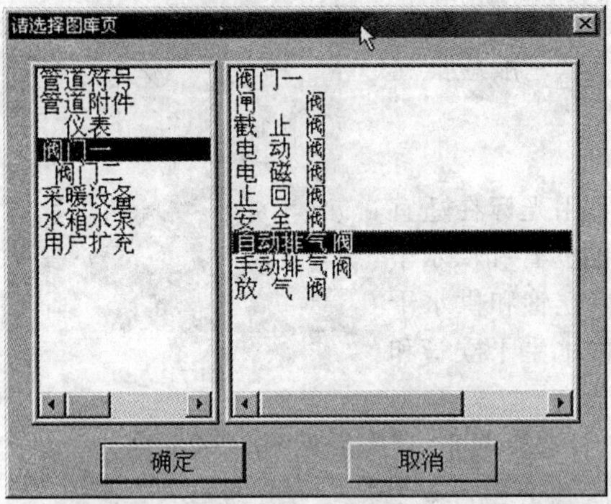

图 7-3-27

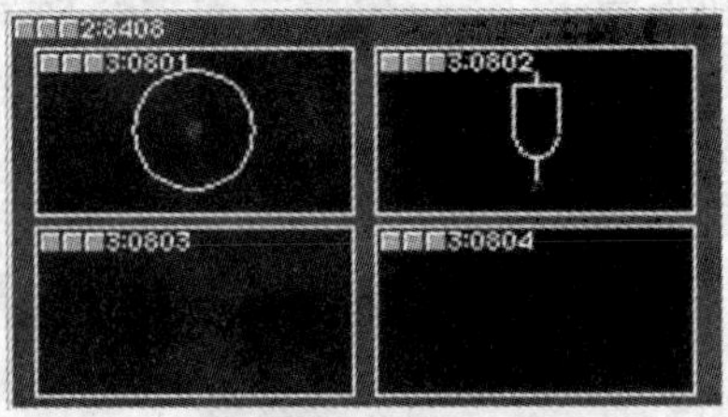

图 7-3-28

点选了“3:0802”即右侧的图形后，命令提示区会出现以下的提示：

请输入长度（隐含值：单位毫米）　　　　300.0

选择多大的尺寸，应以图上好看为标准，300.0 mm 在本设计里显得小了一些，因此输入 500。输入完成，按[Enter]键或鼠标左键确认后，出现一个光标，用光标在需安装自动排气阀的管道上点一下，自动排气阀即绘制完成，见图 7-3-29。

将另一个自动排气阀也绘制完成，最后如图 7-3-30 所示。

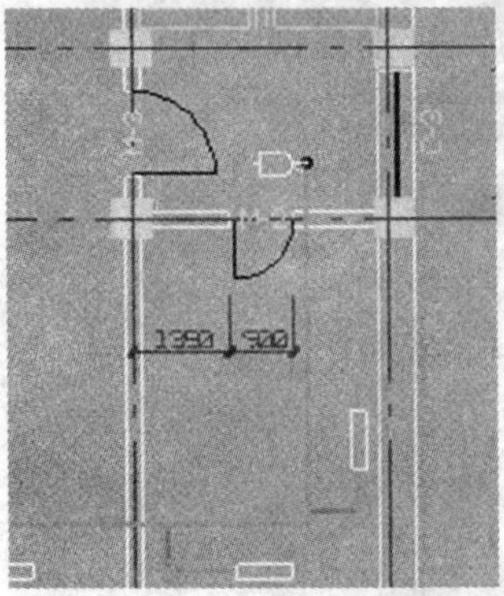

图 7-3-29

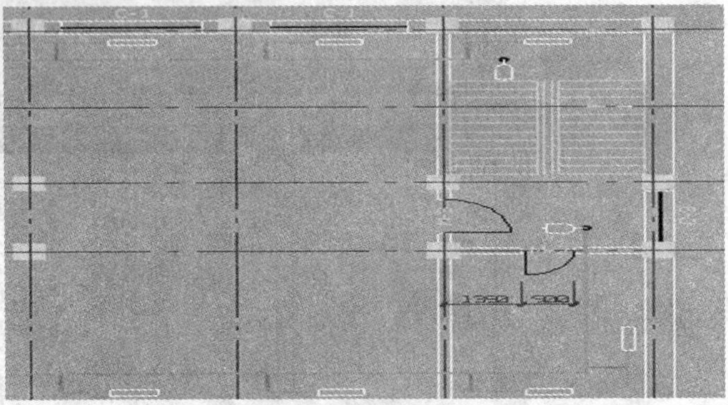

图 7-3-30

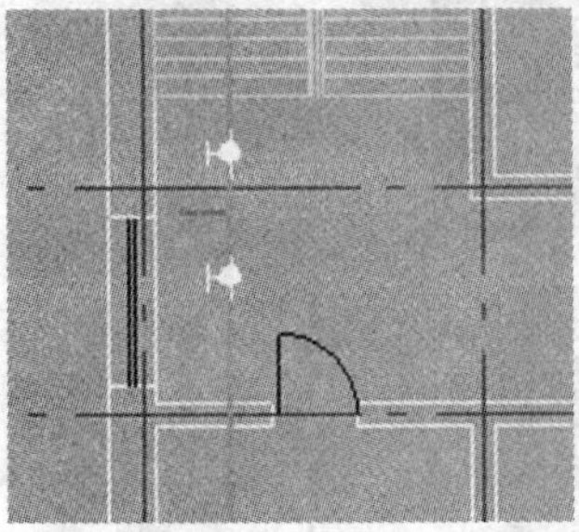

图 7-3-31

将所有的自动排气阀绘制完后，按[Esc]键或鼠标右键退回到“[单管]”菜单，用同样的方法绘制截止阀，完成后见图 7-3-31。

至此第三标准层的采暖模型已全部输入完毕，下面开始输入第一标准层的采暖模型。

点取“[单管]”菜单的“回前菜单”命令，回到“[选系统]”菜单，继续点取“[选系统]”菜单的“回前菜单”命令，回到“[采暖]”菜单。点取“[采暖]”菜单的“换标准层”命令，点取“floor:1”的命令条，进入第一标准层。这时在图形区显示出第一标准层，右侧菜单区也进入“[选系统]”菜单。

第一标准层的回水干管和截止阀与第三标准层基本相同，不再重复叙述，完成后见图 7-3-32。

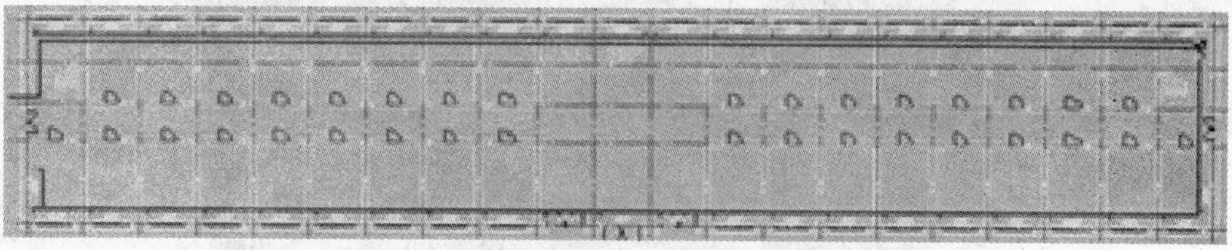

图 7-3-32

但这里还有需要修改的地方。在大门口的散热器设置不当，立管 12 处的散热器应逆时针旋转 90°并贴着内墙布置，立管 13、14 处的散热器应取消，下面进行修改。

点取下拉菜单的“[删除]”命令，将下拉菜单拉开，点取其中的“删除散热器”命令，见图 7-3-33。

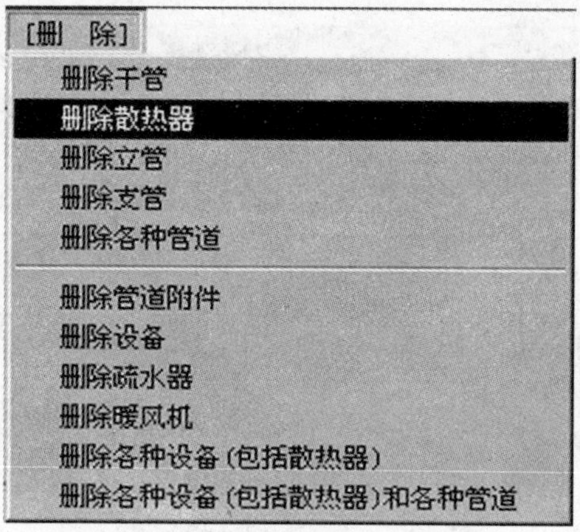

图 7-3-33

这时出现一个光标，用光标在适宜的地方点一下，拉出一个窗口将立管 12、13、14 处的散热器圈在里面，按鼠标左键确认后，软件即将三个散热器都删除了，见图 7-3-34。

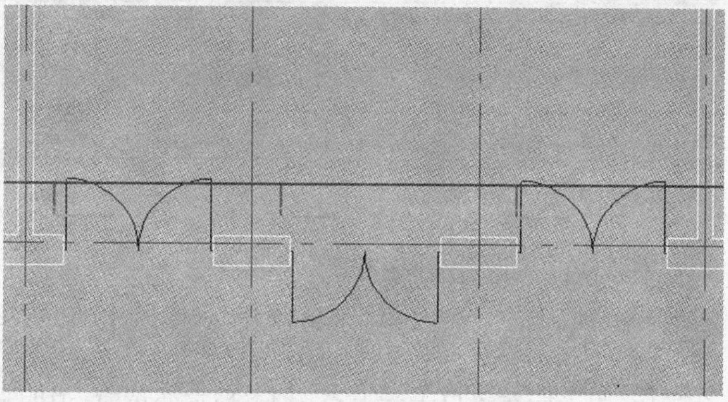

图 7-3-34

点取下拉菜单的“[删除]”命令，将下拉菜单拉开，点取其中的“删除支管”命令，用与删除散热器相同的方法，将立管 12、13、14 处的支管删除掉，结果见图 7-3-35。

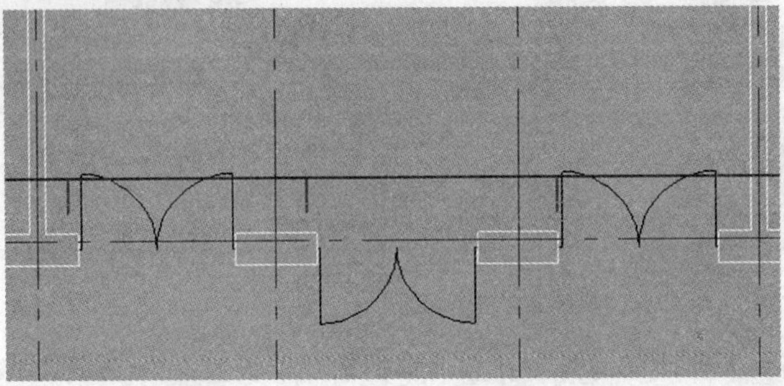

图 7-3-35

对于立管 12，还要添加贴着内墙布置的支管和散热器。用“画支管”和“布散热器”两个命令将贴着内墙的支管和散热器布置好，结果见图 7-3-36。

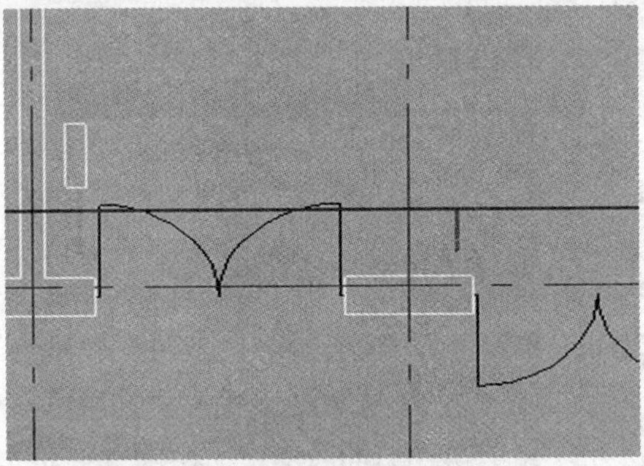

图 7-3-36

至此第一标准层的采暖模型已全部输入完毕，结果见图 7-3-37。

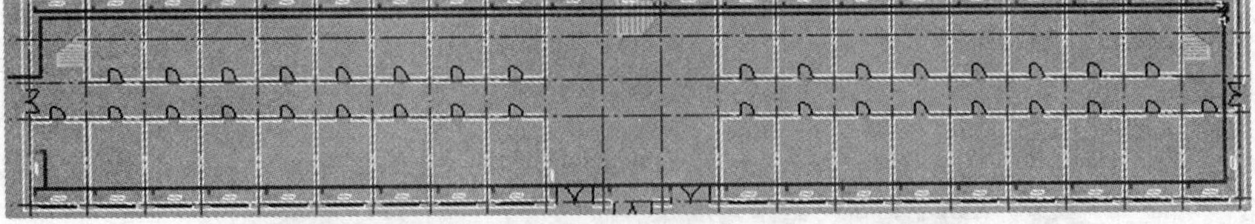

图 7-3-37

最后需要确定整个系统的入口、出口。

点取下拉菜单的“[其他]”命令，将下拉菜单拉开，点取其中的“确定入口”命令，见图 7-3-38。

这时出现一个光标，用光标在入口干管上点一下，当它变黄时，说明选上了，按[Esc]键或鼠标右键退回。

点取下拉菜单的“[其他]”命令,将下拉菜单拉开,点取其中的“确定出口”命令,用同样的方法将出口确定完毕。

至此全部采暖模型已全部输入完毕,下面可以进行“组装全楼”的工作了。

点取“[单管]”菜单的“回前菜单”命令,回到“[选系统]”菜单,继续点取“[选系统]”菜单的“回前菜单”命令,回到“[采暖]”菜单。点取“[采暖]”菜单的“组装全楼”命令,弹出“楼层组装”对话框,本设计总楼层数为七层,一层使用第一标准层,二至六层使用第二标准层,七层使用第三标准层,楼层组装完成后见图 7-3-39。

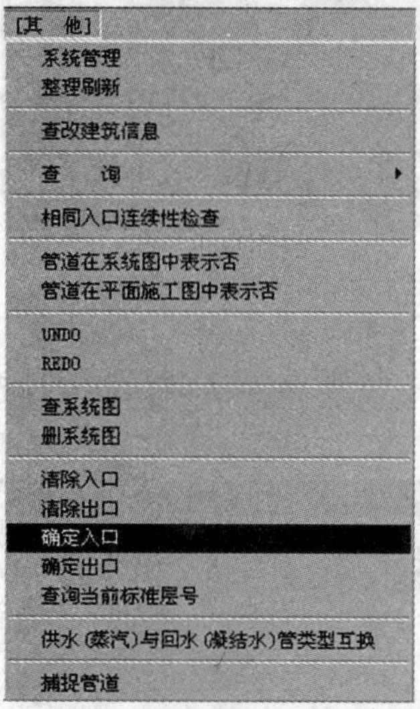

图 7-3-38

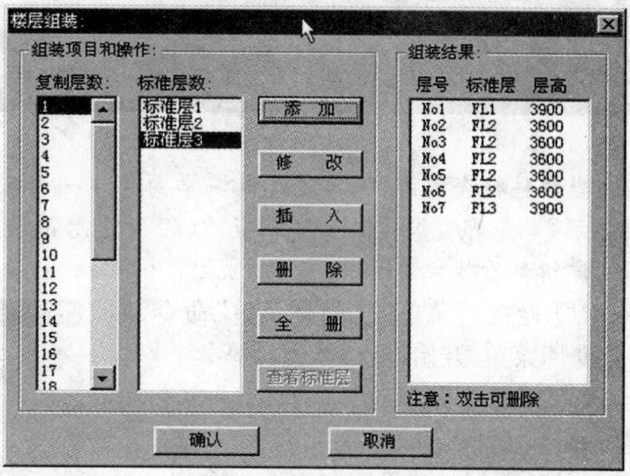

图 7-3-39

楼层组装完成后按“确认”按钮,回到“[采暖]”菜单。下面进行“传负荷”操作。

点取“[采暖]”菜单的“传负荷”命令,命令提示区出现以下提示:

请稍候,正在传负荷……

传负荷结束

下面进行“重叠处理”操作。

点取“[采暖]”菜单的“重叠处理”命令,处理完后软件自动回到“[采暖]”菜单。下面进行“系统检查”操作。

点取“[采暖]”菜单的“系统检查”命令,进入“[检查]”菜单,点取“数据检查”命令,弹出“请输入”对话框,见图 7-3-40。

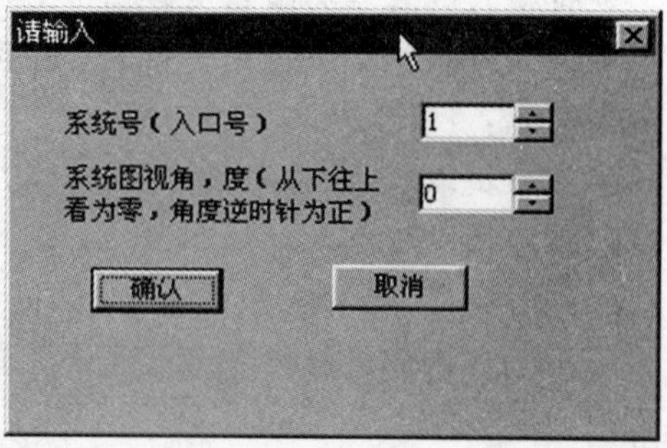

图 7-3-40

按默认的即可,按“确定”按钮,出现一个光标,命令提示区出现以下提示:

[Enter]拾取移到的目的点/[Esc]不画返回

这是软件让你确定一个基准点,用光标确定一个基准点,软件即开始进行数据检查,这个过程需要一点时间。当软件检查到错误时会自动中断检查,并给出提示,若无错误,软件即会将整个系统检查完毕并将系统图画出。结果如图 7-3-41 所示。

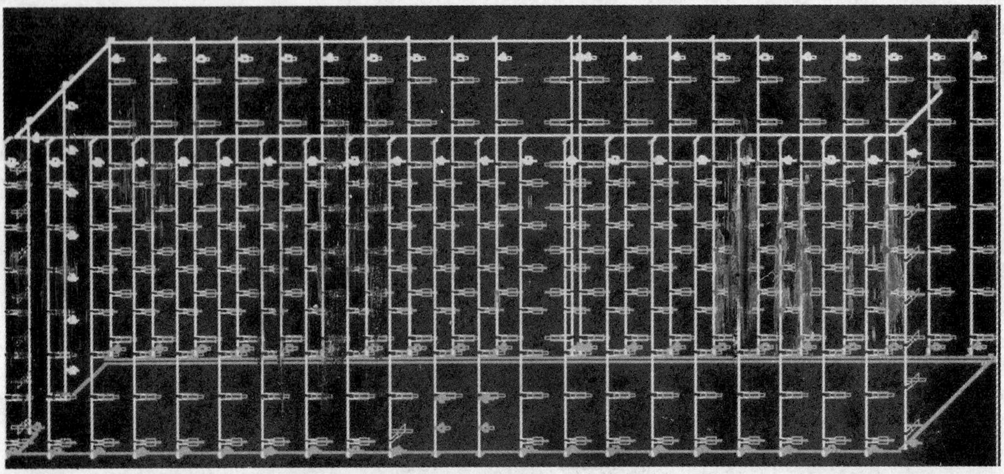

图 7-3-41

注:当软件检查到错误时,会将错误原因存成一个文本文档,点取“[检查]”菜单的“错误显示”命令即可调出这个文档查看,但应注意错误的类型可能正确,而错误的细节有出入,详情参看软件说明书。

点取“[检查]”菜单的“回前菜单”命令,回到“[采暖]”菜单,开始进行“水力计算”。

点取“[采暖]”菜单的“水力计算”命令,弹出“请输入”对话框,如图 7-3-42 所示。

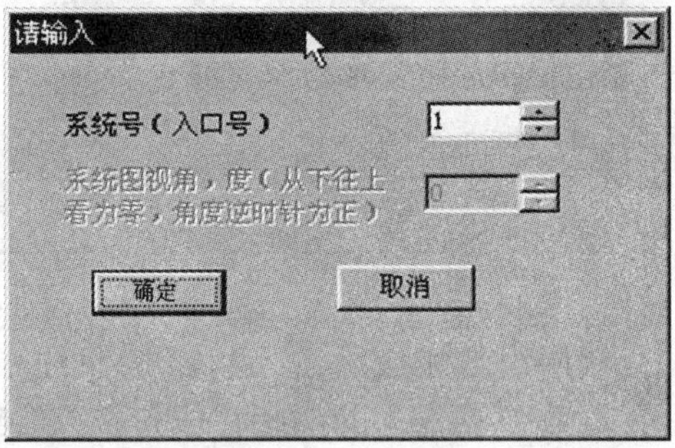

图 7-3-42

按默认的即可,按“确定”按钮,命令提示区出现以下提示:

正在分析数据,请等候……

检查完毕……

请输入计算结果输出文件名:([Esc]退回)

请输入计算结果输出文件名:([Esc]退回)

输入计算结果的输出文件名,如 JG,按[Enter]键或鼠标左键确认,命令提示区出现以下提示:

正在提取数据,请等候……

请输入第 1 个入口的参数

同时弹出“计算参数设定”对话框,如图 7-3-43 所示。

对话框内的计算参数应按实际参数填入,这些参数一般建设单位会咨询好,城市市政部门也有。

填完后,按“确定”按钮,命令提示区出现以下提示:

正在计算,请等候……

正在计算,请等候……

计算完毕……

这个过程需要一点时间,计算完后软件自动回到“[采暖]”菜单,同时将计算结果存

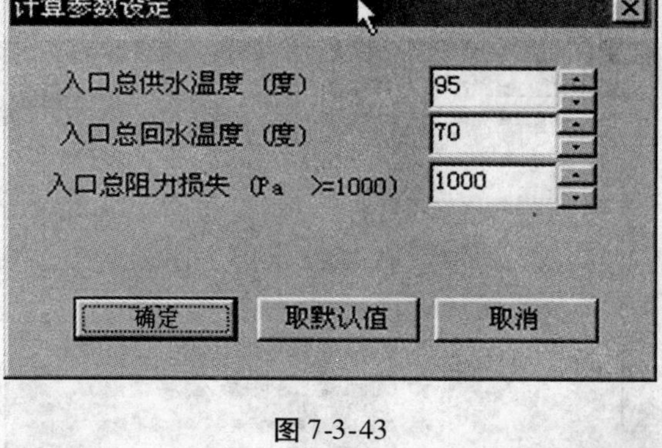

图 7-3-43

到 JG 的文档里,点取“[采暖]”菜单的“计算结果”命令,即可调出这个文档查看。

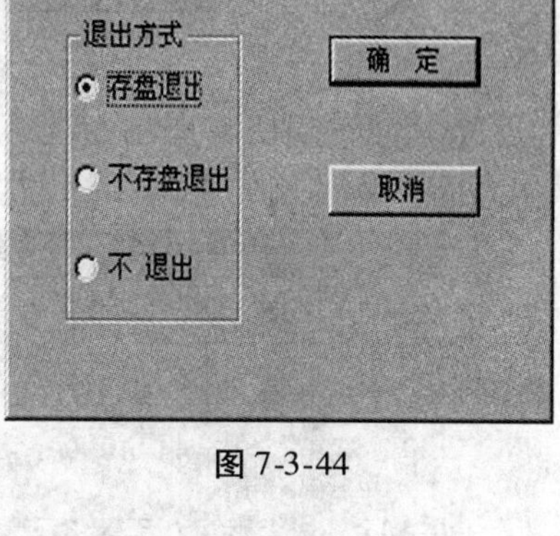

图 7-3-44

至此“采暖模型输入”全部结束,点取“[采暖]”菜单的“保存文件”命令进行保存,点取“[采暖]”菜单的“退出系统”命令,弹出“选择退出方式”对话框,如图 7-3-44 所示。

按默认的即可,按“确定”按钮,回到“建筑采暖设计软件(HPM)”的启动界面,进行下面的设计——平面施工图。

7.4　平面施工图

双击“建筑采暖设计软件(HPM)”的启动界面的“平面施工图”命令,进入“平面施工图”界面。

首先弹出“标注参数”对话框,如图 7-4-1 所示。

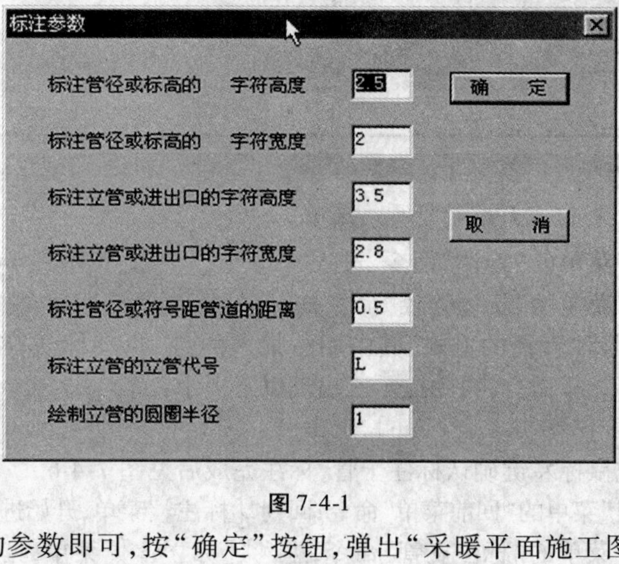

图 7-4-1

一般选默认的参数即可,按“确定”按钮,弹出“采暖平面施工图设计”对话框,如

图 7-4-2 所示。

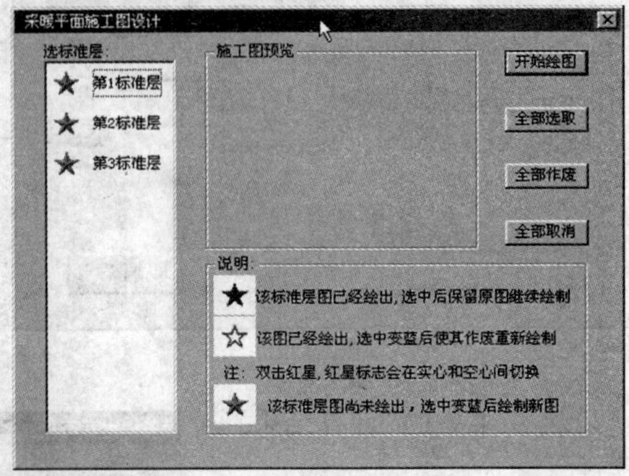

图 7-4-2

点选“全部选取”将所有标准层选上,然后按“开始绘图”按钮,进入“平面施工图设计”主界面。软件首先将第一标准层输入到图形区,如图 7-4-3 所示。

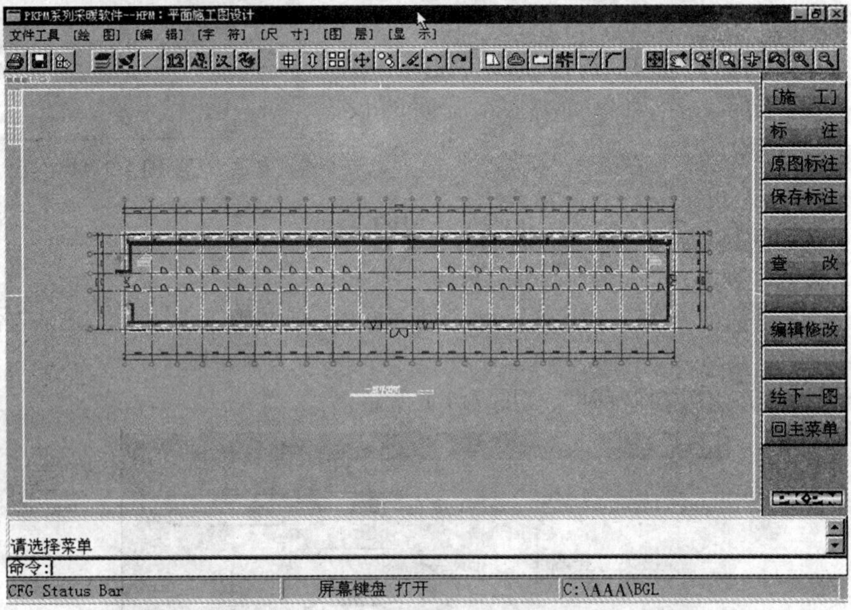

图 7-4-3

点取“[施工]”菜单的“标注”命令,进入“[标注]”菜单,见图 7-4-4。

点取“[标注]”菜单的“标注管径”命令,进入“[标管径]”菜单,见图 7-4-5。

在这里有很多标注管径的方式,其中用得最多的是“自动标注”命令。点取“[标管径]”菜单的“自动标注”命令,命令提示区出现以下提示:

标注干管[Enter]/ 标注支管[Tab]/退出[Esc]

按[Enter]键或鼠标左键确认标注干管,标注完成后见图 7-4-6。

点取“[标管径]”菜单的“回前菜单”命令,回到“[标注]”菜单,开始进行“标注立管”。

点取“[标注]”菜单的“标注立管”命令,进入“[标立管]”菜单,见图 7-4-7。

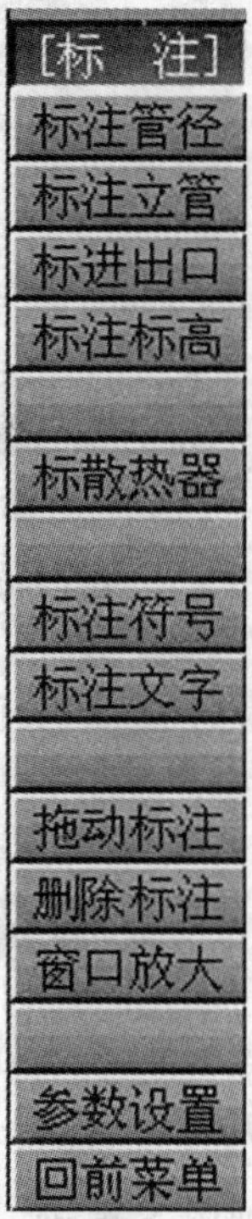

图 7-4-4

图 7-4-5

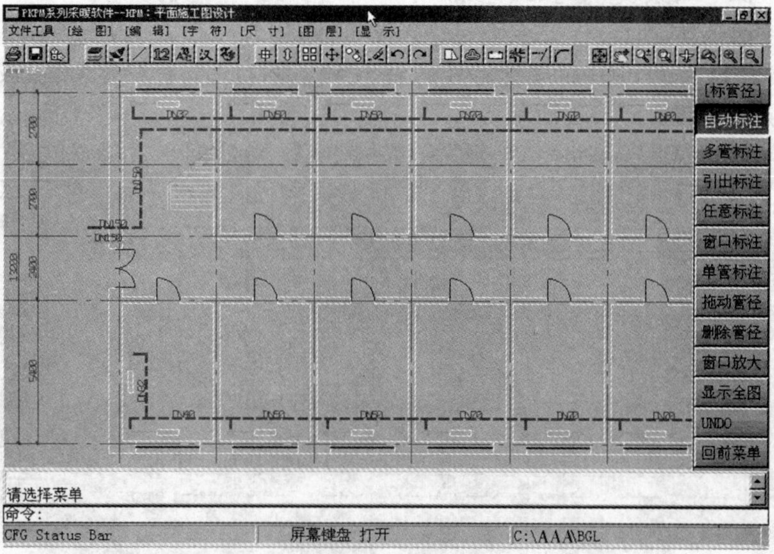

图 7-4-6

这里用得较多的是“多管标注”命令，它可以成批标注立管。“单管标注”命令可以个别标注立管，用于较特殊位置的立管的标注。

图 7-4-7

点取“[标立管]”菜单的“多管标注”命令，命令提示区出现以下提示：

供水/回水/其他（[Enter]/[Tab]/[Esc]）

我们已经解释过单管系统立管均是供水管，因此按[Enter]键或鼠标左键确认，出现一个光标，用光标拉出一个窗口将要标注的立管圈住，见图 7-4-8。

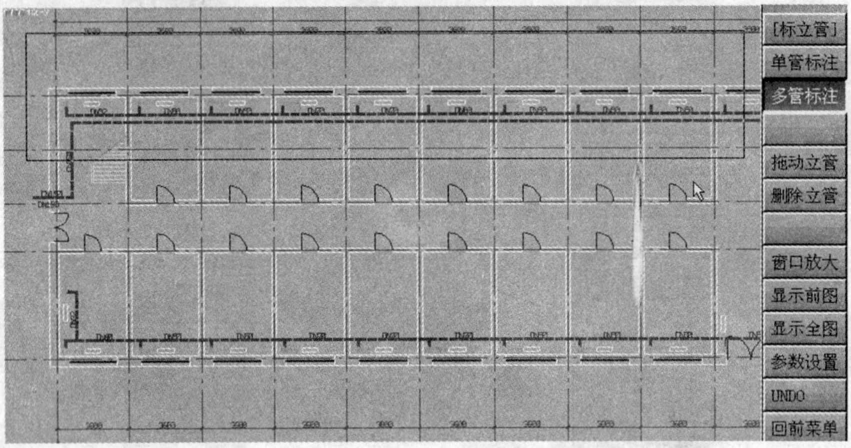

图 7-4-8

按[Enter]键或鼠标左键确认，再用同样的方法将所有同一侧外墙处的立管圈选，然后按[Esc]键或鼠标右键，出现一个光标，命令提示区出现以下提示：

请用光标点取图素（[Tab]窗口方式/[Esc]返回）

这时软件像布立管时一样要求确定一条基准线，用光标在墙线上点选，再次按[Enter]键或鼠标左键确认后，出现一批立管标号，上下拉动鼠标为立管标号定好位，按[Enter]键或鼠标左键确认，结果如图 7-4-9 所示。

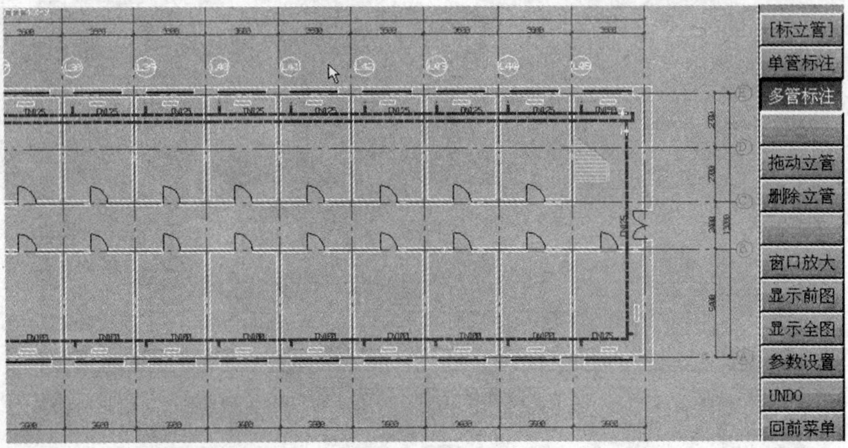

图 7-4-9

用同样的方法将所有立管标注好，结果如图 7-4-10 所示。

标注完成，点取“[标立管]”菜单的“回前菜单”命令，回到“[标注]”菜单，开始进行“标进出口”。

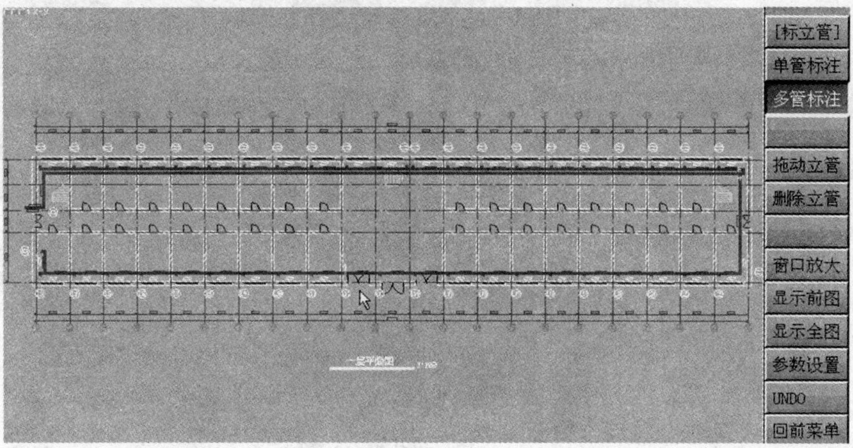

图 7-4-10

点取“[标注]”菜单的“标进出口”命令，出现一个光标，用光标在进出口管上点一下，为出现的进出口管标号定好位即可，结果如图 7-4-11 所示。

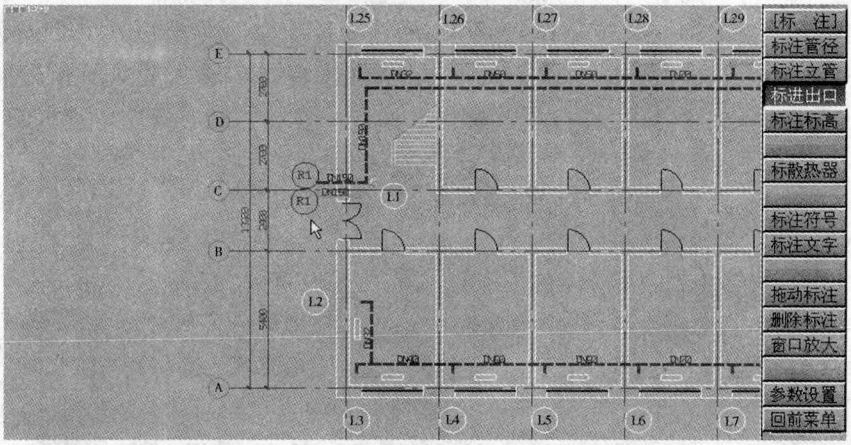

图 7-4-11

标注完成，按[Esc]键或鼠标右键，回到“[标注]”菜单，开始进行“标散热器”。

点取“[标注]”菜单的“标散热器”命令，进入“[散热器]”菜单，如图 7-4-12 所示。

这里用得较多的是“成批标注”命令，它可以成批标注散热器。“单个标注”命令可以个别标注，用于较特殊位置的散热器的标注。

点取“[散热器]”菜单的“成批标注”命令，出现一个光标，用光标拉出一个窗口，将要标注的散热器圈住，与标注立管时基本相似。

图 7-4-12

全部标注完，结果如图 7-4-13 所示。

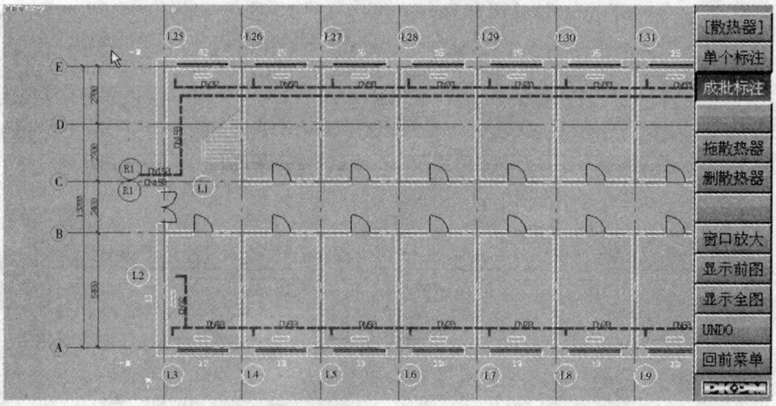

图 7-4-13

图 7-4-14

标注完成,点取“[散热器]”菜单的“回前菜单”命令,回到“[标注]”菜单,开始进行“标注符号”。

点取“[标注]”菜单的“标注符号”命令,进入“[标符号]”菜单,如图 7-4-14 所示。

点取“[标符号]”菜单的“管道流向”命令,出现一个光标,用光标在要标注的管道上点一下,软件接着要求输入箭头所指方向,点一下确定后,出现一个大箭头,如图 7-4-15 所示。

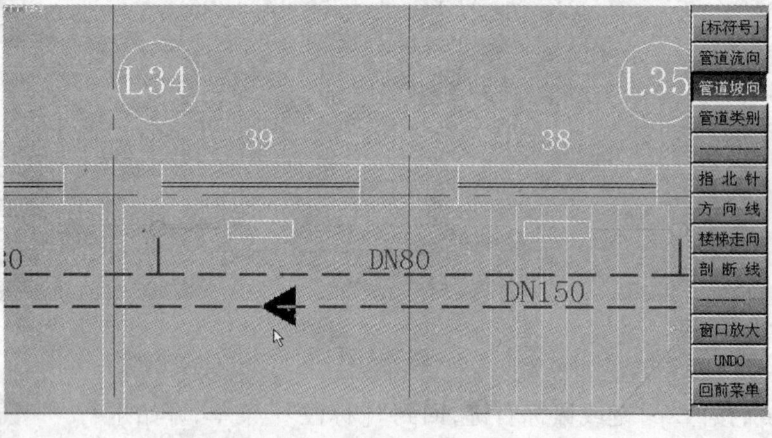

图 7-4-15

用鼠标左右拖动以确定箭头的标注位置,选好后按[Enter]键或鼠标左键确认,结果如图 7-4-16 所示。

用同样的方法把所有的管道流向标注好。

点取“[标符号]”菜单的“管道坡向”命令,出现一个光标,用光标在要标注的管道上点一下,软件接着要求输入坡度,按默认的“0.003”即可,按[Enter]键或鼠标左键确认,在要标注的管道上出现一个坡向坡度图例,左右拖动鼠标以确定图例的标注位置,选好后按[Enter]键或鼠标左键确认,结果如图 7-4-17 所示。

用同样的方法把所有的管道坡向坡度标注好。

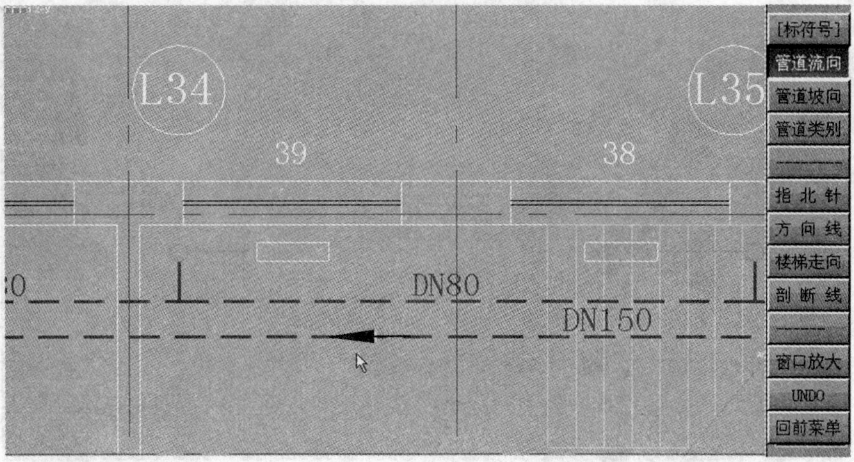

图 7-4-16

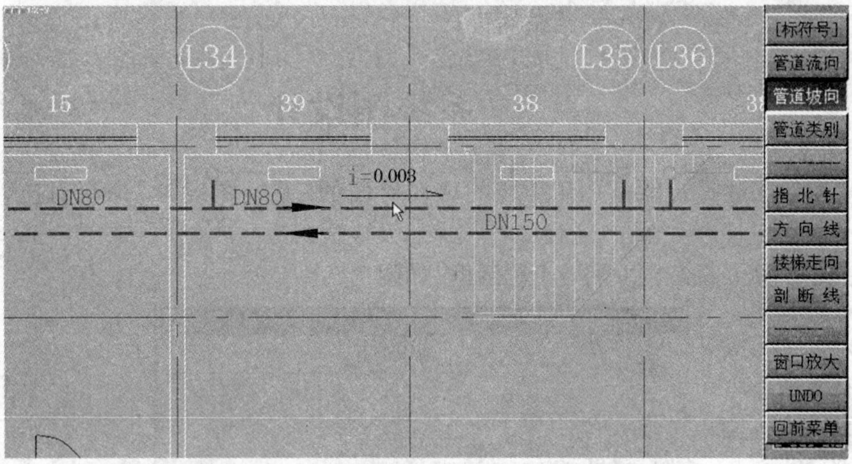

图 7-4-17

点取“[标符号]”菜单的“管道类别”命令，出现一个光标，用光标在要标注的管道上点一下，软件接着要求输入管道代号，按默认的“R”即可，按[Enter]键或鼠标左键确认，结果如图 7-4-18 所示。

用同样的方法把所有的管道类别代号标注好。

至此符号标注完成，点取“[标符号]”菜单的“回前菜单”命令，回到“[标注]”菜单。这样第一标准层的标注就完成了，点取“[标注]”菜单的“回前菜单”命令，回到“[施工]”菜单，点取“[施工]”菜单的“绘下一图”命令，命令提示区出现以下提示：

存图退出/存图不退出([Enter]/[Esc])

按[Enter]键或鼠标左键确认，将第一标准层的平面施工图存档。软件在将第一标准层的平面施工图存档后，自动退出第一标准层并将第二标准层导入。

第二、三标准层平面施工图的绘制要比第一标准层还简单一些，这里就不再详述了，绘制完将第二、三标准层的平面施工图存档即可。

当存完第三标准层的平面施工图时，软件自动退回到“建筑采暖设计软件(HPM)”的

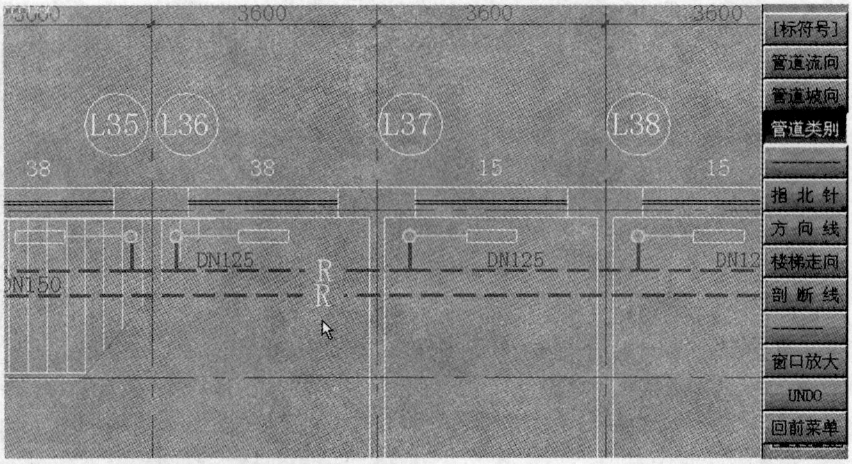

图 7-4-18

启动界面,进行下面的设计——系统图设计。

7.5　系统图设计

双击“建筑采暖设计软件(HPM)”的启动界面的“系统图设计”命令,进入系统图设计界面。

首先弹出“输入系统图文件名”对话框,如图 7-5-1 所示。

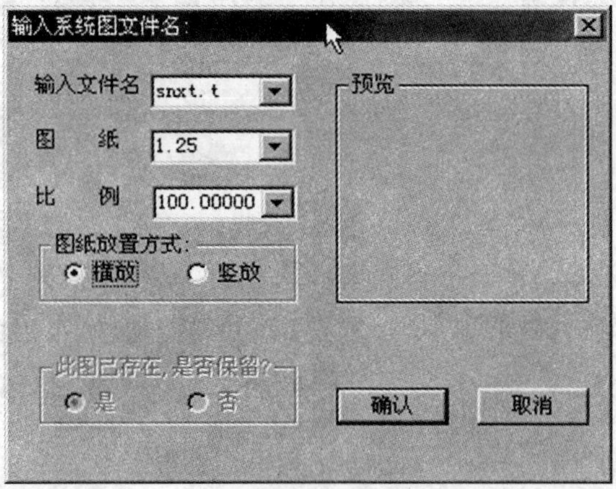

图 7-5-1

“文件名”是必须手工填入的,图号输入“1.25”,其他的默认即可。按“确认”按钮,进入系统图设计主界面,如图 7-5-2 所示。

点取“[系统图]”菜单的“画系统图”命令,进入“画系统图”界面,如图 7-5-3 所示。

注:由于画系统图画的是 45°轴侧图,用“[全部]”下面的“画系统图”命令会使前后立管叠加到一块,使系统图根本看不清楚。

因此,使用最多的是“[局部]”下面的“围区画”命令,它可以有比“窗口画”、“斜窗口画”更大的灵活性。

点取“画系统图”界面的“围区画”命令，命令提示区出现以下提示：

输入确定区域范围的标准层号

图 7-5-2

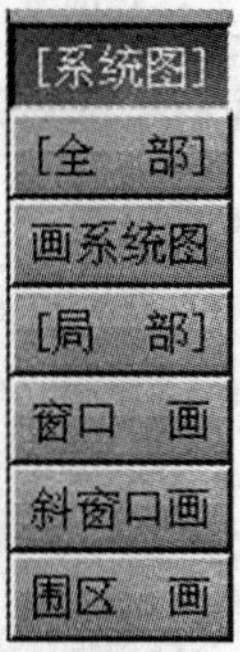

图 7-5-3

由于顶层（本设计是第三标准层）有许多可以作为基准的图形，所以一般是选择第三标准层。

输入“3”，按[Enter]键或鼠标左键确认，软件自动将已绘制好的第三标准层平面施工图导入，同时出现一个光标。用光标在平面施工图边上点一下，接着用直线围出一个围区将上半部分围上，最后按[Esc]键或鼠标右键退出画围区，命令提示区出现以下提示：

折线闭合[Enter]/放弃输入[Esc]

按[Enter]键或鼠标左键以后，命令提示区出现以下提示：

请确认输入是否正确([Enter]/[Esc])

按[Enter]键或鼠标左键以使折线闭合，命令提示区出现以下提示：

请继续确定要画出图范围（[Esc]退出）

请用围区确定出图范围（[Esc]退出）

输入第一点([Esc]键返回)

按[Esc]键或鼠标右键退出该界面，弹出“请输入”对话框，如图 7-5-4 所示。

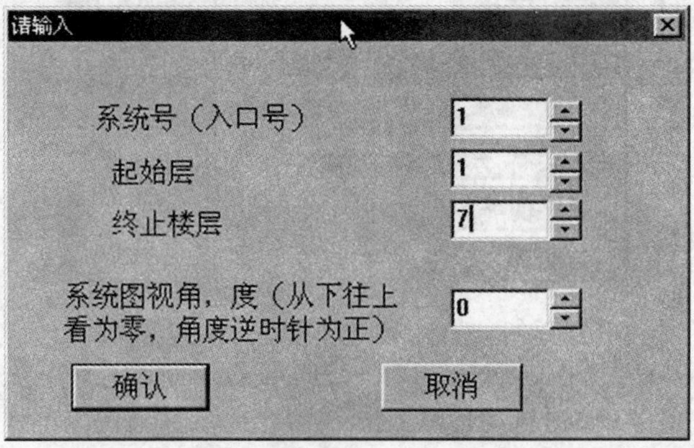

图 7-5-4

将“终止楼层”的“0”改为“7”,其他的默认即可,按“确认”按钮,命令提示区出现以下提示:

该入口已计算过！要按计算结果画系统图吗?

按计算结果画[Enter]/不按计算结果画[Esc]/不画返回[Tab]

按[Enter]或鼠标左键确认,命令提示区出现以下提示:

[Enter]拾取移到的目的点/[Esc]不画返回

移动鼠标点至适宜的区域,软件即自动将系统图绘制出来,如图 7-5-5 所示。

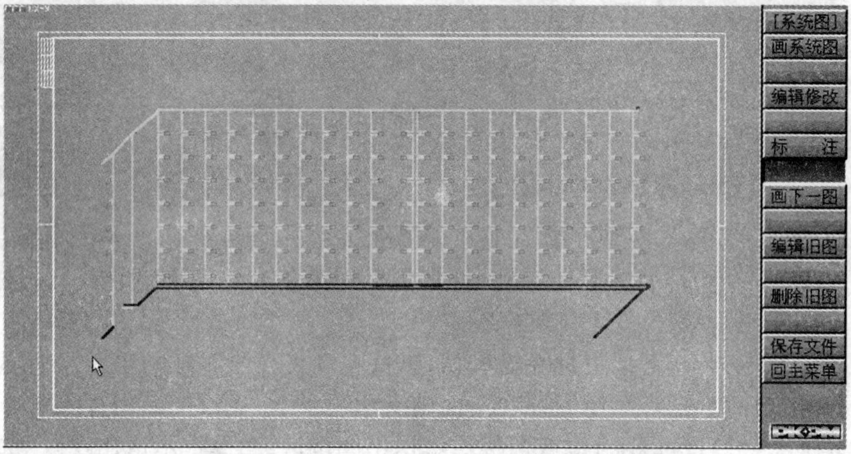

图 7-5-5

下面开始进行标注工作。

点取“[系统图]”菜单的“标注”命令,进入“[标注]”菜单,如图 7-5-6 所示。

点取“[标注]”菜单的“标注管径”命令,进入“[标管径]”菜单,如图 7-5-7 所示。

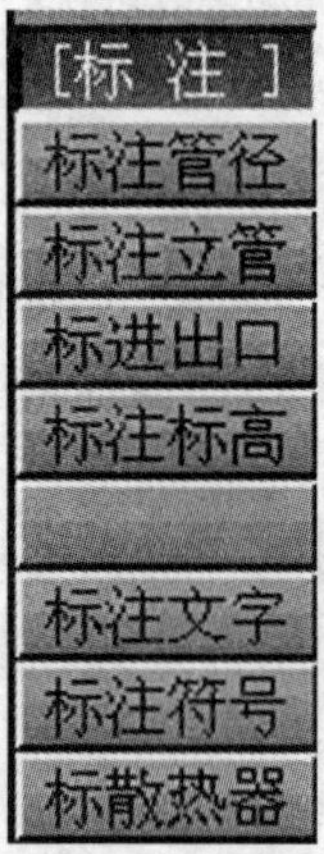

图 7-5-6

图 7-5-7

“[标管径]”菜单有五个标注命令,用得较多的是“自动标注”和“立管支管”两个命令。

点取“[标管径]”菜单的“自动标注”命令,命令提示区出现以下提示:

标注干管[Enter] /标注支管[Tab] /立管[Esc]

按[Enter]键或鼠标左键确认,软件即自动将干管管径标注完成并回到“[标管径]”

菜单,结果如图 7-5-8 所示。

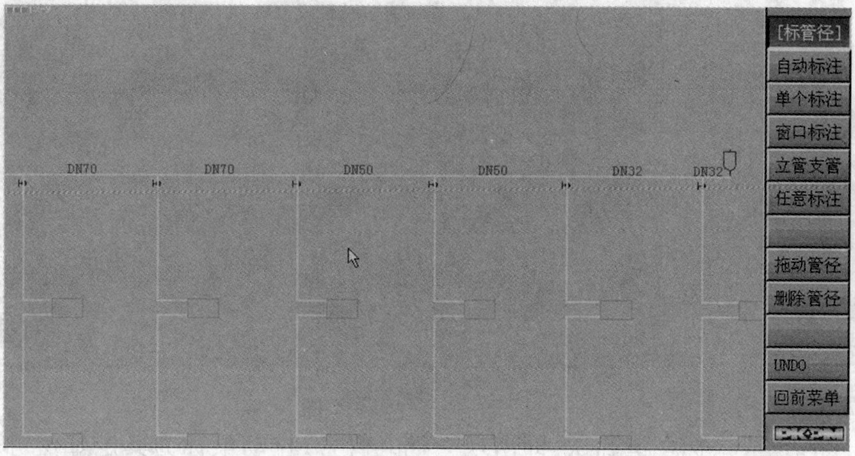

图 7-5-8

点取“[标管径]”菜单的“立管支管”命令,出现一个光标。用光标在要标注立管支管管径的立管上点一下,命令提示区出现以下提示:

立管支管管径值分别为:32　32 输入修改值([Enter]不修改)

注:软件就是这么提示的,有点不明所以,但相信还是能看明白的。

按[Enter]键或鼠标左键确认,出现一个竖着的“DN32 ×32”管径标注,拉动鼠标为其定好位置,按[Enter]键或鼠标左键,结果如图 7-5-9 所示。

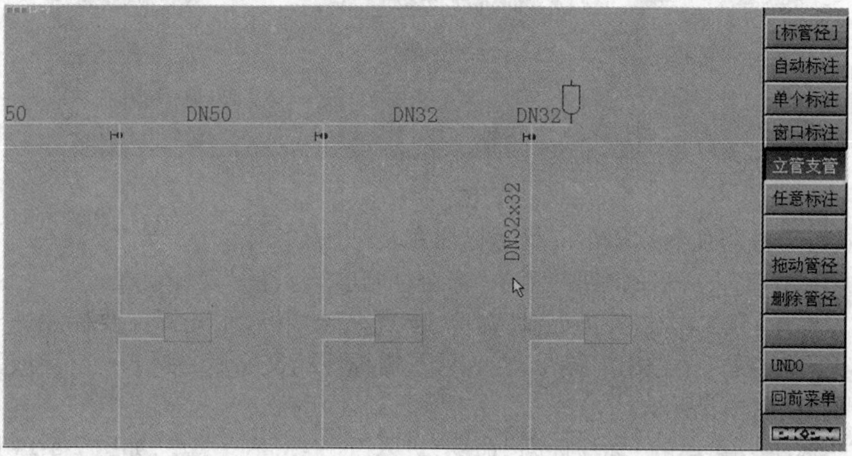

图 7-5-9

用同样的方法将所有立管支管管径标注完。

点取“[标管径]”菜单的“回前菜单”命令,回到“[标注]”菜单。

点取“[标注]”菜单的“标注立管”命令,进入“[标立管]”菜单,如图 7-5-10 所示。

点取“[标立管]”菜单的“成批标注”命令,出现一个光标,用光标在要标注立管号的立管附近点一下,再拉出一条直线跨过要标注立管号的立管,如图 7-5-11 所示。

图 7-5-10

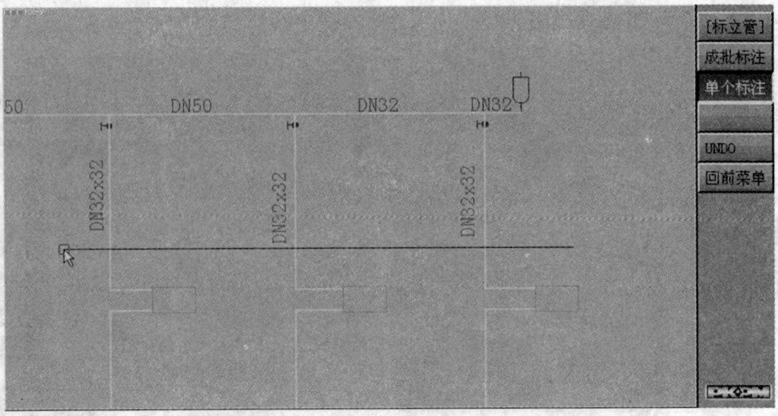

图 7-5-11

按[Enter]键或鼠标左键确认,即出现一批立管号,拉动鼠标为其定好位,按[Enter]键或鼠标左键确认,结果如图 7-5-12 所示。

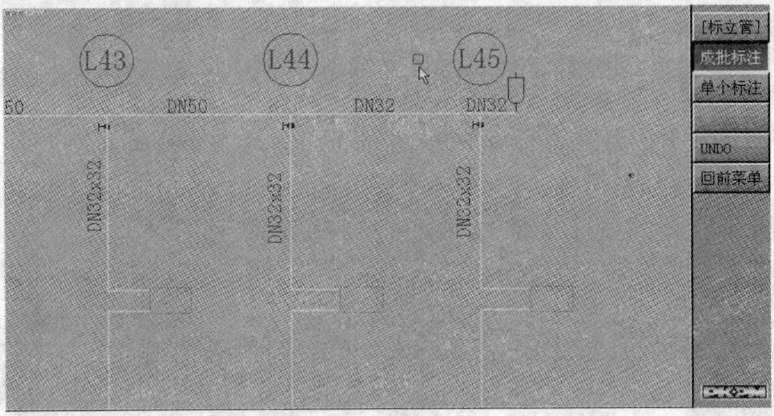

图 7-5-12

用同样的方法将所有立管的立管号标注完。

点取“[标立管]”菜单的“回前菜单”命令,回到“[标注]”菜单。

点取“[标注]”菜单的“标进出口”命令,出现一个光标,用光标在要标注进出口的干管上点一下,即出现一个进出口标号,在确认了需标注的文字后,按[Enter]键或鼠标左键确认,结果如图 7-5-13 所示。

点取“[标注]”菜单的“标注标高”命令,进入“[注标高]”菜单,如图 7-5-14 所示。

这里有五个标注标高的命令,用得较多的是标注“管道标高”。

点取“[注标高]”菜单的“管道标高”命令,出现一个光标,用光标在要标注标高的干管上点一下,命令提示区出现以下提示:

标高值为:25.800 米　输入修改值([Enter]不修改)

输入正确的标高“25.100”,按[Enter]键或鼠标左键确认,出现标高标记,拉动鼠标为其定好位,按[Enter]键或鼠标左键确认,结果如图 7-5-15 所示。

点取“[注标高]”菜单的“回前菜单”命令,回到“[标注]”菜单。

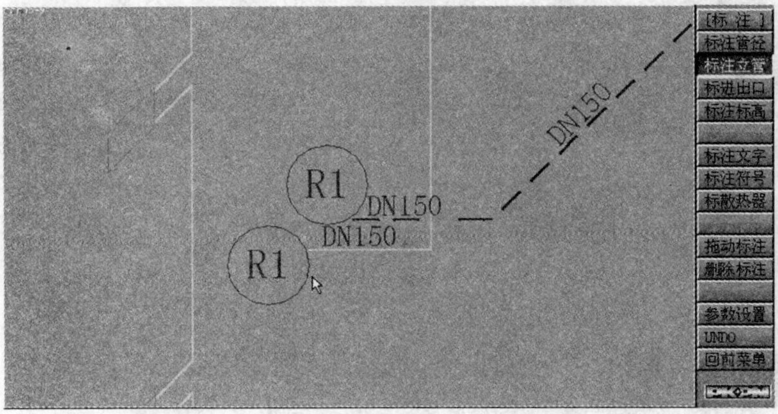

图 7-5-13

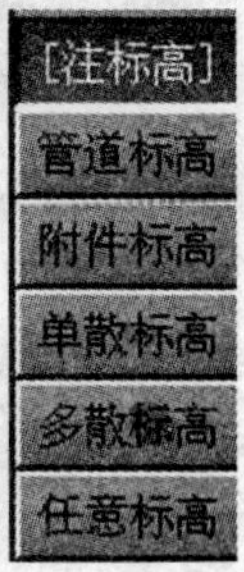

图 7-5-14

点取“[标注]”菜单的“标注文字”命令,进入“[文字]”菜单,如图 7-5-16 所示。

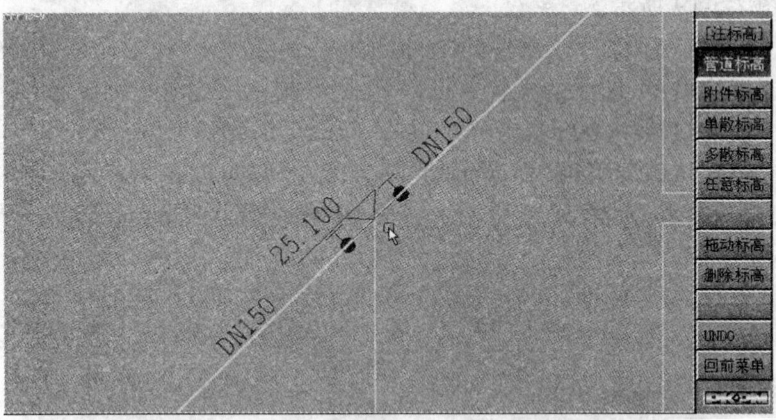

图 7-5-15

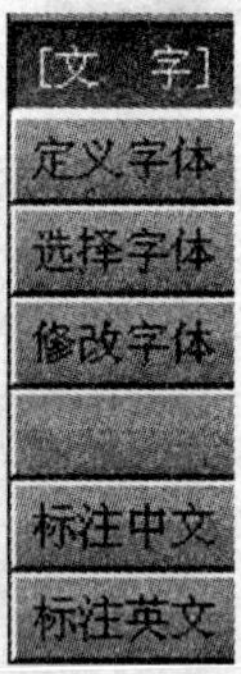

图 7-5-16

点取“[文字]”菜单的“标注英文”命令,弹出“标注字符”对话框,如图 7-5-17 所示。

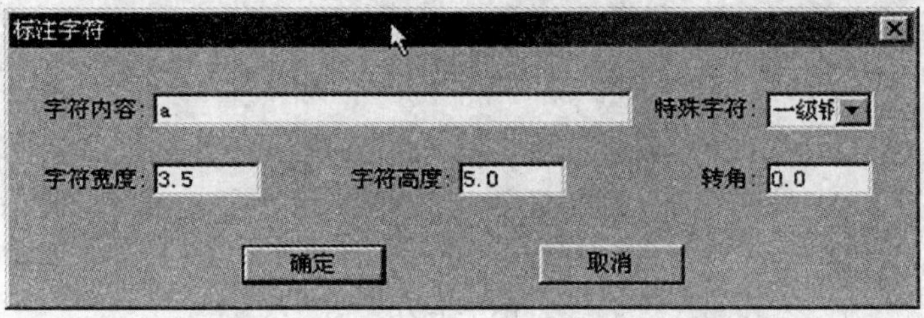

图 7-5-17

输入“a”后,按“确定”按钮,出现一个光标,用光标在要标注英文的干管附近点一下,英文标注即完成,结果如图 7-5-18 所示。

用同样的方法将所有需要标注的英文标注完。

按[Esc]键或鼠标右键退出该界面,回到“[文字]”菜单。点取“[文字]”菜单的“<前菜单>”命令,回到“[标注]”菜单。

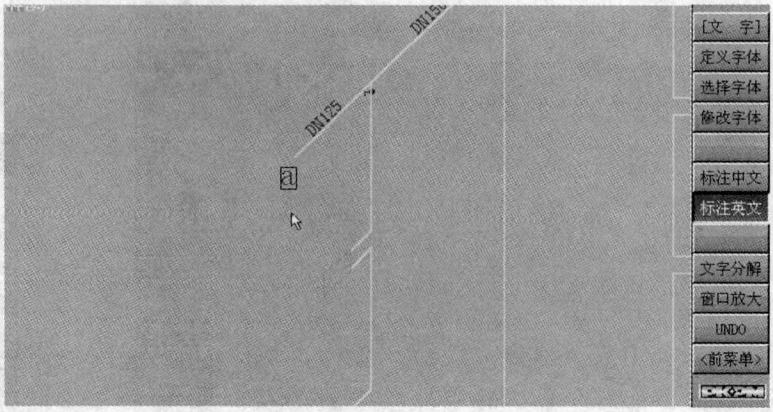

图 7-5-18

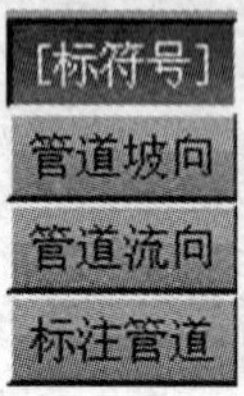

图 7-5-19

点取“[标注]”菜单的“标注符号”命令,进入“[标符号]”菜单,如图 7-5-19 所示。

点取“[标符号]”菜单的“管道坡向”命令,出现一个光标,用光标在要标注坡度、坡向的干管上点一下,命令提示区出现以下提示:

坡度值为:0.003 输入修改值([Enter]不修改)

用默认值即可,按[Enter]键或鼠标左键确认,出现坡度、坡向标记,拉动鼠标为其定好位,按[Enter]键或鼠标左键确认,结果如图 7-5-20 所示。

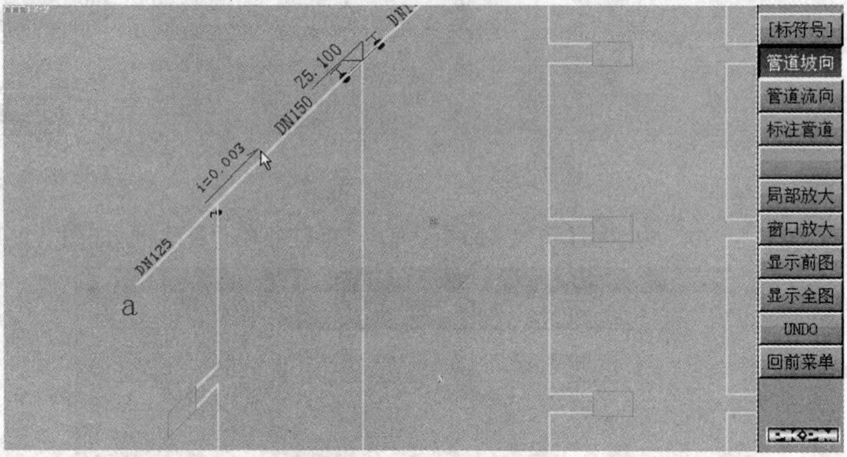

图 7-5-20

用同样的方法将所有需要标注的坡度、坡向标注完。

按[Esc]键或鼠标右键退出该界面,回到“[标符号]”菜单。

点取“[标符号]”菜单的“管道流向”命令,出现一个光标,用光标在要标注流向的干管上点一下,再确定箭头方向,按[Enter]键或鼠标左键确认,出现流向标记,拉动鼠标为其定好位,按[Enter]键或鼠标左键确认,结果如图 7-5-21 所示。

用同样的方法将所有需要标注的流向标注完。

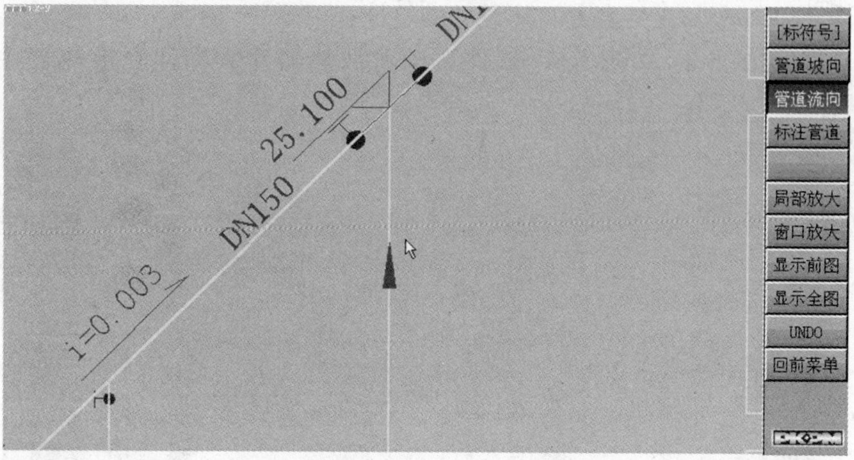

图 7-5-21

按[Esc]键或鼠标右键退出该界面,回到“[标符号]”菜单。

点取“[标符号]”菜单的“标注管道”命令,出现一个光标,用光标在要标注的管道上点一下,软件接着要求输入管道代号,按默认的“S”即可,按[Enter]键或鼠标左键确认,结果如图 7-5-22 所示。

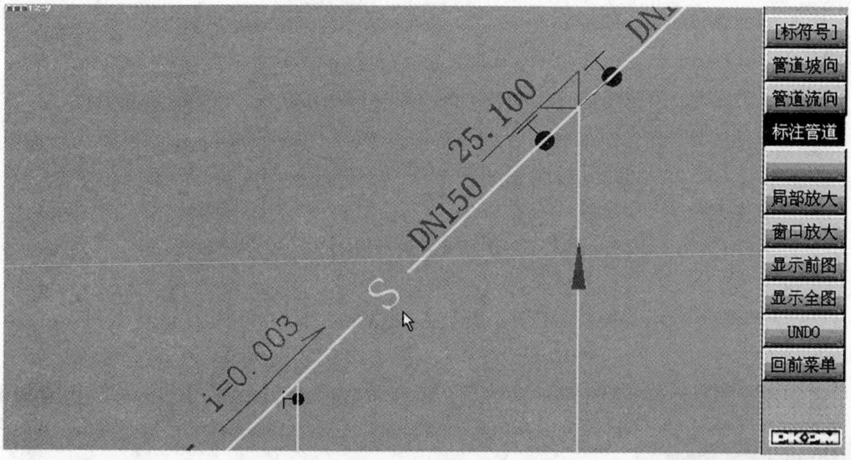

图 7-5-22

用同样的方法将所有需要标注的管道类型标注完。

按[Esc]键或鼠标右键退出该界面,回到“[标符号]”菜单。

点取“[标符号]”菜单的“回前菜单”命令,回到“[标注]”菜单。

点取“[标注]”菜单的“标散热器”命令,进入“[散热器]”菜单,如图 7-5-23 所示。

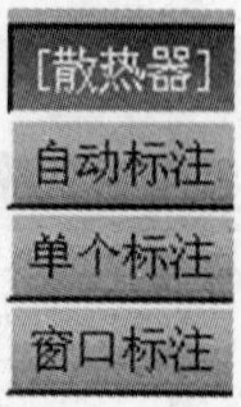

图 7-5-23

“[散热器]”菜单有三个标注命令,用得较多的是“自动标注”命令。

点取“[散热器]”菜单的“自动标注”命令,命令提示区出现以下提示:

散热器中[Enter]/散热器上[Tab]/[Esc]退出

按[Enter]键或鼠标左键确认，软件自动将散热器片数标注在散热器中，结果如图7-5-24所示。

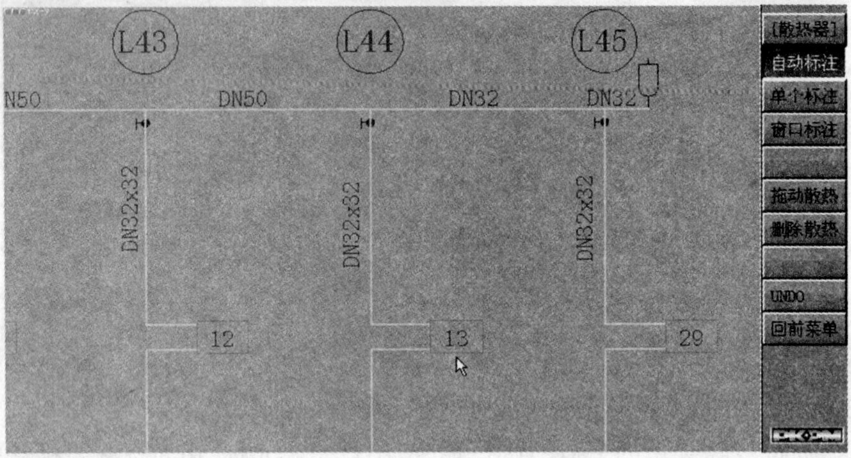

图 7-5-24

点取"[散热器]"菜单的"回前菜单"命令，回到"[标注]"菜单。

至此，上半部分系统图绘制完了，点取"[标注]"菜单的"回前菜单"命令，回到"[系统图]"菜单。

点取"[系统图]"菜单的"画下一图"命令，开始绘制下半部分系统图。

当把下半部分系统图绘制完时，点取"[系统图]"菜单的"回主菜单"命令，软件退回到"建筑采暖设计软件(HPM)"的启动界面，进行下面的设计——统计材料、施工总说明和图纸目录。

7.6 统计材料、施工总说明和图纸目录

双击"建筑采暖设计软件(HPM)"的启动界面的"统计材料"，进入"统计材料"界面。

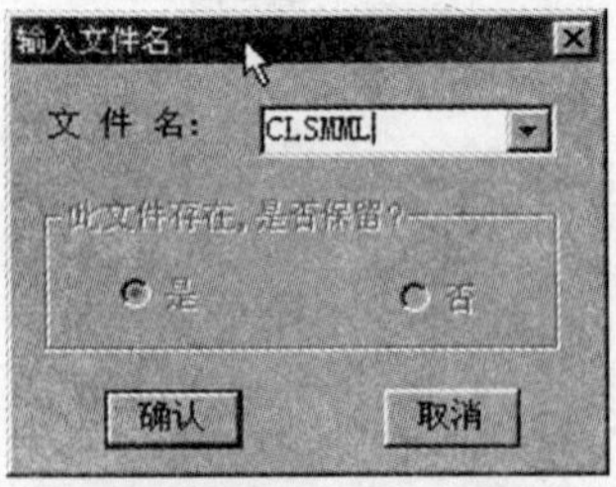

图 7-6-1

注：统计材料、施工总说明和图纸目录使用的都是同一个界面，所以把这三项放到一块。

首先弹出"输入文件名"对话框，如图7-6-1所示。

在"文件名"后填入"CLSMML"，按"确认"按钮，进入"[文本]"菜单，如图7-6-2所示。

点取"[文本]"菜单的"插入图框"命令，弹出"选择图框"对话框，如图7-6-3所示。

点选"1号图"，按"确认"按钮，出现一个光标和图框，拖动鼠标选好位置，按[Enter]键或鼠标左键确认，即将图框插入完毕，如图7-6-4所示。

点取"[文本]"菜单的"材料统计"命令，进入"[统计]"菜单，如图7-6-5所示。

图 7-6-2

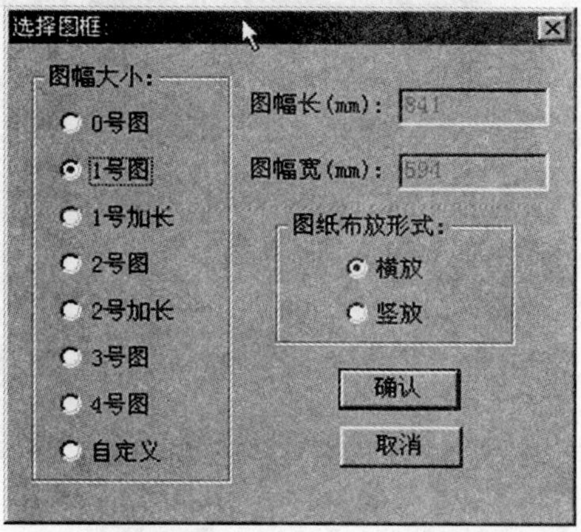

图 7-6-3

图 7-6-4

图 7-6-5

点取“[统计]”菜单的“参数设置”命令，弹出“材料统计的参数设置”对话框，如图 7-6-6 所示。

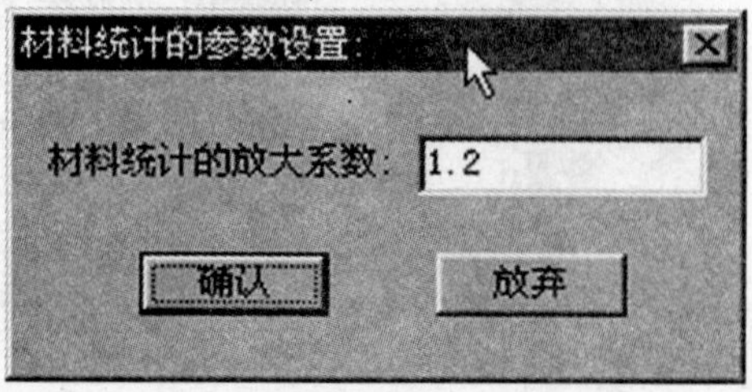

图 7-6-6

使用默认的参数即可，按“确认”按钮，回到“[统计]”菜单。

点取“[统计]”菜单的“统计材料”命令，软件自动进行材料统计，完成后自动退回“[统计]”菜单。

点取“[统计]”菜单的“设置表头”命令，弹出“材料统计表的定义”对话框，如图7-6-7

所示。

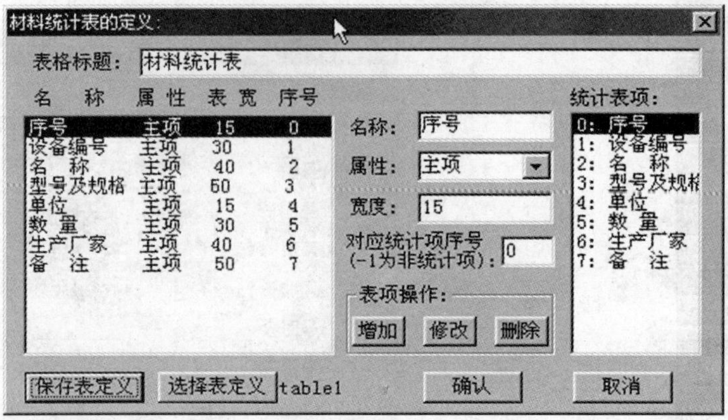

图 7-6-7

按习惯填好后,按“确认”按钮,回到“[统计]”菜单。

点取“[统计]”菜单的“设置表头”命令,弹出“设置材料统计表的绘制参数”对话框,如图 7-6-8 所示。

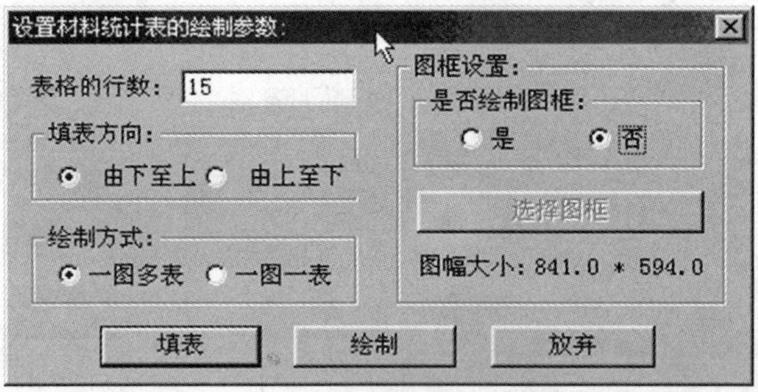

图 7-6-8

按习惯填好后,按“填表”按钮,弹出“材料统计表”对话框,如图 7-6-9 所示。

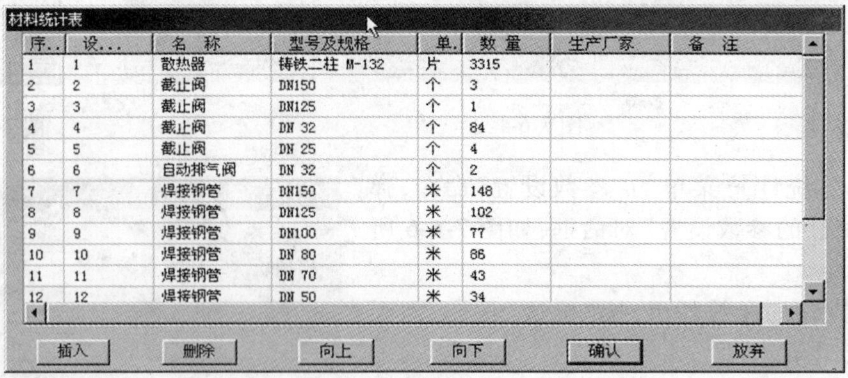

图 7-6-9

在这里可以对材料统计表进行一定的编辑。

填好后,按“确认”按钮,出现一个光标和材料统计表,拖动鼠标选好位置,按[Enter]

键或鼠标左键确认,即将材料统计表插入完毕,如图 7-6-10 所示。

点取"[统计]"菜单的"表格编辑"命令,进入"[表格编辑]"菜单,如图 7-6-11 所示。

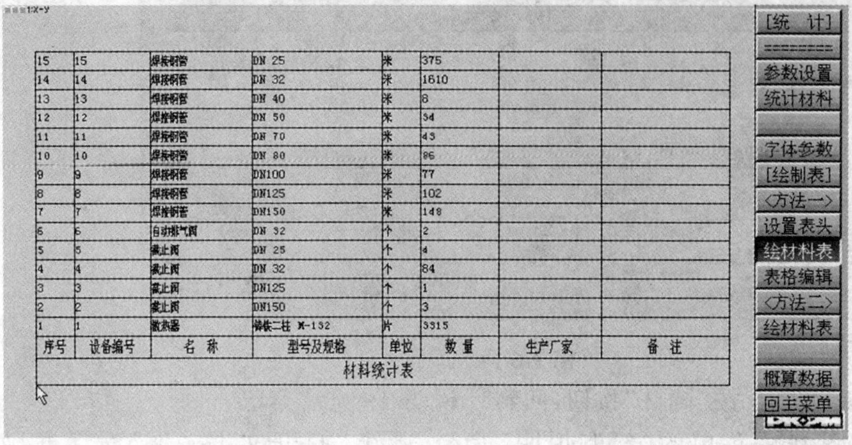

图 7-6-10

图 7-6-11

点取"[表格编辑]"菜单的"修改表项"命令,出现一个光标,在要修改的项目上点选即可修改内容了。

点选后,弹出"修改材料表内容"对话框,如图 7-6-12 所示。

修改后,按"确认"按钮,光标仍在,可继续修改。完成后,按[Esc]键或鼠标右键退回到"[表格编辑]"菜单。

至此材料统计表绘制完成,使用"回前菜单"命令退回到"[文本]"菜单。

点取"[文本]"菜单的"说明图例"命令,进入"[说明/图例]"菜单,如图 7-6-13 所示。

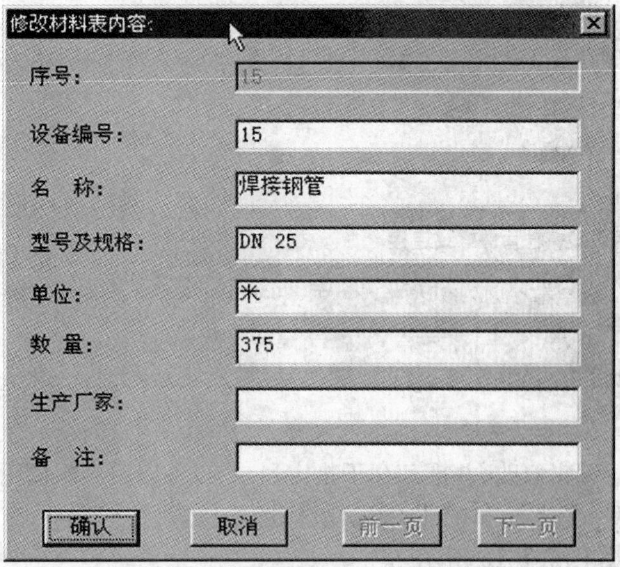

图 7-6-12

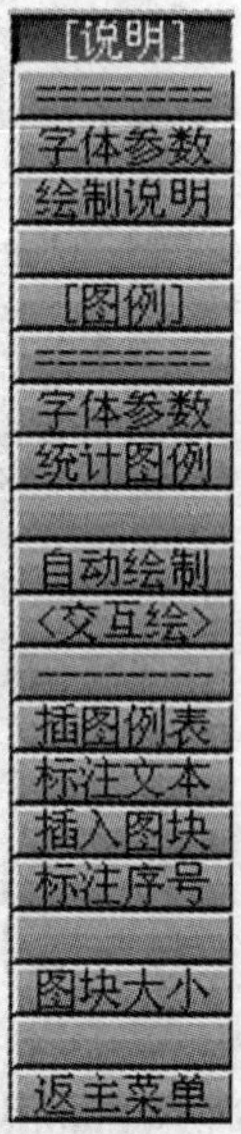

图 7-6-13

点取"[说明/图例]"菜单的"字体参数"命令,弹出"说明图例表的字体参数设置"对话框，如图 7-6-14 所示。

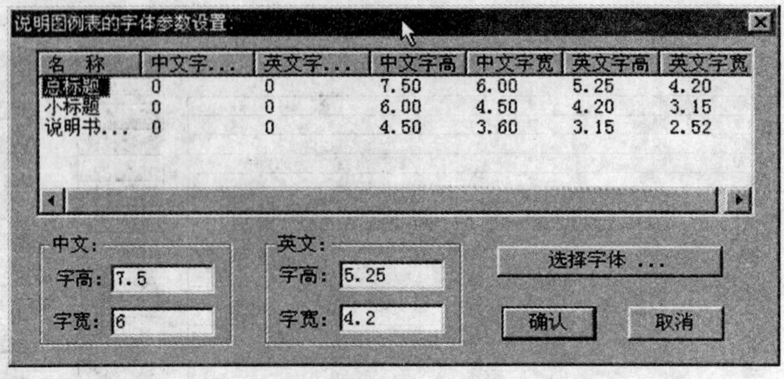

图 7-6-14

使用默认的参数即可，按“确认”按钮，回到“[说明/图例]”菜单。

点取“[说明/图例]”菜单的“绘制说明”命令，弹出“打开文本文件”对话框，如图 7-6-15所示。

图 7-6-15

在这个对话框中可以对说明进行编辑修改，并把其存于指定目录，以备以后再次使用。

修改后，按“写文字”按钮，出现一个光标和说明，拖动鼠标选好位置，按[Enter]键或鼠标左键确认，即将说明插入完毕，如图 7-6-16 所示。

点取“[说明/图例]”菜单的“统计图例”命令，软件即自动开始统计图例，统计完成后自动退回到“[说明/图例]”菜单。

点取“[说明/图例]”菜单的“自动绘制”命令，弹出“定义图例表格”对话框，如

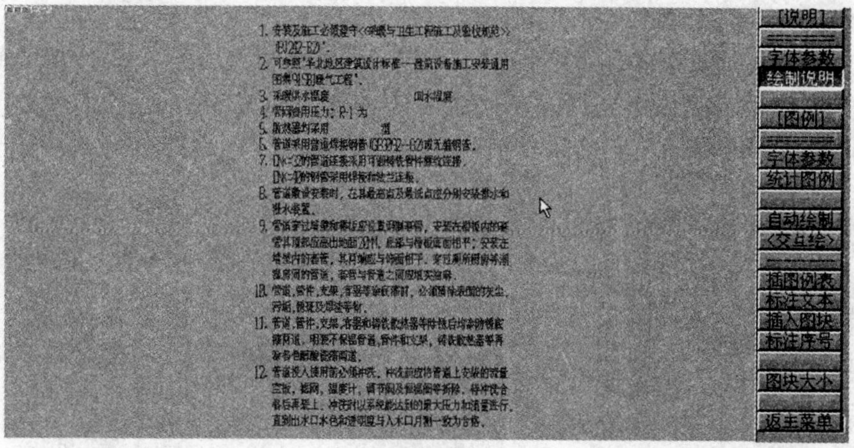

图 7-6-16

图 7-6-17所示。

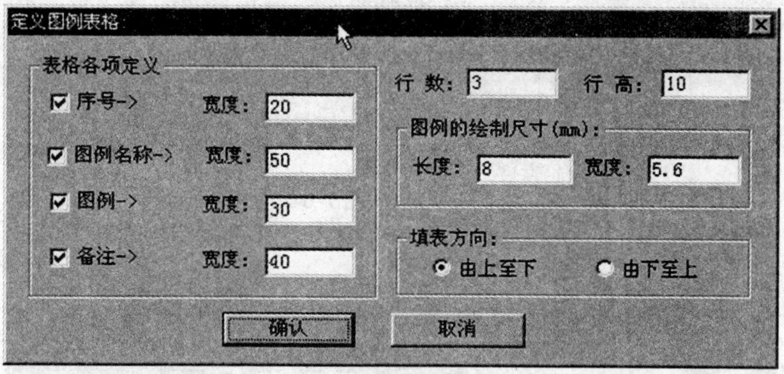

图 7-6-17

使用默认的参数即可,按“确认”按钮,出现一个光标和图例,拖动鼠标选好位置,按[Enter]键或鼠标左键确认,即将图例插入完毕,如图 7-6-18 所示。

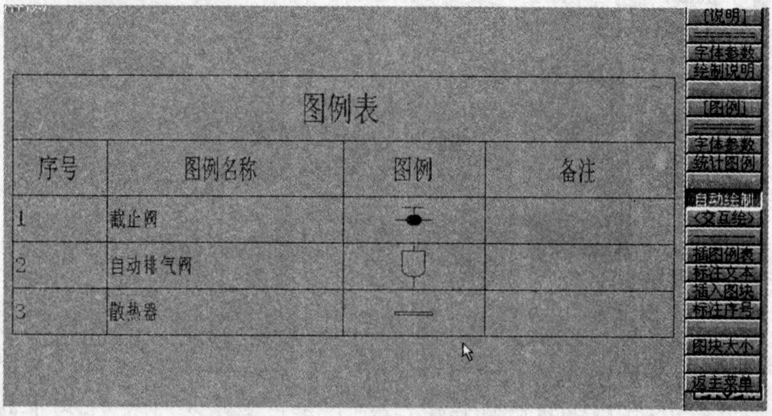

图 7-6-18

至此说明、图例绘制完成,使用“返主菜单”命令退回到“[文本]”菜单。

点取“[文本]”菜单的“图纸目录”命令，进入“图纸目录”菜单，如图7-6-19所示。

“图纸目录”菜单的“字体参数”、“定目录表”命令与绘制图例时一样，这里不再详述。

点取“图纸目录”菜单的“填自绘图”命令，出现一个光标和图纸目录，拖动鼠标选好位置，按[Enter]键或鼠标左键确认，即将图纸目录插入完毕，如图7-6-20所示。至此图纸目录绘制完成，使用“返主菜单”命令退回到“[文本]”菜单。

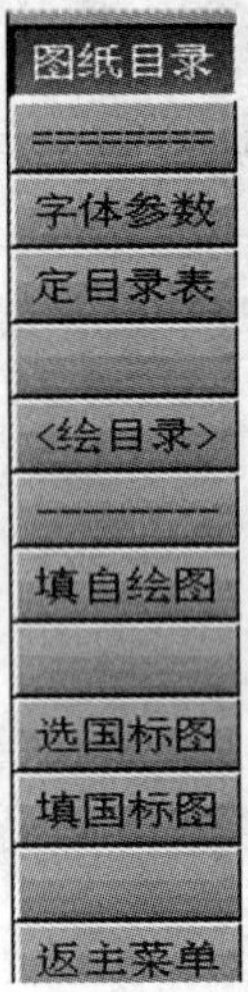

图7-6-19

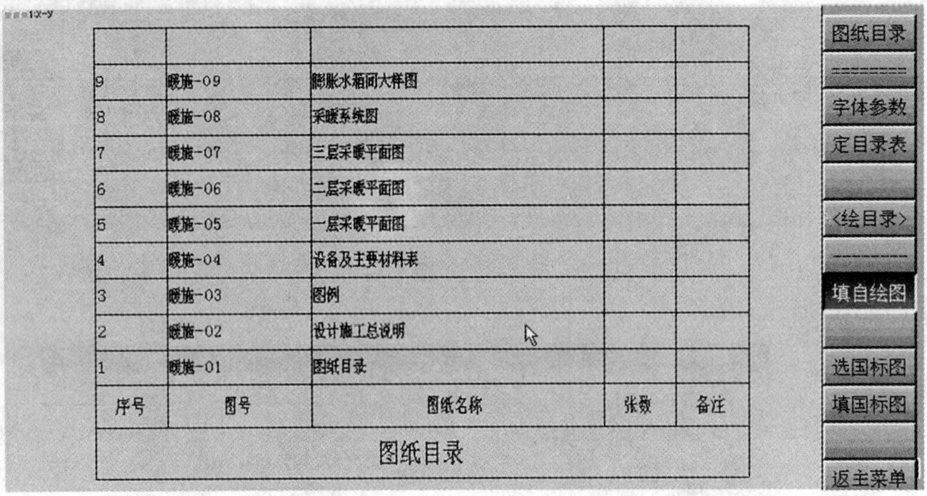

9	暖施-09	膨胀水箱间大样图		
8	暖施-08	采暖系统图		
7	暖施-07	三层采暖平面图		
6	暖施-06	二层采暖平面图		
5	暖施-05	一层采暖平面图		
4	暖施-04	设备及主要材料表		
3	暖施-03	图例		
2	暖施-02	设计施工总说明		
1	暖施-01	图纸目录		
序号	图号	图纸名称	张数	备注

图7-6-20

点取“[文本]”菜单的“保存图形”命令，弹出“保存PKPM图形文件”对话框，如图7-6-21所示。

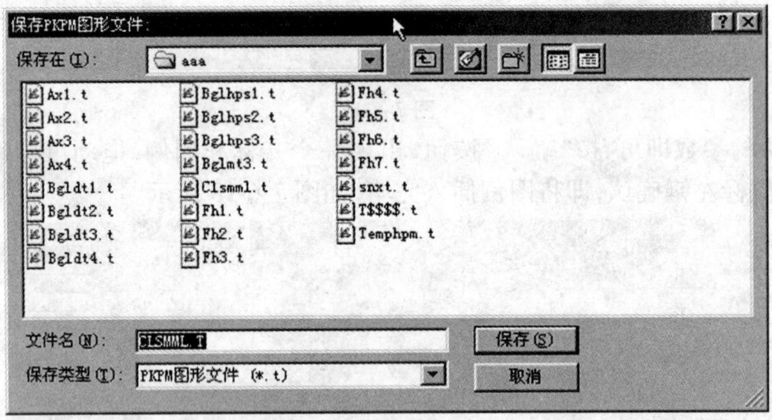

图7-6-21

定好图形文件名，按“保存”按钮，软件将文件保存后，自动退回“[文本]”菜单。

点取“[文本]”菜单的“退出”命令，退回到“建筑采暖设计软件(HPM)”的启动界面。

至此建筑采暖设计软件部分全部完成。

注：应当说明的是，在图纸绘制过程中，还有许多需要修改的地方，剩下的工作就要在“图形编辑”模块进行了。

第 8 章　WPM 模块应用

WPM 模块是建筑给排水设计模块，应用该模块可以完成给排水设计条件图的生成，建立给排水系统模型，并完成给排水平面图和系统图的绘制，进行给排水详图设计，还可以进行给排水材料的统计及施工总说明、图纸目录的生成等工作。

"建筑给排水设计软件"(WPM)开始界面如图 8-0-1 所示。

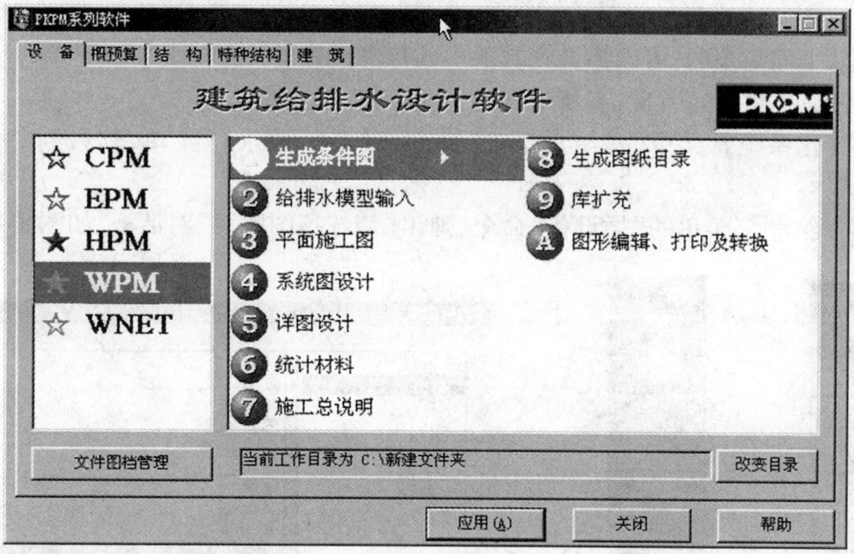

图 8-0-1

注：其开始界面与"建筑采暖设计软件"(HPM)的开始界面非常相近，实际上其设计过程也非常相近，因此在介绍"建筑给排水设计软件"(WPM)时，有些过程会介绍的相对简单些。

"建筑给排水设计软件"(WPM)的生成条件图过程与"建筑采暖设计软件"(HPM)完全一样，这里不再重复介绍。

8.1　给排水模型输入

双击开始界面的"给排水模型输入"命令，进入"给排水模型输入"界面。

首先弹出"选择进入方式"对话框，如图 8-1-1 所示。

"工程名"默认，点选"新文件"，按"确定"按钮，进入的界面与"建筑采暖设计软件"(HPM)的"模型输入"界面完全一样，连命令的排列顺序都一模一样。

与"建筑采暖设计软件"(HPM)的"模型输入"过程相类似，使用"[给排水]"菜单的"平面输入"、"换标准层"两个命令，将三个标准层全输入进来，然后进入第三标准层(第

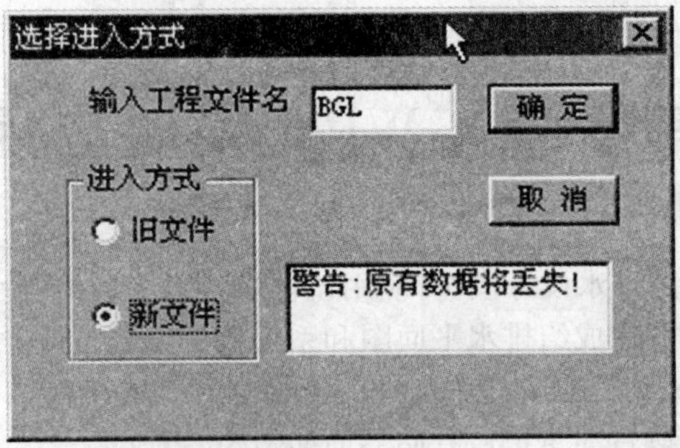

图 8-1-1

七层),先从上面简单的、可以拷贝到其他层的标准层开始。

其右侧命令菜单如图 8-1-2 所示。

单击“[选系统]”菜单的“给水系统”命令,进入“[给水]”菜单,其右侧命令菜单如图 8-1-3 所示。

单击“[给水]”菜单的“插设备”命令,弹出“请选择图库页”对话框,如图 8-1-4 所示。

图 8-1-2

图 8-1-3

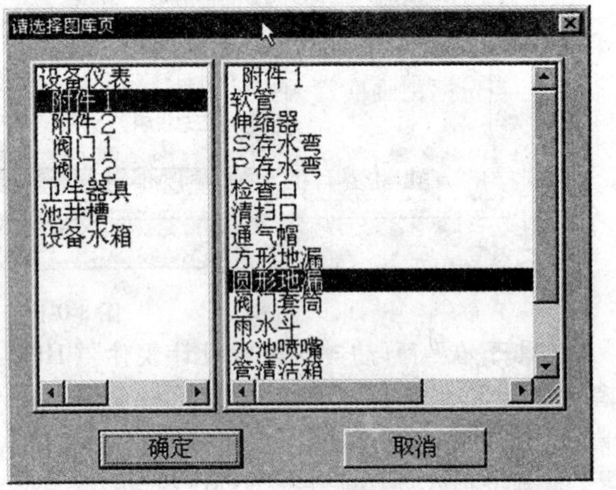

图 8-1-4

这个对话框我们并不陌生,在“建筑采暖设计软件”(HPM)里的插入管道附件的过程中曾经使用过。

在这里,它的使用方法也一样。首先,选择想要插入的设备,按“确定”按钮,弹出选择图例的对话框,按其提示进行插入即可,这里不再详述。

将所有的设备全部插入完毕后,按鼠标右键或[Esc]键退回“[给水]”菜单。

单击“[给水]”菜单的“画立管”命令,出现一个十字光标,用其为给水立管定好位,弹出“布置立管”对话框,如图 8-1-5 所示。

对话框内的参数选择默认即可,按“确定”按钮,仍然出现一个十字光标,用同样的方法将所有的给水立管布置完毕。

最后,按鼠标右键或[Esc]键退回"[给水]"菜单。

单击"[给水]"菜单的"画干管"命令,出现一个十字光标靶,用其在给水立管上点一下,软件即自动将立管的圆心锁定,弹出"输入布置横管参数"对话框,如图 8-1-6 所示。

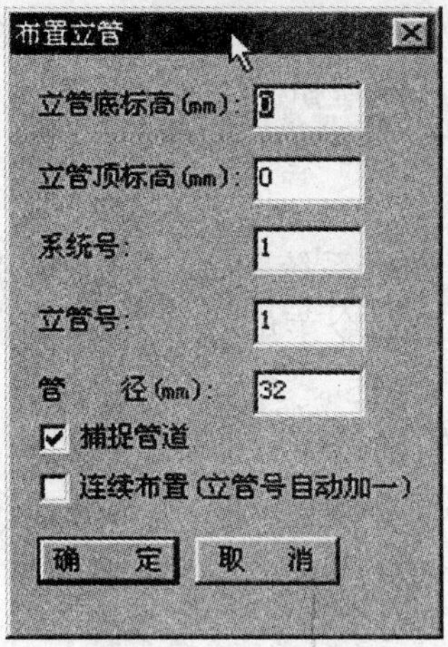

图 8-1-5

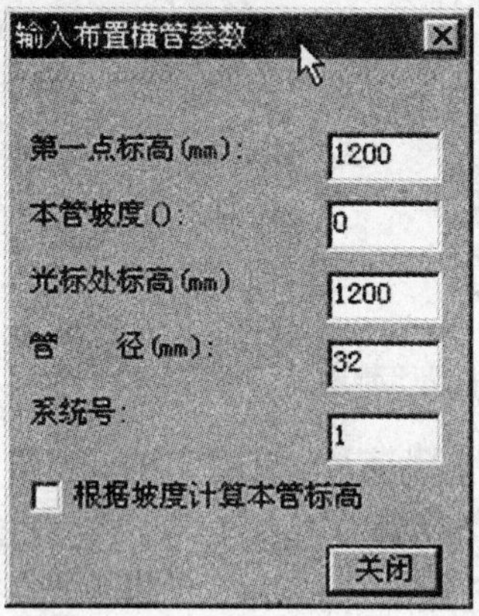

图 8-1-6

对话框内的参数,"第一点标高"和"光标处标高"应输入横管实际标高,其他参数默认即可。

用十字光标靶画横管,画完一根,按鼠标右键或[Esc]键即可退回"[给水]"菜单。

用同样的方法将所有的给水横管布置完毕。

单击"[给水]"菜单的"连接配管"命令,进入"[连配管]"菜单,其右侧命令菜单如图 8-1-7 所示。

图 8-1-7

其各项命令含义如下:

"带阀龙头":自动连接给水管和卫生器具,并在给水支管上插入阀门和水龙头;

"水龙头":自动连接给水管和卫生器具,并插入水龙头;

"淋喷连接":淋浴喷头和干管的连接;

"冲洗阀":自动连接配管,并插入冲洗阀;

"高位水箱":自动绘制高位冲洗水箱和给水干管间的支管;

"低位水箱":自动绘制低位冲洗水箱和给水干管间的支管;

"小便池管":自动连接小便池和给水干管,并绘制冲洗管;

"消栓连接":消火栓和干管的连接。

用该菜单的命令将各个用水设备和其给水管连接起来,其过程与前面的插入设备的过程基本相似,这里就不再详述了,最后用"[连配管]"菜单的"回前菜单"命令退回到"[给水]"菜单。

至此给水系统绘制完毕,用"[给水]"菜单的"回前菜单"命令退回到"[选系统]"菜单。

单击"[选系统]"菜单的"消火栓"命令,进入"[消火栓]"菜单,其右侧命令菜单如

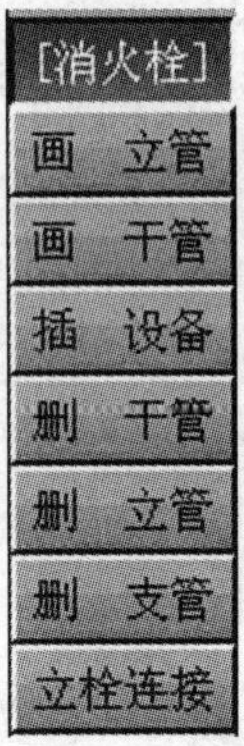

图 8-1-8

图 8-1-8所示。

其命令菜单与“给水系统”的命令菜单非常相似，实际上其绘制过程也与“给水系统”很相近。

“插设备”、“画立管”、“画干管”过程一样，就是“立栓连接”有些差别，但有提示，仅仅是确定栓口标高和栓底连管长度。

布置完消火栓系统，用“[消火栓]”菜单的“回前菜单”命令退回到“[选系统]”菜单。

单击“[选系统]”菜单的“排水系统”命令，进入“[排水]”菜单，其右侧命令菜单与“给水系统”的命令菜单完全一致，而绘制过程也与“给水系统”完全一致，这里不再详述。

第三标准层的给排水模型输入完毕后，回到“给排水模型输入”界面即“[给排水]”菜单，使用“拷标准层”命令将第三标准层的给排水模型拷贝到第二标准层、第一标准层。

由于第二标准层的给排水模型与第三标准层的完全一致，第二标准层不用再绘制，使用“[给排水]”菜单的“换标准层”命令将当前标准层换为第一标准层，开始绘制底层干管。

注：本设计采用下供上给式系统，因此是先画顶层再画底层，如是采用上供下给式系统，顺序应反过来。

8.2　给排水施工图绘制

绘制给排水系统底层干管过程与“建筑采暖设计软件”（HPM）的绘制底层干管相似，需要注意的是，给排水系统底层干管既有给水干管又有排水干管。

底层干管绘制完毕应在下拉菜单“其他”里将进口和出口定义完。

以下的过程，包括“平面施工图”、“系统图设计”、“详图设计”、“统计材料”、“施工总说明”、“生成图纸目录”，就与“建筑采暖设计软件”（HPM）非常相近了，这里不再重复，请参看第 7 章。

第5篇　图形编辑及打印

第9章　图形编辑及打印的应用

PKPM系列各模块主菜单均设有“图形编辑、打印及转换”菜单,在各绘图程序中有包含在下拉菜单中的绘图工具包。用户可在程序自动成图之后,采用该绘图工具包作补充绘图及编辑修改。工具包除提供给用户一个像AutoCAD的工作环境外,还有大量专业化的功能。其主要功能特点是:

(1)各类图形、图素绘制,包括定义颜色、线宽、线型。

(2)图形编辑,如图素移动、复制、删除、截断等。

(3)图形缩放。

(4)图层管理,包括图层查询、修改、建立等,通过图层可方便地编辑某一类图形集。

(5)图块图库。

(6)打印机、绘图机驱动。

(7)中文输入。

(8)标注尺寸、字符。

(9)专业绘图,提供针对建筑结构专业的轴线、标高、各类符号的标注和绘图,还可作建筑图素的填充。

(10)T文件与DWG文件的相互转换。

点取主菜单“图形编辑及打印(MODIFY.EXE)”后,屏幕出现选项菜单:

项目一:“退出”可退出当前图形编辑及打印程序;

项目二:“绘制新图”用来绘制任意图形;

项目三:“编辑旧图”用来编辑修改已经成图的*.T图形文件;

项目四:“图形拼接”可把几个*.T图形文件拼接在一张图上;

项目五:“T转DWG”可把T文件转换成DWG文件;

项目六:“DXF转T”可把由AutoCAD生成的任何DXF文件转变成*.T文件;

项目七:“打印绘图”可用来驱动打印机和绘图机出图。

9.1　选取要编辑的图形文件

点取以上项目后,要选取图名,屏幕首先列出当前子目录下的*.T文件,文件多时可以左右拖动鼠标寻找,可按[Tab]键切换到屏幕下部线框内,直接键入要编辑的图形文件名,如键入别的子目录名称则屏幕上列出其他子目录下的图形文件。

一般用光标点取某个文件名,随后即将该图显示于屏幕上。

注:若是生成新的图形文件,为其命名需加扩展名.T。

9.2　基本菜单命令

屏幕右侧为主菜单。

调出下拉菜单的方法:用光标停在屏幕空白区内点鼠标左键或中键,或按键盘上的[Tab]键即可调出下拉菜单。

退出下拉菜单的方法:按鼠标右键,或键盘上的[Tab]键或[Esc]键。

屏幕右侧菜单和下拉菜单的同名项目功能是相同的。

9.2.1　文件工具

插入图形:直接将另一图形文件以一个图块方式插入到当前图形中来,此操作在图形编辑过程中可随时进行,插入的图形以一个图块的形式而不是以独立坐标系(UCS)的形式存在,可移动、删除或分解,图块分解后可进行编辑修改,但坐标系已归于当前坐标系。

DOS 命令:自动退出软件系统进入 DOS 状态,提示:

DOS Command >

注:若要回到 PKPM 软件系统键入 EXIT,若右侧主菜单未显示,可按鼠标右键退出下拉菜单即可显示右侧主菜单。

打印绘图:下拉菜单中的这项功能与右侧菜单相同,放在后面讲解。

坐标系:对于一张图中有几个坐标系(UCS)的情况,在编辑图形时就一定需要坐标系之间的转换。

9.2.2　选坐标系

其功能是由用户点取要编辑的部分自动进入它所在的坐标系,以后再绘制的图素将按照这一坐标系的原点和比例尺计量,如果用户要在另一坐标系内绘图,也必须通过[选坐标系]菜单转换到另一坐标系内。

9.2.3　拖动

其功能是可以将同一坐标系内的所有图素平移位置,它实际上是修改了坐标系的插入位置,这一功能是调整图面的有效工具。

9.2.4　设坐标系

菜单为用户提供了一个自己设置新坐标系的功能,用户可自定比例尺和原点位置。

9.2.5　统一坐标

其功能是将图面内的所有坐标系炸开,统一到图纸坐标系下,所有的比例尺都变为1:1。它的好处是编辑图形时不必再进行坐标系转移,缺点是由于比例尺全无,在标尺寸时不能再反映工程尺寸,而且由于[统一坐标]不能操作 UNDO,因此使用时应三思而后行。

9.2.6　绘图

设线宽色：* 选择线条颜色，弹出窗口显示 15 条色块，光标点取选择。

*选择线条宽度。程序将线条宽度分为三级，在画的图中分别为 0.25、0.5、0.75 mm。

*“选择线型”窗口。程序将线型分为实线、虚线、点画线和用户自定义线型四类。

虚线：程序定义为 3，-2，即画 3 mm，再空 2 mm。

点画线：程序定义为 30，-3，2，-3，即画 30 mm，空 3 mm，画 2 mm，空 3 mm。

用户自定义线型即由用户自己定义虚线或点画线的状况，格式为：n，TYPE(n)。n 为每组落、抬笔次数（应为 2 或 2 的倍数），TYPE(n) 即是后面要输入几个数据，分别为落笔长度，一抬笔长度……单位为毫米。

注：如不操作“设线宽色”菜单，程序画图则取隐含值。

两点直线：* 输入第一点及第二点，完成线段绘制。为保证线按准确的方向画出，可按[F4]键使角度捕捉打开。[Ctrl] + [F9]键可修改已设定的捕捉角度。

平行直线：* 输入第一点及第二点。

* 输入复制间距（次数），累计距离（毫米单位，累计距离可不输）。

折　　线：* 输入第一点，输入下一点。

* 完成后按鼠标右键。

* 闭合/输入/放弃，选择闭合折线，线闭合于最初点；输入即继续画折线；放弃即该折线取消。

矩　　形：* 是否填充：(Y[Enter]/N[Esc])。

* 输入矩形第一点，(即对角线一点)。

* 输入矩形第二点：(即对角线另一点)。

若不填充为一个四边矩形。选填充是一填充色块矩形（颜色即为定义颜色）。

圆　　环：* 是否填充：(Y[Enter]/N[Esc])。

* 输入圆心：（可用光标直接点取或按[Insert]键输入坐标值）。

* 输入半径：（可用光标直接点取或按鼠标右键输入半径值 r（毫米））。

* 输入圆心：即再画新图，若退出按鼠标右键。

圆　　弧：* 输入圆弧圆心。

* 输入圆弧半径：起始角用光标定义或按鼠标右键输入半径、起始角、结束角（r、ds、de），角度反时针为正。

三点圆弧：* 输入圆弧第一点、第二点、第三点（即矢高）（按鼠标右键退回）。

9.2.7　编辑

图素编辑时，选取要编辑图素的方法有三种：一是用光标（方框）直接点取屏幕上的图素；二是开一窗口点取窗口内所有图素；三是用一直线切割选取该直线穿过的所有图素。

按鼠标中键或[Tab]键可随时切换这三种方式。

确认开关:对图素编辑操作时,目标选择后,先确认再执行。

删除图素:请用光标点取图素([Tab]窗口方式/[Esc]返回)。

恢复图素:恢复删除的图素。

图素平移:* 输入基准点(通过光标点取)。
* 请用光标点明要平移的方向(可用[F4]锁定方向)。
* 输入平移距离 d:(毫米)。
* 请用光标点取图素:([Tab]窗口方式/[Esc]返回)。

图素旋转:* 输入基准点,提示直线端点选中。
* 输入旋转角度 D:(逆时针为正,[Esc]取两线夹角)。
* 请用光标点取图素([Tab]窗口方式/[Esc]返回)。
(可反复点取图素或用窗口均可)。

图素镜像:* 输入基准线第一点。
* 输入基准线第二点(注意基准线一定要直,可按[F4]键锁定方向)。
* 请用光标点取图素。

平移复制:* 输入基准点(光标点取)。
* 用光标点明要复制的方向。
* 输入复制间距、次数(d、n)。
* 用光标点取图素([Tab]窗口方式/[Esc]返回)。

旋转复制:* 输入基准点(光标点取)提示选中。
* 输入基准线第二点。
* 请用光标点取图素([Tab]窗口方式/[Esc]返回)。
(可反复点取图素或窗口选取)。

镜像复制:* 输入基准线第一点。
* 输入基准线第二点。
* 请用光标点取图素([Tab]窗口方式/[Esc]返回)。
(可反复点取图素或窗口选取)。

图素拖动:* 请用光标点取图素([Tab]窗口方式/[Esc]返回)。
* 请移动光标拖动图素(包括图素、数字、字符和中文的所有图素)。
点取选中的图素会随光标移动在屏幕上形象地被拖动,在新的位置回车,该图素即被移到新的位置。

拖动复制:* 请用光标点取图素([Tab]窗口方式/[Esc]返回)。
鼠标左键确认(可一直拖动复制至[Esc]退出)。
* 请用光标拖动图素。

拖点复制: * 请用光标点取图素([Tab]窗口方式/[Esc]返回)。
提示选中(必须选线段端点)。
* 请移动光标拖动图素(延长,或变向延长)。
* 鼠标左键确认。

端点拖动:同上,但原图素移动,不复制。

拖动 UCS:* 请用光标点取图素([Tab]窗口方式/[Esc]返回)。

拾取了参考点后,与此参考点同一坐标系的图素一同拖动。

图素截断:* 输入第一截断点。

* 输入第二截断点。
* 请用光标点取图素([Tab]窗口方式/[Esc]返回)完成截断。

图素延伸:* 用光标点出延伸边界线。

* 用光标点取图素([Tab]窗口方式/[Esc]返回)。
* 用光标点出要延伸的图素(光标靠近要延伸端点的图素)。
* 请用光标点取图素([Tab]窗口/[Esc]返回)。

注:图素延伸可把一已画好的图素向一直线或圆弧延伸相交,先点取延伸边界线,再点取要延伸的若干图素,注意光标应在靠近延伸方向的一段点取。如果延伸的边界线在图素线段以内,该图素可向图素内延伸,实际上是被截断。

图素修剪:* 拾取裁剪边界([Esc]完毕)。

裁剪边界拾取完成之后。

* 点出图素要裁剪的部分。

超过裁剪边界的图素被删除。

图素分解:　将一个实体进行分解,如一组词分解为独立的字;一个块分解为图素等。

图素变换:　改变实体的尺寸角度。

* 输入交换比例,转角(sx,sy,sz,rx,ry,rz)。
* 输入基准点。
* 请用光标点取图素。

所选图素即按输入的比例值与转角进行变换。

直线圆角:　在两直线间生成一个流畅的圆弧角。

* 输入圆角半径 R:([Tab]动态确定)。

用户可确定圆弧半径,缺省值为0。如果圆弧半径为0,程序将修剪或延伸两条直线使端点精确相交。

如果选择[动态确定]的方法,在所选的两条直线之间根据光标拖动生成一流畅的圆弧角。

9.2.8　字符

字符与中文分别可进行[修改大小]、[修改内容]、[修改角度]、[文字拖动]操作。

查字大小:* 请用光标点取图素([Tab]窗口方式/[Esc]返回)。

* 字符宽、高分别为 XX、XX(mm)。

标注字符:* 输入字符内容;完成后按[Enter]键。

* 请输入字符宽、高、角度:[3.5,5,0]。
* 请指示在图面上的标注位置([Tab]改变大小和角度同上述第二步)。

在须标注位置按[Enter]键确认,可继续标注,须退出按[Esc]键。

标注数值:输入数值,其余同标注字符。

标注中文:可退出下拉菜单,在右菜单中找“标注文字”。

进入该内容后,有以下栏目:写图名,定义字形,定义字体,选择字体,修改字体,标注中文,标注英文,局部放大, UNDO。

9.2.9　字体

在 PKPM 软件中可同时使用 10 种中文字体和 10 种英文字体。

定义字体:使用字体时首先要将字体定义到程序的字体列表中。

进入菜单后首先要选择是定义中文字体还是英文字体,随后屏幕中间会出现字体序号列表。其中 0 号为系统原始字体,用户不能定义或修改。1 ~ 10 号是可以由用户定义的字体列表。用户点取其中一项后,屏幕中间出现由用户输入 *. SHX 形文件及 Windows 字体的窗口。

如用户选择 *. SHX 形文件,可输入修改形文件所在的路径及形文件名。如果选取 Windows 字体,屏幕中间就会出现 Windows 系统中定义字体的窗口菜单。

菜单中有字体、字体样式、大小、效果、示例、语系等几个选项。其中在字体选项内可选择字体类型,如宋体、仿宋体、黑体、楷体等,如果用户装了更多的字体文件,还可以有更多种的字体供选择,如隶书、魏碑、繁体字等。字体样式中用户可有标准体(Regular)、斜体(Italic)、粗体(Bold)和粗斜体(Bold Italic)四种选择。大小选项对后面写文字没有作用,因为文字大小是由 PKPM 系统控制的,这里可随意选择其中之一,以便在示例窗口内显示出所选字体的状态。在效果窗口内用户可选择是否有删除线或下画线,选择后字体状态马上会在示例窗口内显现。文字的颜色对后面写文字也没有作用,因为文字的颜色也是由 PKPM 系统的图层控制的。

应注意的是,有些字体既适合于在屏幕显示,也适合于用打印机输出,有些字体适合于在屏幕显示,却不一定能打印出来,是否能打印是根据打印机的型号和驱动程序的差异而定的,对这两种类型的字体在字体窗口的下方将有一个提示。选择好一种字体后此字体的名称将列入字体序号表中,按此方法还可定义多种字体。用户应注意的是中英文应该分开定义。

选择字体:在使用某种字体写文字之前首先要从已定义好的字体列表中选择这种字体,选好后再写的文字都会自动按照这种字体书写,直到又选取了另一种新的字体为止。当使用中英文混合字串时,应使用中文字体。

查询字体:对已写入图面的文字可用此命令查询是哪一种字体。

修改字体:将已写好的文字改为新的字体,如果想把某种字体写的文字全都改为另一种字体,只要用“定义字体”菜单将此类字体定义为新的类型,再按[F5]刷新图面即可。

点取修改: * 用光标点取图素([Tab]窗口方式/[Esc]返回)。

可以由用户任意点取图面中的一串文字修改内容,修改的结果会立即反映到图形上。修改文字时可使用以下编辑键:

直接输入新字符	将原字符替换为新字符
[←][→]	左右移动编辑位置
[Home]	到字串首
[End]	到字串尾
[Ins]	插入与改写方式切换
[←Backspace]	向左删除
[Del]	向右删除
[↑][↓]	采用 PKPM 系统输入时改变输入方式(英文、区位、全拼音、双拼音)
[Enter]或鼠标左键	确认结束
[Esc]或鼠标右键	放弃

9.2.10　显示

重新显示:重新显示屏幕图形,保持原大小不变,相当于[F5]热键。

显示全图:同[F6]热键。

窗口放大:用光标点取两点开一窗口放大。

放大一倍:

缩小一半:

平移显示:

比例缩放:用户键入一个对当前屏幕图的缩放比例,然后按此比例缩放。

局部放大:屏幕右上角将显示一个小的窗口,用光标方框在小屏幕上点取要放大的部分后大屏幕上即显示放大的局部图形,可接下去在小屏幕上选取其他放大部位,这种方式在需反复放大各局部时操作十分简便。

充满显示:可把当前图文件完整地在整个屏幕上显示。

恢复显示:重现上一步的放大操作。

9.3　图层管理

图层管理主要有以下两个方面:

第一是将不同的画图内容标画在不同的层上,如柱、梁、钢筋、尺寸、轴线等均画在不同的层上,通过关闭、删除某些内容的图层可显示或输出不同的内容。

第二是对图素的线型、线宽、颜色进行管理,不同属性的线条一般放在不同的层上,通过图层的修改可方便地对某一批图素做线型、线宽、颜色方面的修改。线型、线宽、颜色的定义如前所述,即线型分为实线、虚线、点画线及用户自定义线,线宽分为细、中、粗 3 种,颜色分为 15 种。

9.3.1　设置图层

通过屏幕菜单先后选择颜色、线型、线宽,以后绘制的图形就将画在这一层上。

9.3.2　选取图层

在已设置存在的图层库中选择当前层。

9.3.3　图层查询

点取查询:用光标点取图素后,屏幕下面给出该图素所属的层参数,共四个数,分别为层号、线型、线宽、颜色号。

9.3.4　图层编辑

开闭图层:输入层号和 1(开)或 0(闭);该层号的图层被显示或消失。

删除图层:输入要删除的层号,则该图层的所有图素均被删除。

复制图层:输入目标层号和拷贝的层号。

9.3.5　图层修改

点取修改:点取某一图素后,则该图素所属层号的所有图形均可被修改。

修改步骤如下:

(1)选择修改内容:颜色、宽度或线型。

(2)如修改颜色,则屏幕上弹出 15 种颜色,用光标点取一种即可。修改宽度,屏幕上弹出 4 种不同宽度的线条,用光标点取一种即可。修改线型,屏幕上弹出实线、虚线、点画线、用户自定义线 4 种供选择,选择虚线或点画线时,采用该图已有的虚线或点画线线型,如该图没有这种线型,程序取隐含的定义线型。选择自定义线时,用户还需输入线型参数,参见前面线型定义部分说明。

按层修改:输入某一层号后修改步骤同上。

特征修改:按层参数的特征去修改全图所有图素,如改颜色,可把全图所有红色图素改为黄色;改线宽时,可把所有粗线改为细线;改线型时,可把所有虚线改为实线等。

改为现层;将某些图素改为当前层。

9.3.6　线型编辑

这里只针对图素的线型(即虚线、点画线等)状况编辑。查询线型可给出描述某线型的数据,线型统计给出当前图上所有线型的数据列表,线型修改用来对某种线型数据作修改。

9.4　图库管理

当前机器内必须建有装图库的子目录,如装有设备软件 CPM 后,它的图形库就放在 CPM 子目录内的 BLIB 分子目录中,点本菜单后先键入图库所在的子目录名,这以后可用插入库块调出已做好的图块并插入当前图中,用编辑库块菜单对图库中的图块进行修改、增添等操作。

用户若自己建立图形库可按以下步骤进行：

(1)建立一图库子目录，并进入子目录。

(2)用文本编辑软件(如 PEZ)建立一文件 LIBNAM，也可将 CPM 软件中 BLIB 子目录中的 LIBNAM 拷入当前目录作为参考。文件第一行输入三个数字：目录号、栏目数、栏目颜色。随后设计各列图库的菜单，每列菜单先输入五个数字，分别为：每列项数、每页块行列排布个数、页显示时左边留空、页显示时上边留空、每个块显示大小。以下分别输入每项的名称，并用单引号引住。

(3)进入图形编辑菜单，并进入“图库管理”，用“编辑库块”或“图形入库”建立自己的图库。

9.4.1　插入库块

插入库块即显示下拉库块名，请选择图库页，选中某页后，弹出该页窗口，显示页内图块用光标点取，然后提示输入 *X*，*Y* 方向放大系数、转角([Tab]输入实际尺寸)：(缺省值)；用光标点图中需插入点即完成，[Esc]分步退出。

9.4.2　编辑库块

编辑库块包含以下内容：

(1)编辑库块：请选择图库页和该页图块后，显示单个图块右菜单有“绘制图素”、“图素编辑”、“局部放大”等命令(同前面编辑命令操作)，完成图素编辑后“退出编辑”，提示：

是否修改块基点？(Y[Enter]/N[Esc])

完成后，问是否保存或放弃编辑，即完成对所有库块修改。

(2)复制库块：复制图块库页，图块选择后，再对目标图块进行库页、图块及输入块基点选择定义，即完成复制工作。

(3)删除库块：选择图库页点取图块即被删除。

9.4.3　编辑图块

编辑图块包含以下内容(对当前图中插入图块)：①移动图块；②复制图块；③删除图块；④图块炸开；⑤改块尺寸；⑥改块角度；⑦左右翻转；⑧上下翻转。

9.4.4　文件入库

文件入库时需输入图文件全名(T 文件)，然后选择图库页和图块窗口位置，用光标点取后即完成插入入选库中，此时要求输入块基点，屏幕显示该插入图，用光标点取后，提示保存编辑/放弃编辑，即操作完成。

9.5 专业标注与绘图

9.5.1 在右菜单绘图项中设填充菜单

填充内容有:水平线、竖直线、斜线、方格线、涂黑、砖墙、钢混、混凝土,另外设填充线距菜单。

9.5.2 标注尺寸

可进行点点距离、点线距离、线线间距、弧弧间距、直线、半径、角度的标注。

其中点点距离可点取多个点同时标注,标注方式有五种:①与起始点、终止点连线方向平行标注; ②水平标注;③垂直标注;④沿任意角度方向标注;⑤按[Tab]键后点取一条直线作为标注方向。

标注精度可用于控制尺寸标注时的舍入精度,例如实际尺寸为1204,标注精度为1时,标注尺寸为1204;标注精度为5时,标注尺寸为1205;标注精度为10时,标注尺寸为1200;标注精度可由用户根据需要随时进行修改,程序隐含值是5。

9.5.3 画钢筋

可画横筋、板底筋、折线筋,可标注钢筋的根数、直径、直径间距,可画一级钢符号Φ和二级钢符号Φ。

如用户用写字符方式要画Φ或Φ符号,可分别键入[Alt]+130和[Alt]+131。

9.5.4 建筑符号

可进行多种建筑符号的标注,如标注标高、详图索引、标注轴线、剖面符号、指北针、断面符号、箭头、对称符号、图名比例、折断线。

9.6 打印和绘图

各程序运行后产生若干图形,即若干 *. T 文件,我们称其为 CFG 图形。

"打印绘图"菜单可以直接把当前屏幕上的图形或 *. T 文件用打印机打印或用绘图机绘制,这样 *. T 文件可不必再进入 AutoCAD 即可绘图,而且对粗线用换粗笔的方法一笔画出,不再用细笔反复填充涂抹的方法画粗线,操作非常方便(若用户需要,CFG 图形亦可通过菜单进入 AutoCAD,转化成同名但后辍为 DWG 的文件,然后在 AutoCAD 状态绘图)。

9.6.1 Windows95 版 PKPM 系统打印绘图功能

随着 Windows 平台由3. X 升级为95版,全世界几乎所有生产打印机和绘图仪厂商都为它提供了驱动程序,Windows98 更是自带了各种品牌和型号的打印机和绘图仪驱动程序,可以即插即用。随着 Internet 的普及,许多种硬件的驱动程序还可以从网上直接下载。

PKPM 程序在打印绘图时直接调用 Windows 环境中的打印窗口菜单,因此用户只要将 Windows 中的打印机选项设置好,PKPM 程序即可进行正常的打印或绘图工作。如果用户已联网,也可以实现网络打印。

当用户需要打印或绘图时,只要点取下拉菜单中的[Ctrl] + P,就可以激活打印窗口,修改其中的各种与打印有关的参数,如图纸大小、打印纸横放竖放、打印分页等。点确定后,再回答以下提示:

(1)打印方式:黑白方式或灰度彩色方式。黑白方式是指图面中的所有线条、文字,无论是什么颜色都绘制成黑色,背景为白色。灰度彩色方式是指根据图面中各种图素的不同颜色,绘制成不同深浅灰度的线度(黑白打印机)或绘制出相应的颜色(彩色打印机)。

(2)图纸宽高(mm)。

(3)图纸左、上空白。

(4)绘图输出比例:输入 0 表示可以在后面打印预视时由用户调整打印或绘图的范围。输入其他数表示可以根据图中图形尺寸的比例放大(大于 1)或缩小(小于 1)比例进行打印或绘图,由于输出比例已经固定,用户在后面打印预视时只能调整打印或绘图位置,不能再调整大小比例。

(5)线宽放大倍数:用户可输入 1、2、3、…,倍数越大,表示打印或绘制出的线条越粗,细线与粗线之间的区别也越明显(对于 PKPM 中的施工图,此处应输入 2)。

回答完以上提问后,程序会给用户一个打印预视,其中白色区域表示打印纸,中间的图形表示将要打印出的图形。此时用户可以用各种显示热键调整打印范围,可以在打印预视中用热键进行即时调整,非常方便。按下[Scroll Lock]键后按上下、左右箭头可平移图形,按[F7]放大或[F8]缩小,按[F6]可全屏显示,按下[Ctrl] + W 窗口放大,[Ctrl] + M 平移显示等,应注意其中缩放显示必须是在前面绘图输出比例为 0(即自调)的情况下才可以实现。调整好后,当前白色区域内显示的图形即是将要打印出的图形,从而实现了所见即所得。在开始打印之前如不满意,可以按[Esc]键退回到前面任一步骤重新调整,用户如果按[Enter]键即可开始打印或绘图。

新版 PKPM 程序中的打印绘图功能不仅可以打印或绘制二维图形,还可以打印或绘制三维状态下的线框图和彩色图像(如 APM 中 PCX 格式文件),不仅支持各种黑白打印机和绘图仪,还可支持各种彩色打印机和绘图仪。

9.6.2　DOS 版本 PKPM 系统打印和绘图 CFG 图形绘图驱动程序的装配

9.6.2.1　CFG 图形绘图驱动程序的装配

CFG 绘图驱动文件经压缩存储在 CFG 系统装配盘中,在做 CFG 系统装配时可自动释放并拷入 CFG 子目录及下一级子目录 PLOTDRV 和 PRNTDRV 中。主要内容有 PKPMPLOT(绘图机执行程序)、绘图机数据文件 CFGPLOT. DRV、PLOTBAK. DAT、PKPMPRNT、DEVICE 和形文件 *. SHX 等。

9.6.2.2　**打印机的序号**

在 CFG 目录中的 DEVICE 文件第二行的第一个数是打印机的序号。各种打印机列表如下：

1:Brother	M1724
2:OKI	8320
3:Epson	LQ1500
4:Epson	LQ1570
5:NEC	P7
6:Star	AR3240
7:HP Laserjet A4	(HP 激光打印机)
8:Epson Style 1000	(Epson 喷墨打印机)
9:HP Laserjet A3	(HP 激光打印机)

用户如要改变打印机的型号可修改该值，建议在 CFG 子目录下执行 CFGSETUP 命令，修改该值。

对于 Canon 系列打印机兼容 Epson 方式，可查 Canon 用户手册将其设成 Epson 方式，然后选 LQ1500 或 Style1000。

9.6.2.3　**绘图机配置文件** CFGPLOT. DRV

目前 CFG 盘中仅提供三种类型的绘图机驱动程序。它们放在 PLOTDRV 子目录中，分别为 PLCFG. HP、PLCFG. HI 和 PLCFG. HPJ(它们分别对应 HP 笔式绘图机、HI(DMP)系列笔式绘图机和 HP 喷墨绘图机)，当用户选择某种绘图机后程序将相应的文件拷贝成 CPGPLOT. DRV 文件，如用户要改变绘图机型号，也可用 CFGSETUP 重新设置。如果用户使用的绘图机与上述绘图机不兼容，可以通过修改 CFGPLOT. DRV 文件来实现绘图机配置。

9.6.2.4　**修改绘图机数据文件** CFGPLOT. DRV

用户在装配 CFG 选择绘图机时，程序会自动将 CFG. HP(HP 及兼容机)或 CFG. HI(DMP 系列机)拷贝为 CFGPLOT. DRV 文件。用户可查阅自己绘图机的说明书修改该文件，一般应修改的内容为文件的第一行、第九行、第十一行等。Calcom 绘图仪与 HP 兼容，可选 HP 绘图仪。

CFG 图形直接打印或绘图保护模式后的 CFG 图形直接打印或绘图可在各绘施工图程序的下拉菜单或图形编辑修改程序(MODIFY)的菜单中直接调用，也可在图形状态下按热键[Ctrl]+P 随时调用。

在图形编辑修改程序(MODIFY)中，执行“打印绘图”菜单，可以把当前屏幕上的图形用打印机打印出来或用绘图机绘制出来(打印机及绘图机的配置在装配 CFG 时进行)。

点取“打印绘图”菜单后，提示区显示：

选择设备：打印机[Enter]/绘图机[Tab]/退出[Del]

按[Enter]键则选择打印机打印图形；按[Tab]键则选择绘图机绘制，然后再分别进行以下操作。

1)打印机打印图形操作

按[Enter]键选择打印机后，提示区继续提问：

(1)选择范围:全图[Enter]/窗口[Tab]/显示[Del]。

全图是打印整个图形文件,其范围不限于当前屏幕上显示的范围。

窗口是用光标在屏幕上拉出一个窗口,只打印窗口范围的内容。

显示是打印显示在当前屏幕上的所有内容。

(2)输入打印纸宽(列数,0为全宽):(0)。

一般宽行打印机最宽列数为132,窄行打印机列数为80。可输入适当列数确定打印宽度,若输入0则程序按该种打印机可打印的最大宽度打印。打印长度程序根据图面自动计算确定。

(3)是否转90°(Y[Enter]/N[Del])。

(4)确认以上数据是否正确:(Y[Enter]/N[Del])。

2)绘图机绘图操作

在选择设备时,按[Tab]键或鼠标中键则选择绘图机。提示区继续提问:

(1)选择范围:全图[Enter]/窗口[Tab]/显示[Del]。

全图是绘制整个图形文件,其范围不限于当前屏幕上显示的范围。

窗口是用光标在屏幕上拉出一个窗口,只绘制窗口范围的内容。

显示是绘制显示在当前屏幕上的所有内容。

(2)输入图纸宽、高(mm)(841、574)。

(3)是否转90°(Y[Enter]/N[Del])。

(4)是否输出到文件(Y[Enter]/N[Del])。

(5)输入绘图原点(mm)(0.0)。

(6)输入笔速(1~24)(12)。笔速为12,用户应按实际情况调控笔速,如出现断线情况应降低笔速。

(7)确认以上数据是否正确(Y[Enter]/N[Del])。

如果第(4)项选择Y,要输出到文件,则还要键入文件名(用户自定,如TP)。

以上各项数据都确认之后,屏幕显示已确认的参数。

按任意键则开始绘图,如按[Esc]键则程序停止绘图。

上述第(4)项选择输出到文件方式后,亦可采用将写出的文件拷入串(并)口的方式绘图。也就是将欲绘制的图形生成绘图机文件以后,退回DOS系统,再用命令输出到绘图机绘图(命令可查阅DOS操作手册)。

9.7 图形拼接

在绘制施工图时,用户经常要将几个不同比例尺的图形画到同一张图里,而且希望每一部分仍保留原比例尺。这种情况在PKPM软件中是用同一幅图面里的不同坐标系(UCS)来实现的。

如果用户已绘制好了不同比例尺的几个图形,使用图形编辑与打印程序MODIFY中的图形拼接功能,可以将几张图拼在一起形成一张新图。拼图时可以设定每一幅图的插入比例(正常情况下为1:1)或插入角度(正常情况下为0°),根据炸开图块的参数决定是要保留原坐标系(比例尺)还是要转化为统一的图纸坐标系。用户可以自己决定每个图形在新图中的插入位置,所有位置都确定好后点[结束拼图]即完成拼图工作。

9.8 图形转换

PKPM 图文件(T)可以与 AutoCAD 图文件(DWG)之间相互转换。

T 文件转换为 DWG 文件时点取菜单“T 转 DWG”,程序列出当前目录中所有的 T 文件,连续点取 T 文件可实现连续转换,转换过程中还会有进度条显示。

DWG 转为 T 文件时需要先在 AutoCAD 中通过 DXFOUT 命令将 DWG 文件转换为 DXF 文件,再点取 MODIFY 中的菜单 5,转换为 T 文件。如为 AutoCAD R13 以上版本的 DWG 文件,必须将其转换为 AutoCAD R12 版本的 DXF 文件方可再转换为 T 文件。

参考文献与资料

[1] 中国建筑科学研究院 PKPM 软件研究所. 三维建筑设计软件 APM 操作指南与实例[M]. 北京:中国建筑工业出版社,2006.
[2] 吴国祥,韩雪,等. 建筑工程计算机辅助设计[M]. 哈尔滨:黑龙江科学技术出版社,2003.
[3] 尚守平,吴炜煜. 土木工程 CAD[M]. 北京:中国建筑工业出版社,2000.
[4] 王小红,罗建阳. 建筑结构 CAD——PKPM 软件应用[M]. 北京:中国建筑工业出版社,2004.
[5] 张宇鑫,张燕,等. 建筑结构 CAD 应用教程[M]. 上海:同济大学出版社,2006.
[6] 陈岱林,李云贵,魏文郎,等. 多层及高层结构 CAD 软件高级应用[M]. 北京:中国建筑工业出版社,2004.
[7] 中华人民共和国建设部. GB50009—2001 建筑结构荷载规范[S]. 北京:中国建筑工业出版社,2002.
[8] 中华人民共和国建设部. GB50010—2002 混凝土结构设计规范[S]. 北京:中国建筑工业出版社,2002.
[9] 中华人民共和国建设部. GB50011—2001 建筑结构抗震设计规范[S]. 北京:中国建筑工业出版社,2001.
[10] 中华人民共和国建设部. GB50003—2001 砌体结构设计规范[S]. 北京:中国建筑工业出版社,2002.
[11] 中华人民共和国建设部. GB50007—2002 建筑地基基础设计规范[S]. 北京:中国建筑工业出版社,2002.
[12] 中国建筑科学研究院 PKPM CAD 工程部. PMCAD——结构平面计算机辅助设计软件用户手册及技术条件,2002.
[13] 中国建筑科学研究院 PKPM CAD 工程部. PK——钢筋混凝土框排架及连续梁结构计算与施工图绘制软件用户手册及技术条件,2002.
[14] 中国建筑科学研究院 PKPM CAD 工程部. TAT——多高层建筑结构三维分析与设计软件用户手册及技术条件,2002.
[15] 中国建筑科学研究院 PKPM CAD 工程部. JCCAD——独基、条基、钢筋混凝土地基梁、桩基础和筏板基础设计软件用户手册及技术条件,2002.